"十二五"职业教育国家规划教材

经全国职业教育教材审定委员会审定

JIXIE

塑料成型工艺与模具设计（第2版）

Suliao Chengxing Gongyi Yu Muju Sheji

◎ 主　编　朱朝光

◎ 副主编　曹素芝　魏凡杰

U0240614

重庆大学出版社

内 容 提 要

本书以典型工作任务为引领,以岗位技能要求为标准,结合实践教学的需要组织编写而成,主要内容有塑件的设计、肥皂盒体注射模的设计、茶杯注射模的设计、瓶盖热流道模具的设计、排水管挤出模的设计、矿泉水瓶吹塑模具的设计等。按照模具设计的基本流程,从选材、塑件的设计、工艺分析、到模具设计,从普通注射模、热流道模具、挤出模到吹塑模,全书重点突出、层次分明、实例丰富、项目多样,强调理论和实践相结合,注重培养分析、解决问题和学生的综合应用能力。书中概念清晰、编排合理,便于课堂教学和实践。

本书可作为职业院校模具设计和制造专业的教材,也可供相关专业技术人员参考。

图书在版编目(CIP)数据

塑料成型工艺与模具设计/朱朝光主编.—重庆:
重庆大学出版社,2011.6(2017.2重印)
高职高专模具制造与设计专业系列教材
ISBN 978-7-5624-5807-4

Ⅰ.①塑… Ⅱ.①朱… Ⅲ.①塑料成型—工艺—高等
学校:技术学校—教材②塑料模具—设计—高等学校:技
术学校—教材 Ⅳ.TQ320.66

中国版本图书馆 CIP 数据核字(2010)第 228965 号

"十二五"职业教育国家规划教材
经全国职业教育教材审定委员会审定

塑料成型工艺与模具设计
(第2版)

主 编 朱朝光
副主编 曹素芝 魏凡杰
策划编辑:周 立

责任编辑:文 鹏 姜 凤 版式设计:周 立
责任校对:贾 梅 责任印制:赵 晟

*

重庆大学出版社出版发行
出版人:易树平
社址:重庆市沙坪坝区大学城西路 21 号
邮编:401331
电话:(023) 88617190 88617185(中小学)
传真:(023) 88617186 88617166
网址:http://www.cqup.com.cn
邮箱:fxk@cqup.com.cn(营销中心)
全国新华书店经销
重庆升光电力印务有限公司印刷

*

开本:787mm×1092mm 1/16 印张:16 字数:399 千
2017 年 2 月第 2 版 2017 年 2 月第 3 次印刷
印数:3 412—5 411
ISBN 978-7-5624-5807-4 定价:39.50 元

第2版前言

本书自2011年出版以来，经过了近3年的教学实践，随着国家的《塑料模塑件尺寸公差》及《单螺杆塑料挤出机》等有关标准相继更新，加之塑料成型工艺与模具设计是一门和化工技术发展紧密结合，随制造技术发展而不断更新的一门学科。因而本次修订注重了对模具设计新知识、新技能与新标准的更新，注重实际应用，更新设计理念，同时把握好各个典型工作任务的知识既全面又突出重点的原则，对各项目内容进大量修改。修订特点如下：

1.项目1和项目2合并为学习任务一，其内容按照工学一体化教学模式的需要全部重新编写。对项目3至项目20的内容进行了大量的修改，分别融入学习任务二、学习任务三、学习任务四、学习任务五、学习任务六中，对原设计中采用旧的标准都更新为最新的国家标准，例如，注射模模架，挤出机类型等内容。删除了因技术的发展而基本淘汰的工艺，例如，对第一版中的项目16、项目17、项目18、项目19的内容进行了精简，对应用越来越广泛的热流道模具设计内容进行了补充。

2.每个任务由一个或多个学习活动组成，每个学习活动都设置了学习目标、学习内容、思考与练习、分组实践等；每个学习任务完成都有总结评价等环节。在学习过程中突出了目的性，降低了学习难度，注重了与实际生活的紧密结合，增加了一些日常用品的设计内容，例如肥皂盒、茶杯、矿泉水瓶设计等，有利于提高学生的学习兴趣，并将理论与实践结合起来，提高了学生分析解决问题的能力。

3.力求逻辑清晰、主次分明、言简意赅。每个学习任务都有侧重点。塑料成型工艺与模具设计是一门实践性很强的学科，必须根据产品的设计重点对相关知识点进行合理配置，本次修改对原版内容进行了合理的重组，相关内容的顺序进行了大胆的调整。编写方式也有全新的尝试,为力求内容更加完善,原编写人员调整了编写任务,增加了新的人员参与修订。

本书由朱朝光主持修订,参加本书修订工作的有:淮安市高级职业技术学校许丽(讲师、技师)执笔学习任务一;江西技师学院曹素芝(讲师、技师)执笔学习任务二;江西技师学院朱朝光(讲师、高级技师)执笔学习任务三;江西技师学院沈斌(讲师、技师)执笔学习任务四;江西技师学院雷颖(讲师)执笔学习任务五;重庆电子工程职业学院魏凡杰(高级工程师)执笔附录及任务六。

由于编写时间仓促,书中错误和疏漏之处在所难免,敬请广大读者批评指正。

编　者
2017 年 1 月

第1版前言

我国作为制造业大国,模具在工业生产中具有重要的地位。特别是塑料模具的应用极为广泛,但国内掌握塑料模具设计与制造的人才却严重短缺。为培养高技能应用型人才,配合模具设计与制造专业的教学,我们充分学习高等职业技术院校在培养高技能应用型人才方面取得的成功经验和教学成果,贯彻先进的教学理念,总结多年的模具教学及实践经验编写了这本《塑料成型工艺与模具设计》教材。

本书具有如下特点:

1. 依据国家高等职业教育标准,以技能训练为目的,相关理论知识为支撑,结合生产实践的要求,注重适用性、实用性和针对性。

2. 以学生为主体,列出学习目标、能力目标及相关的技能训练、高级技能等,让学生在说明原理、制订解决方案的过程中学习知识,获得技能,培养能力。

3. 尽可能地多编入国内外的先进技术、设备、新型材料及工艺,更好地满足了企业对人才的需要。

4. 尽量采用以图代文、图表结合的编写形式,内容由浅入深,降低学习难度,提高学习兴趣。

本书共有 20 个项目,由江西技师学院朱朝光主编,南昌理工学院林佳杰、顾吉仁担任副主编。项目 1、项目 20 由南昌理工学院李玉满编写;项目 2、项目 3 由南昌理工学院顾吉仁编写;项目 4、项目 19 由南昌理工学院钟良伟编写;项目 5 至项目 15 由南昌理工学院朱朝光编写;项目 16 由南昌理工学院郭韩仙编写;项目 17、项目 18 由南昌理工学院林佳杰编写。

1

本书编写时参阅了许多专家学者的研究成果,参考文献中未一一注明,同时也得到了许多模具同行、朋友及亲人的帮助,在此表示衷心的感谢。

由于编者水平有限,书中难免会存在错误和不足之处,恳请广大读者批评指正。

编　者

2011 年 2 月

目录

学习任务一
塑件的设计

【学习任务】

本学习任务围绕塑件设计的内容来学习,主要包括塑件的选材、塑料的成型工艺特性、塑件的设计等3个学习活动。

学习活动 1　塑件的选材

【学习目标】

1.熟悉塑料的组成及特性。
2.能正确区分常见塑料的类型。
3.能正确为塑件选材。

　学习目标1　熟悉塑料的组成及特性

1)定义

塑料:塑料是以聚合物(合成树脂)为主要成分,以添加剂为辅助成分的高分子有机材料。

塑料制件:以塑料为主要材料经成型加工获得的制品,简称塑件。

2)内容

(1)塑料的组成

塑料中合成树脂所占比重(质量百分数)一般为 40%~100%,它是塑料的主要成分,并决定了塑料的类型、使用性能和工艺性能。但是单纯的合成树脂往往不能满足实际的要求,因此需加入添加剂来改善其使用性能、工艺性能和降低成本。

(2)塑料的特性

由于塑料属于高分子聚合物,其巨大的相对分子质量以及各种添加剂的存在,使得塑料具

1

有一些特殊的物理、化学、成型等性能。塑料的特性见表 1.1。

表 1.1　塑料的特性

塑料的特点	说　明	应　用
密度小、质量轻	普通塑料的密度为 0.83～2.3 g/cm³，是钢材的 1/6～1/5	飞机、船舶、建筑、宇航工业，制造轻巧的日用品和家用电器零件
比强度（σ/ρ）、比刚度（E/ρ）高	塑料的密度小，比强度（强度与密度比）和比刚度（弹性模量与密度比）接近或超过普通的金属材料	人造卫星、火箭、导弹上强度高、刚度好的结构零件
电绝缘性能好	塑料原子内部一般无自由电子和离子，所以塑料一般都具有优良的电器绝缘性能和耐电弧特性	插头、插座、开关、手柄等
化学稳定性好	具有一定的耐酸、碱、盐等的腐蚀能力，这些方面，它们的性能大大地超过了金属	各种管道、容器、密封件、换热器等
减摩、耐磨性能好	摩擦系数小，某些塑料具有自润滑性能，一般金属不具备这一性能	塑料齿轮、轴承
减振、消音性能好	一般塑料的柔韧性比金属要好得多，因阻尼较大而具有良好的吸振、消声性能	高速运转的仪表齿轮、滚动轴承的保持架、机构的导轨
绝热性好、透光率高	塑料的导热系数只有金属的 1/600～1/200，可用于制造保温材料。有些塑料具有良好的透明性，透光率高达 90%以上	光学透镜、航空玻璃、透明灯罩以及光导纤维材料
成型性能好、经济效益高	塑料容易成型且成型周期短，与金属零件加工相比，工序少，专业设备投资少，能耗低	各种塑料杯、盘、桶、管
成型收缩率高，不耐热，易燃烧，易老化，会"蠕变"，会造成环境污染等	塑料成型时收缩率有的高达 3%以上；制件高温易分解，低温易开裂；塑料易燃烧，作为建筑材料需加阻燃剂；受光、热的作用易发生降解老化；制件长期受载荷作用，会渐渐产生塑性流动，产生"蠕变"，使制件形状变化，且变形是不能恢复的；塑料不易自行降解，会造成环境污染	这些缺陷，使塑料的应用受到了一定限制。但是随着科学技术的发展，塑料在将来定会有更广泛的应用

【思考与练习】

一、填空题

塑料 = _____ + _____ 。

二、判断题

1. 塑料的耐腐蚀能力大大地超过了金属。　　　　　　　　　　　　　(　)

2. 塑料强度和刚度都超过一般金属。　　　　　　　　　　　　　　(　)

3. 塑料的绝缘性能优良,导热性能好。　　　　　　　　　　　　　(　)

4. 塑料具有优良的吸振、消声性能。　　　　　　　　　　　　　　(　)

三、简答题

1. 简述塑料的优、缺点。

2. 塑料造成环境污染的主要原因是什么?

3. 你认为将来塑料能完全代替钢材吗? 为什么?(分组讨论)

学习目标2　区分常见塑料的类型

1)定义

热塑性塑料的合成树脂分子结构都是线型或带支链线型,在受热后变软,继续加热会变成熔融黏稠液体,施加压力会流动,可充满一定形状的空腔,冷却后能定型,过程中一般只发生物理变化,此过程可反复进行。

热固性塑料的合成树脂分子结构也是线型或带有支链线型,在第一次加热时可软化、施加压力会流动充满型腔,继续加热到一定温度则与交联剂发生交联反应,分子形成网状(体型)结构而固化变硬,如再继续加热,也不再软化流动,这个过程中既有物理变化又有化学变化,该变化过程是不可逆的。

2)内容

塑料的品种有很多,常用的有 30 多种。塑料的分类方法很多,最常见的有以下两种:

(1)按合成树脂的热性能分

①热塑性塑料

热塑性塑料因可以反复成型,生产的废料及废品可回收利用。

3

常见的热塑性塑料有聚乙烯(PE)、聚丙烯(PP)、聚氯乙烯(PVC)、聚苯乙烯(PS)、丙烯腈-丁二烯-苯乙烯共聚物(ABS)、聚甲醛(POM)、聚苯醚(PPO)、聚碳酸酯(PC)、聚甲基丙烯酸甲酯(PMMA 有机玻璃)、聚对苯二甲酸丁二醇酯(PBT)、聚酰胺(PA)、聚砜(PSF)等。

②热固性塑料

热固性塑料成型过程是不可逆的,因此生产的废料及废品基本无回收利用价值。

常见的热固性塑料有酚醛塑料、氨基塑料、环氧树脂、不饱和聚酯塑料、有机硅塑料等。

(2)按塑料的用途分

通用塑料:一般指产量大、用途广、成型性好、价格低的塑料。但是一般通用塑料不具有突出的综合力学性能、耐热性能,不宜用于承载要求高的结构件和在高温下工作的耐热件。

通用塑料主要包括 PE、PP、PVC、PS、酚醛塑料、氨基塑料等。

工程塑料:一般指具有较突出的力学性能、耐热性和尺寸稳定性,在高、低温下仍能保持其优良性能,可作为工程结构件的塑料。

工程塑料主要包括 ABS、PC、PA(俗称尼龙)、POM、PSF、氟塑料、环氧树脂等。

特种塑料:一般是指具有特种功能,适用于某种特殊用途的塑料。例如,用于导电、导磁、防辐射、感光、耐高温、自润滑、光导纤维、液晶等用途的塑料。

注意,这种划分方法并不是很严格,例如,ABS 是一种主要的工程塑料,但因其产量大、用途广也可列入通用塑料。

【思考与练习】

一、填空题

1.请将表 1.2 填写完整。

表 1.2　热塑性塑料和热固性塑料的特点

名　称	分子结构	初次受热表现	分子结构变化	成型过程可逆性	成型特点
热塑性塑料					
热固性塑料					
热塑性塑料主要有:					
热固性塑料主要有:					

2.查找资料并分组讨论后,请将表1.3填写完整。

表1.3　塑料的分类

塑料名称	塑料类型 I	塑料类型 II
聚乙烯(PE)	热塑性塑料	通用塑料
聚丙烯(PP)		
聚氯乙烯(PVC)		
聚苯乙烯(PS)		
丙烯腈-丁二烯-苯乙烯共聚物(ABS)		
聚碳酸酯(PC)		
聚酰胺(PA)		
聚甲醛(POM)		
聚对苯二甲酸丁二酯(PBT)		
聚苯醚(PPE)		
聚酰胺(PA)		
聚砜(PSU)		
聚四氟乙烯(PTFE)		
环氧树脂(EP)		
酚醛塑料(PF)		
氨基塑料		
有机硅树脂		

3.在矿泉水瓶底、食品外包装等处能发现一些标志,请您回答下列标志的含义。

_____　　　_____　　　_____

　　学习目标3　为塑件选材

1)定义

选材是指选择合适的塑料品种。

权重是指该指标在整体评价指标中的相对重要程度。

2) **内容**

常用的热塑性塑料的使用性能及成型工艺性能,见表1.4。

表 1.4　常用热塑性塑料的使用性能及成型工艺性能

塑料名称	性　　能		应用范围
高密度聚乙烯 (低压聚乙烯) PE-HD	使用性能	①密度为 0.94~0.97 g/cm³,结晶型塑料 ②无毒、无味、质软、半透明 ③耐磨、耐蚀、耐热,不耐冲击 ④绝缘性好,易发生应力开裂	塑料管、塑料板、塑料绳、电冰箱容器、存储容器、家用厨具、密封盖、承载不高的齿轮、轴承等
	工艺性能	①吸湿性小,成型前不需要干燥处理 ②流动性好,流动性对压力变化敏感 ③收缩率大,取向明显,易变形、翘曲 ④浅侧凹、侧凸的制件可以强制脱模	
低密度聚乙烯 (高压聚乙烯) PE-LD	使用性能	①密度为 0.91~0.94 g/cm³,无毒、无味 ②质软、耐冲击,透明性较 PE-HD 好 ③对气体和水蒸气有渗透性,热胀系数高 ④易发生环境应力开裂	塑料薄膜、软管、塑料碗、塑料瓶、塑料箱柜、管道连接器以及电器支架、绝缘零件和电缆包覆层等
	工艺性能	①注射速度宜快速 ②流动性好,收缩率大 ③特别适合于使用热流道模具	
聚丙烯 (俗称百折胶) PP	使用性能	①密度为 0.89~0.91 g/cm³,结晶型塑料 ②熔点比 PE 高,力学性能优于 PE ③无色、无毒、无味比 PE 更轻、更透明 ④耐热性好,可在 100 ℃左右使用 ⑤材料的表面刚度和抗划痕特性很好 ⑥不存在环境应力开裂问题 ⑦吸湿性弱、耐酸碱腐蚀、化学稳定性好 ⑧在高温下抗氧化性差	汽车挡泥板(主要使用含金属添加剂的PP)、通风管、风扇等;电器衬垫、外壳、通风管、洗衣机框架及机盖、法兰、接头、齿轮、风扇叶轮、泵叶轮、把手等;电器元件中的接线盒、电池盒、高频插座、壳体、电容器和微波元件等;化工管道、容器、包装薄膜等;家具中的喷淋头等
	工艺性能	①成型前通常不需要干燥处理。 ②成型收缩率较大,制件易收缩变形 ③流动性很好,取向明显 ④染色性较差 ⑤成型工艺参数选择要合适	

续表

塑料名称	性　　能		应用范围
聚氯乙烯 PVC	使用性能	①纯 PVC 密度为 1.4 g/cm³,无定形塑料 ②材料在实际使用中常加入添加剂 ④不易燃性、耐气候性、尺寸稳定性好 ⑤耐氧化剂、还原剂和某些强酸腐蚀 ⑥易发生降解,变色	建筑工程中的给排水管(硬 PVC)、房屋墙板、地板材料、门窗结构等;机械电子工业中的机器壳体、电线、电缆、插头、插座、电子产品包装、唱片等;轻工业中的塑料瓶、人造革、凉鞋、雨衣、玩具等
	工艺性能	①原料易吸水,必须干燥 ②流动性差,通常加入润滑剂改善 ③软、硬 PVC 的收缩率相差较大 ④成型过程中易释放出有毒气体	
聚苯乙烯 PS	使用性能	①密度为 1.04～1.06 g/cm³,无定形塑料 ②无色透明、无毒、无味,制件硬而脆 ③吸湿性弱、耐酸碱腐蚀、化学稳定性好 ④耐水、耐热尺寸稳定性好、电绝缘性好 ⑤不耐浓硫酸,会在苯、汽油中膨胀变形	汽车工业中的灯罩、透明窗;轻工业中的家具、餐具、托盘等;纺织工业中的纱管、纱锭、线轴;电气工业中的仪表零件、设备外壳、透明容器、光源散射器、绝缘薄膜等;化工中的贮槽、管道、弯头等
	工艺性能	①通常成型前无须干燥处理 ②流动性好、收缩率小、成型性能好 ③宜采用高料温、高模温、低注射压力 ④容易出现应力开裂	
丙烯腈-丁二烯-苯乙烯共聚物 ABS	使用性能	①密度为 1.01～1.08 g/cm³,无定形塑料 ②具有"硬、韧、刚"的综合力学性能 ③无毒、无味、呈黄色,外观质量高 ④耐油、耐水、耐磨、耐寒、不耐热 ⑤化学稳定性好,低蠕变、耐冲击	汽车工业中的仪表板、舱门、车轮盖、反光镜盒等;机械工业中的齿轮、泵叶轮、轴承、把手、管道、仪表、水箱外壳、蓄电池槽、冰箱衬里等;电气工业中的电话机壳体、键盘、电机外壳等;轻工业中的文体用品、玩具、食品包装容器、日常用品等
	工艺性能	①吸湿性较大,必须干燥 ②收缩率小,尺寸较稳定 ③具有良好电镀性能 ④成型压力较高,易产生熔接痕缺陷	

续表

塑料名称	性 能		应用范围
聚碳酸酯 PC	使用性能	①密度为 1.2 g/cm^3，无定形塑料 ②高透明度、着色性能好、电绝缘性能好 ③耐磨、耐蚀、耐冲击、蠕变小 ④热稳定性、光泽度、阻燃性、抑菌性好 ⑤耐疲劳强度差，有应力开裂倾向	车辆的前后灯、仪表板等；机械工业中的各种齿轮、齿条、涡轮、凸轮、曲轴、各种外壳、容器等；电气工业中的电容器、线圈框架、电机零件、接线板等；生活用品中的纯净水瓶、矿泉水桶、热水杯、奶瓶及餐具等；各种医疗器材、手术器械等
	工艺性能	①对微量水分都敏感，必须干燥原料 ②成型收缩率小，尺寸稳定，制件精度高 ③宜用螺杆式注射机，高压注射 ④流动性差，流动性对温度变化敏感	
聚甲醛 POM	使用性能	①密度为 1.41~1.43 g/cm^3，结晶型塑料 ②结晶度高、乳白色、耐冲击、耐疲劳 ③坚韧有弹性、蠕变小，几何稳定性好 ④摩擦系数很低、具有自润滑性能	减摩耐磨零件、传动零件、管道器件(管道阀门、泵壳体)，仪器仪表外壳等
	工艺性能	①不易吸收水分，成型前通常不需要干燥 ②收缩率高，尺寸不稳定需延长保压时间	
聚酰胺 PA	使用性能	①密度为 1.04~1.17 g/cm^3，结晶型塑料 ②结晶度高、略呈黄色、无毒、无味 ③抗拉、抗压、耐磨、耐冲击 ④表面硬度大，自润滑、消声性能好 ⑤耐碱、弱酸，但不耐强酸和强氧化剂 ⑥易热变形，粘接性能很差	齿轮、轴承、凸轮、涡轮、滚子、垫片、阀座、绳索、传动带、水量表、电缆套、电池箱、输油管、储油容器、风扇叶片、高压密封圈、电器线圈骨架等零件
	工艺性能	①吸水性强，原料需充分干燥 ②熔体黏度低，流动性极好，易产生飞边 ③热稳定性差，易发生降解 ④收缩率大，易发生缩孔、凹陷、变形 ⑤宜用高速注射，注射压力不宜过大 ⑥制件一般需退火及调湿处理	

续表

塑料名称	性 能		应用范围
聚甲基丙烯酸甲酯（有机玻璃）PMMA	使用性能	①密度为 1.18 g/cm³,无定形塑料 ②透光率达 92%,优于普通硅玻璃 ③质量轻、韧性好、易着色,尺寸较稳定 ④耐热、耐寒、耐腐蚀性、耐冲击 ⑤表面硬度较低,易擦花,包装要求很高	汽车工业中的车窗玻璃、车灯灯罩、信号灯设备、油杯、仪表盘等;航空工业中的飞机罩盖、机窗玻璃;医药行业中的光学镜片、储血容器等;其他工业中的透明模型、透明管道、灯光散射器等,日用消费品中的饮料杯、文具、影碟等
	工艺性能	①原料需充分干燥,料斗应持续保温 ②成型极易出现黑点,必须保证原料洁净 ③流动性稍差,宜高压成型并保压、补缩 ④宜用中低速注射,料温、模温需取高 ⑤具有室温蠕变特性,可导致应力开裂	

3)选材的步骤和方法

（1）选材的步骤

①根据使用的目的,列出制件的全部功能要求（注意:不是原料的性能）,并尽可能定量化。例如,a.在额定的连续载荷下允许的最大变形量。b.使用过程中所受的应力种类和大小;是否长期受力,是动态或是静态应力。c.最高工作温度。d.在工作温度下允许的尺寸变化。e.制件允许的尺寸公差。f.制件的使用性能要求。g.制件是否要求着色、粘接、电镀等。h.要求贮存期多长,是否在户外使用。i.有无耐燃性要求等。

②根据制件的功能要求,考虑使用性能数值（工程性能）和设计数据,提出目标材料（部件材料）的性能数值,并通过这些性能要求来预选材料。即使这些性能估计是粗略的,也会大大方便候选材料的筛选,为最终材料的选定提供有益的依据。

③最后通过部件工程性能要求与材料性能的比较来确定候选材料。

（2）选材的方法

选材正确与否,是制件设计成功的关键问题之一。在一些制件设计的失败实例中,选材不当约占 32%,其中,合成树脂不合适约占 23%,添加剂不合适约占 9%。

因为塑料的品种很多,可供选择的也较多,实际上许多品种应用并不多。没作特殊要求时,一般都是在常用的品种中选择,并且可以先初选材料再进行材料的筛选。

初选材料的方法有很多种,下面介绍两种初选材料的方法:一是根据塑件的使用特性要求选材;二是根据塑件的综合使用性能选材。

①根据塑件的使用特性要求选材。按制件使用特性要求选材是一种初选材料方法。按此法选材不能唯一确定塑料的牌号,见表 1.5。

表 1.5　塑料的使用特性

塑料的分类	性能要求	塑料品种	应　用
一般结构零件	较低的强度和耐热性能，有些还要求外观漂亮	改性聚苯乙烯、低压聚乙烯、聚丙烯、ABS、PA1010 等	罩壳、支架、手轮、手柄、连接件等
耐磨损传动零件	较高的强度、刚度、韧性、耐磨性和耐疲劳性、较高的热变形温度	MC 尼龙、聚甲醛、聚碳酸酯、氯化聚醚等	各种轴承、齿轮、齿条、凸轮、涡轮、蜗杆、辊子、连轴器等
减摩、自润滑零件	强度要求不高，较高的运动速度，较低的摩擦系数	聚四氟乙烯及聚四氟乙烯粉末或纤维填充的聚甲醛、低压聚乙烯 PE-HD	活塞环、密封圈、轴承、装卸用的箱框等
耐腐蚀	要比金属的耐腐蚀性好、耐强酸、强氧化剂、耐碱	氟塑料（聚四氟乙烯、聚全氟丙烯、聚偏氟乙烯）、氯化聚醚等	各种耐腐蚀零件、容器
耐高温	要能在 150 ℃ 以上工作，有的其至要在 260~270 ℃ 长期工作	各种氟塑料、聚苯醚、聚砜、聚酰亚胺、芳香尼龙	漆包线、活塞环、电动机、喷气发动机、飞机和导弹接线、飞机和船舶的防火隔层、轴承等
光学性能	透光率大，扩散透光率小及光的稳定性好	聚甲基丙烯酸甲酯、聚苯乙烯、聚碳酸酯、聚丙烯、环氧树脂、硅塑料、聚硫化物、透明聚酰胺	窗玻璃、汽车灯罩、太阳镜、潜望镜、三防（防核、化学、生物）眼镜、显微镜、光栅、显示器、隐形镜片、复印机、传真机部件等

②根据制件综合使用性能要求选材。按使用性能要求的参数值选材也是一种初选材料方法。按塑料综合使用性能参数，在通用塑料与工程塑料中选择，如图 1.1 所示，图中数字为塑料的分类号，数字所代表的塑料，见表 1.6。

表 1.6　塑料的分类号

塑料分类号		塑料品种
1	1.1	软聚氯乙烯、发泡聚乙烯、乙烯与醋酸乙烯的共聚物等
	1.2	硬聚氯乙烯、纤维塑料、发泡聚苯乙烯、氯乙烯的共聚物等
2	2.1	低密度聚乙烯、聚氨酯、乙烯与丙烯的共聚物等
	2.2	高密度聚乙烯、聚丙烯、聚苯乙烯、耐冲击聚苯乙烯、聚甲基丙烯酸甲酯、聚氨酯、氟塑料等

续表

塑料分类号		塑料品种
3	3.1	以酚醛树脂为基础的塑料及其泡沫塑料、环氧树脂的压塑料和密封材料、以脲基树脂为基础的压塑料及其泡沫塑料等
	3.2	聚酰胺、聚砜、聚氧化苯、聚丙烯酸酯、酚醛和脲基塑料等
4		尼龙 66、聚醚砜、有机硅压塑料、酚醛塑料、环氧塑料、纤维素塑料等
5		聚酰亚胺、有机硅塑料等

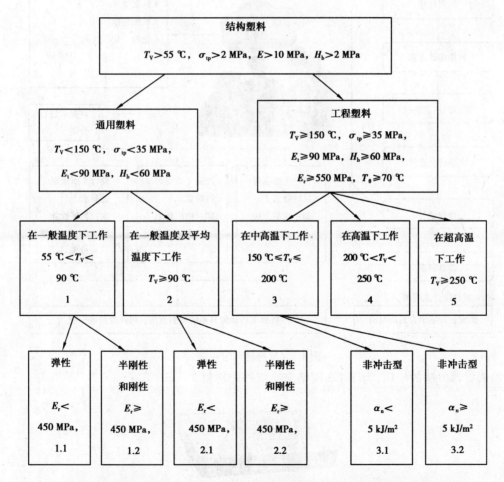

图 1.1　塑料分类方法

T_V—加载荷 9.8 N 时的维卡软化点；σ_{tp}—拉伸流动极限；E—弹性模量；H_b—钢球压入强度；

E_t—拉伸弹性模量；E_r—变形 0.5% 及载荷作用时间为 1 000 h 的蠕变模量；

T_θ—在长时间静载荷作用下的最高使用温度；α_n—无切口试样的冲击强度

4）筛选材料的方法

在实际选材过程中，有些树脂的性能十分接近。究竟选择哪一种更为合适，这需要多方考虑、多次交流、反复权衡，才能确定下来。因此塑料材料的筛选过程是比较复杂的，所能遵循的规律并不十分明显，可参考图1.2的方法。

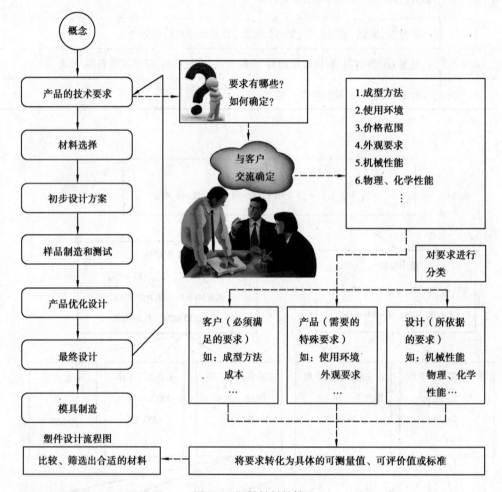

图 1.2　塑料材料的筛选

筛选材料方法的应用，为图1.3网络交换机外壳选材。

图 1.3　网络交换机

（1）确定产品的技术要求

经与客户交流确定该产品的具体要求，并将要求进行分类，见表1.7。

表 1.7　产品的技术要求

客户(必须满足的要求)		产品(需要的特殊要求)		设计(所依据的要求)	
成型方法	注射	使用环境	阻燃要求	UL94 V0	流动性	熔融指数≤50 g/10 min
成本	最低		耐气候性	−40~+70 ℃	低温冲击	>5 kJ/m²
⋮	⋮		耐化学腐蚀	能耐稀酸、弱碱的腐蚀	变形倾向	变形小,不易翘曲
⋮	⋮	外观要求	透明性	不透明	⋮	⋮
⋮	⋮		颜色	白(上盖)黑(下盖)	⋮	⋮

（2）初选材料

根据塑件的使用特性,该产品作为一般的结构零件,因产品的使用范围广,并采用注射成型,故选常用的热塑性塑料:PE,PP,PVC,PS,ABS,PC,PA,POM,PPO,PMMA,POM,PSF,PBT,PEI 等。

（3）筛选材料

考虑产品需要有较好的尺寸稳定性、耐热性和阻燃要求,所以主要从常用的工程材料中选择。而通用塑料相比工程塑料不适合采用,查找相关资料比较材料的性能,PE,PP,PVC,PS 属于通用塑料,可筛除。

ABS 的耐热性差、耐气候性差,筛除;PA 原料收缩率大、稳定性差,筛除;POM 原料收缩率大,耐气候性差,筛除;PPO 流动性较差、价格较高,筛除;PMMA 表面硬度低,透明度高,筛除;PSF 略带琥珀色,耐候性差,筛除。剩余筛选材料:PC,PBT,PEI。

对于必须达到的要求,则不满足就直接筛除。而往往许多材料的性能是很接近的,需进行比较选择。首先根据客户的要求,比较重要性的大小,对技术要求分配权重。例如,耐候性10,耐化学腐蚀3,流动性3,翘曲变形2等。分别进行比较见表1.8、表1.9。

表 1.8　材料的物理、化学性能比较

项　目	权　重	材料 1 PC	材料 2 PBT	材料 3 PEI	理想值
1.耐候性	10	79	80	74	100
2.耐化学腐蚀	3	23	29	29	30
价值总和		102	109	103	130
相对理想值		0.78	0.84	0.79	1
比　较	经比较材料 2(PBT)在项目 1 和项目 2 上的综合性能最接近理想值				

表 1.9 材料的成型性能比较

项 目	权 重	材料 1 PC	材料 2 PBT	材料 3 PEI	理想值
1.翘曲倾向	3	27	24	27	30
2.流动长度	2	10	17	8	20
价值总和		37	41	35	50
相对理想值		0.74	0.82	0.70	1
比 较	经比较材料 2(PBT)在项目 1 和项目 2 上的综合性能最接近理想值				

综上所述:该网络交换机外壳选用 PBT 为原料,更能满足产品的技术要求。

【思考与练习】

一、分析题

请为表 1.10 中所示的塑件初选材料,并填写选择理由,分组讨论后完成表 1.10,并展示。

表 1.10 塑件初选材料

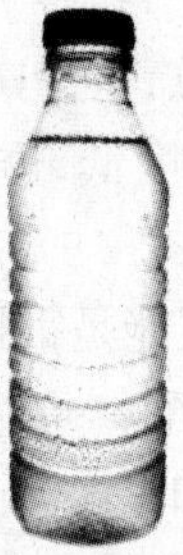 矿泉水瓶	 塑料水管	手机塑料外壳	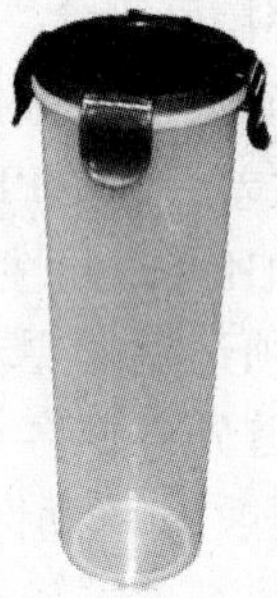 塑料杯
材料名:	材料名:	材料名:	材料名:
选择理由:	选择理由:	选择理由:	选择理由:

二、简答题

1.请简答选材的主要步骤?(抢答)

2.初选材料主要有哪些方法?

学习活动2 塑料的成型工艺特性

【学习目标】

1.能正确分析塑料的成型工艺特性对塑件质量的影响。

2.能选择合适的塑料模塑成型工艺条件。

学习目标1 正确分析塑料的成型工艺特性对塑件质量的影响

1)定义

塑料成型工艺特性是指塑料在成型过程中表现出的特有性能。

流动性是指塑料熔体在一定温度与压力作用下充填模腔的能力。

溢料间隙是指塑料熔体在成型压力下不得溢出的最大间隙值。

收缩性是指制件从模具中取出冷却到室温后发生尺寸缩小变化的特性。

收缩率是指单位长度制件收缩量的百分率。

聚合物的结晶是指聚合物中形成具有稳定规整排列分子链的过程。

热敏性是指塑料在料温高和受热时间较长的情况下易发生变色、降解的特性。

相容性是指两种或两种以上不同品种的塑料,在熔融状态不产生相互分离的特性。

2)内容

塑料的成型工艺特性影响着成型方法及工艺参数的选择和制件的质量,并对模具设计的要求及质量影响很大。

(1)塑料成型的工艺性能

塑料成型的工艺特性,主要包括流动性、收缩性、结晶性、热敏性、吸湿性等。

①流动性。塑料流动性的好坏,在很大程度上影响着成型工艺的许多参数,如成型温度、压力等,在设计制件大小与壁厚时,也要考虑塑料流动性的影响。

15

在设计模具时,人们常用塑料熔体溢料间隙(溢边值)来反映塑料的流动性。根据溢料间隙大小,塑料的流动性大致可划分为好、中等和差3个等级,表1.11所示为常用塑料的流动性与溢料间隙。

表1.11　常用塑料的流动性与溢料间隙

溢料间隙/mm	流动性等级	塑料类型
≤0.03	好	尼龙、聚乙烯、聚丙烯、聚苯乙烯、醋酸纤维素
0.03~0.05	中等	改性聚苯乙烯、ABS、聚甲醛、聚甲基丙烯酸甲酯
0.05~0.08	差	聚碳酸酯、硬聚氯乙烯、聚砜、聚苯醚

影响热塑性塑料流动性的主要因素有以下几种:

a.塑料品种。线型分子结构且没有或很少有交联结构的聚合物流动性好,而体型结构高分子一般不产生流动,聚合物中加入填料会降低树脂的流动性;加入增塑剂、润滑剂可提高流动性。

b.模具结构。模具浇注系统的形式,尺寸,布置,冷却系统设计,熔融料流动阻力(如分型面光洁度,流道截面厚度,型腔形状,排气系统)等因素都直接影响塑料熔体在模具型腔内的流动性。

c.成型工艺。一般料温高则塑料的流动性增大。如 PS,PP,PA,PMMA,ABS,PC,PPO,PSF 等塑料的流动性随温度变化较大,成型时宜调节温度来控制流动性。注射成型中,注射压力对流动性的影响也较显著,如 PE,POM 对压力较为敏感,因此成型时宜调节注射压力来控制其流动性。

模具设计时应根据所用塑料的流动性,选用合理的结构。成型时则也可控制料温、模温及注射压力、注射速度等因素来适当地调节充填情况以满足成型需要。

②收缩性。影响塑料收缩性的因素有很多,主要有塑料的组成及结构、成型工艺方法、工艺条件、制件几何形状及金属嵌件的数量、模具结构及浇口形状与尺寸等。收缩性的大小用收缩率表示,其公式如下:

$$S_m = \frac{L_m - L_p}{L_m} \times 100\% \tag{1.1}$$

式中　S_m——模塑收缩率,%;

　　　L_m——模腔的相应尺寸,%;

　　　L_p——塑件成型后在(23 ± 2)℃环境下,放置24 h后的尺寸,mm。

收缩的主要形式有以下几种:

a.线型收缩。主要由塑料的热胀冷缩、弹性恢复、塑性变形等原因产生的。树脂的热胀系数比成型的模具金属材料的热胀系数大,塑料原料在模具中由熔体冷却为固体,会引起收缩。收缩的程度主要取决于塑料的品种和模具的温度。

b.方向性收缩。成型时由于树脂分子会沿特定的方向流动和排列,而导致制件呈现各向异性。沿料流方向收缩大,与料流垂直方向的收缩小。

c.成型后收缩。制件在成型过程中,受到各种成型因素的影响,或多或少存在残余应力,残余应力的变化导致制件脱模后发生再收缩。一般制件脱模后要经过24 h,其尺寸才基本稳定。

d.后处理收缩。有些制件在成型后需进行热处理,热处理后制件的尺寸也会发生变化。

影响热塑性塑料收缩性的主要因素有:

a.塑料品种。热塑性塑料收缩率一般大于热固性塑料;结晶型塑料收缩率大于非结晶型。

b.制件结构。制件的形状、尺寸、壁厚,有无嵌件,嵌件的数量及分布对收缩率都会产生较大的影响。如制件的形状复杂、壁厚、有嵌件、嵌件的数量多且分布均匀则收缩率将降低。

c.模具结构。模具的结构会影响熔体的流动、压力的传递等工艺过程,从而影响收缩率。例如,浇口尺寸增大,有利于注射压力的传递,将制件压实,减少塑件的收缩。

d.成型温度。料温对收缩率的影响是两种因素综合的结果,一方面料温升高,使热胀冷缩大,收缩率大;另一方面料温升高,有利于压力传递,减少收缩率。模具温度升高一般会增大收缩率。

e.成型压力。注射压力对收缩率的影响最明显,提高注射压力可以使收缩率减少。保压压力高、时间延长可以使收缩率减少。

f.成型时间。成型时延长保压的时间,可以使制件的收缩率减小。

③结晶性。聚合物的结晶一般发生在从高温熔体向低温固态的转变过程中。通常,分子结构简单、对称性高的聚合物都能在该过程中结晶,如聚乙烯、聚偏二氯乙烯和聚四氟乙烯等。

聚合物结晶的特点:

a.结晶速度慢,在熔融状态到固态的过程中缓慢结晶。

b.结晶不完全。通常为10%~60%。PE-HD可达90%或更高。

结晶型塑料成型时的注意事项:

a.塑料熔融所需的热量多,一般考虑螺杆式注射机。

b.冷凝时放出热量大,模具要加强冷却。

c.成型收缩大,易发生缩孔、气孔。

d.结晶型塑料必须按要求控制模温。

④热敏性。具有热敏性的塑料有硬聚氯乙烯、聚甲醛等。热敏性塑料在成型时应选用螺杆式注射机,必须严格控制料温和成型时间或在塑料中加入稳定剂。

⑤吸湿性。吸湿性是指塑料对水分的亲疏程度。据此塑料大致可分为两种类型:第一类是吸湿性强的塑料,如PA,PC,ABS,PMMA,PPO,PSF等。第二类是吸湿性弱的材料,如PE,PP等。吸湿性强的塑料在加工成型前,一般都要经过干燥,使水分含量(质量分数)控制在0.2%~0.5%以下。

⑥相容性。塑料的相容性俗称共混性。通过塑料的这一性质,可得到类似共聚物的综合性能,是改进塑料性能的重要途径之一。例如,PC与ABS塑料相容,在PC中加入ABS能改善其成型工艺性能。

不同种塑料的相容性与其分子结构有一定关系,分子结构相似者较易相容,例如,高压聚乙烯、低压聚乙烯、聚丙烯等彼此易混熔;分子结构不同时较难相容,例如,聚乙烯和聚苯乙烯等难混熔。

塑料的相容性对成型加工操作过程有影响。换料成型时。如果后成型的料与前面成型的料相容,则只需将所要加工的原料直接加入成型设备中清洗即可;如果是不相容的塑料,就应更换料筒或彻底清洗料筒。

【思考与练习】

分析题

请将塑件的成型缺陷与对应的成型工艺特性连线,并分析缺陷产生的可能原因(分组讨论),完成表 1.12。

表 1.12　塑件的成型缺陷及产生的可能原因

塑件缺陷	配　对	成型工艺特性	缺陷产生的可能原因
 制品凹陷	• ——————— •	流动性	①塑料原料自身流动性差 ②添加剂的比例不合适,流动性差 ③模具结构不良,料流阻力大 ④温度或压力不合适,影响料流
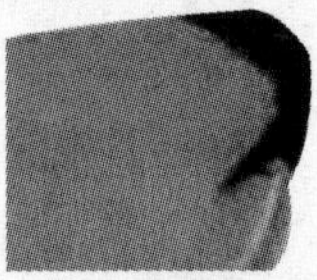 制品有黑斑	• •	收缩性	
制品有银丝	• •	结晶性	
 制品缺料	• •	吸湿性	
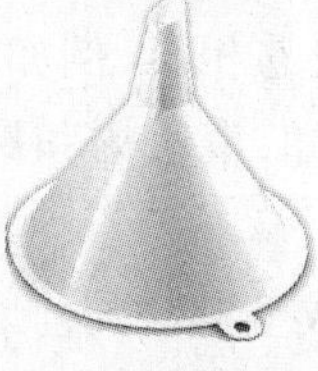 制品透明度不够	• •	热敏性	

学习目标 2　选择合适的塑料模塑成型工艺条件

1)定义

塑料的可模塑性是指在一定的温度和压力作用下塑料在模具中可模塑成型的能力。

2)内容

具有可模塑性的材料可通过注射和挤出等成型方法制得各种形状的模塑制件。

可模塑性主要取决于塑料的成型工艺特性及本身的物理、化学性能。模塑成型工艺条件对塑料可模塑性的影响可用图 1.4 所示的模塑窗口来说明。

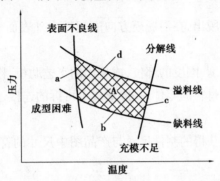

图 1.4　模塑窗口

A—成型区域;a—表面不良线;b—缺料线;c—塑料分解线;d—溢料线

从模塑窗口图可知,成型温度过高虽然有利于成型,但会引起塑料分解,制件的收缩率也会增大;成型温度过低则熔体黏度大,流动困难,且因弹性发展,明显地使制件形状稳定性变差。适当地增加压力,能改善熔体的流动性,但过高的压力会引起模具溢料,并增加制件的内应力,压力过低又会造成充模不足。因此,要能顺利成型出质量好的制件,就要充分考虑温度和压力二者的关系,把温度和压力控制在模塑窗口的区域内。

【思考与练习】

分析题

请结合模塑窗口图,按示例填写完表 1.13。

表 1.13　塑料模塑成型工艺条件

塑料成型问题	改善模塑成型工艺条件	结　论
成型困难	温度提高、压力增加	
充模不足		
原料分解		
表面不良		

学习活动 3 塑件的设计

【学习目标】

能对塑件不合理的设计进行修正。

1)定义

为了便于塑件从模腔中脱出,在沿脱模方向的塑件内外表面上,必须留有足够的斜度,此斜度称为脱模斜度。

在塑件上某些需增加强度、刚度的部位,成型出的工艺肋板,称为加强肋。

在塑件内嵌入一些金属材料的零件,一般形成不可拆的连接,所嵌入的金属零件称为金属嵌件。

塑件的尺寸精度是指所获得的制件尺寸与产品图中尺寸的符合程度,即所获制件尺寸的准确度。

支承面是用于支承物体的平面,用于放置物体并保证平稳。

2)内容

(1)制件设计的基本原则

制件设计的基本原则如下:

①在塑件原材料选择方面。需考虑原料的物理、化学、机械性能和成型工艺特性。

②在塑件形状和结构方面。一是满足使用要求,力求结构简单、壁厚均匀、成型方便。二是有利于模具的分型、排气、补缩和冷却。

③在模具设计和制造方面。模具型腔易于制造,模具抽芯和推出机构简单。

④在生产成本方面。需考虑原料价格,模具成本及寿命,产品的利润率等。

(2)塑件的形状和结构设计

塑件的形状和结构设计的主要内容包括:塑件形状、尺寸精度、表面粗糙度、脱模斜度、壁厚、加强肋、支承面、凸台、孔、圆角、螺纹、金属嵌件、文字、符号及标记等。

塑件的形状和结构设计的目标:制件在满足使用性能和成型工艺性能要求的前提下,力求做到结构合理、造型美观、成型方便。

①塑件形状。塑件的形状,在满足使用要求的前提下,应力求简单、成型方便,尽量避免侧孔或侧向凸凹。如果塑件要求必须有侧孔或侧向凸凹时,可以适当改变制件的结构,避免侧向抽芯,简化模具结构。

表 1.14　改变制件几何形状以利于成型的典型示例

序号	不合理	合理	说明
1	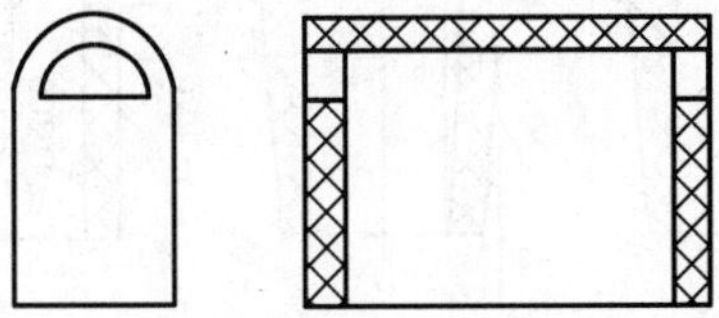	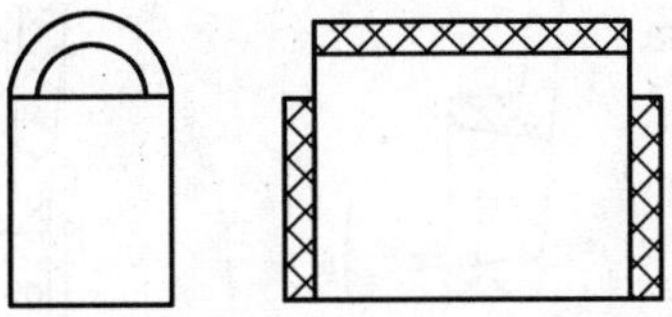	将左图容器的侧孔改为右图侧凹,则不需采用侧抽芯或瓣合分型的模具
2	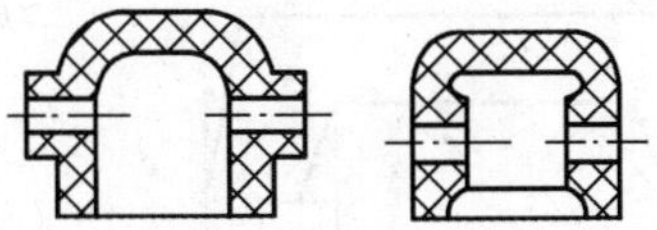	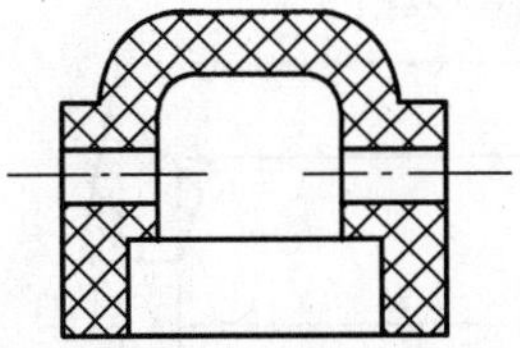	应避免制件表面横向凸台及内部中段小两端大,以便于脱模
3	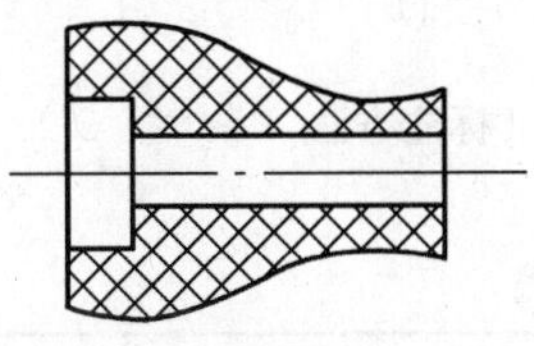	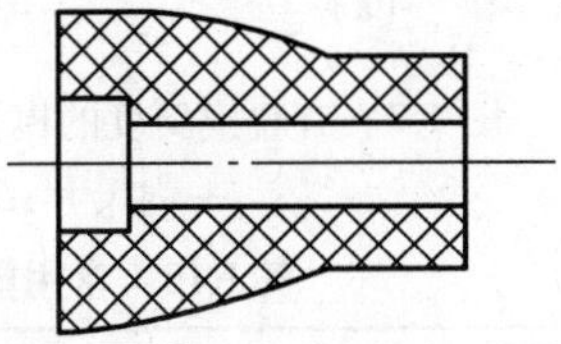	制件外侧凹,必须采用瓣合凹模,使模具结构复杂,制件表面有拼接痕

②塑件尺寸精度及表面粗糙度。这里的塑件尺寸是指模塑件的总体尺寸。

影响模塑件尺寸精度的因素有很多,主要因素是模具成型零件的制造误差、模具成型零件的表面磨损、塑料成型收缩率的波动。次要因素是模具型腔的变形、模具成型零件的安装误差、模具结构设计的合理性、成型工艺条件的变化、制件成型后的时效变化等。因此,制件的尺寸精度往往不高,应在保证使用要求的前提下尽可能选用低精度等级。

模塑件的尺寸公差、公差等级,可根据 GB/T 14486—2008 的标准来选取。

塑件的外观要求越高,表面粗糙度应越低。一般模具表面粗糙度要比制件的要求低 1~2 级(Ra 值更小)。模具在使用过程中,由于型腔磨损而使表面粗糙度值不断加大,因此应随时进行抛光复原。注射成型所能达到的表面粗糙度值可参考 GB/T 14234—1993 的标准来选取。一般取 Ra 为 0.2~1.6 μm。

③脱模斜度。一般不包括在塑件公差范围之内,脱模斜度的大小应在图样上单独标出,并且应标明基本尺寸所在的位置。如果要求脱模斜度包含在该尺寸公差范围内,则应加以特别说明。脱模斜度的大小取决于制件的形状、壁厚及塑料的收缩率。一般取 $30' \sim 1°30'$。取值方向如图 1.5 所示。塑件上的脱模斜度可用角度、尺寸、比例等方式来注明,如图 1.6 所示。有脱模斜度模塑件基本尺寸的标注方法有两种,如图 1.7 所示。

脱模斜度的大小,主要凭经验或查设计手册,但在选取时还应注意一些要点,设计时请参考表 1.15。

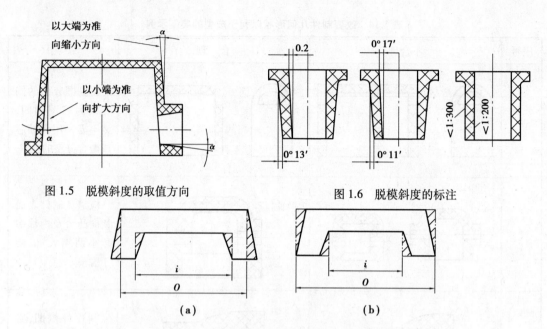

图 1.5　脱模斜度的取值方向　　　　　　　图 1.6　脱模斜度的标注

图 1.7　有脱模斜度的模塑件基本尺寸标注方法

i—内尺寸；O—外尺寸

表 1.15　常用塑料脱模斜度

塑料名称	脱模斜度	
	型芯(内表面)	型腔(外表面)
PE	$20' \sim 45'$	$25' \sim 45'$
CPT	$20' \sim 45'$	$25' \sim 45'$
PA	$20' \sim 40'$	$25' \sim 40'$
PP	$25' \sim 50'$	$30' \sim 1°$
SPVC	$25' \sim 50'$	$30' \sim 1°$
PC	$30' \sim 50'$	$35' \sim 1°$
PS	$30' \sim 1°$	$35' \sim 1°30'$
PMMA	$30' \sim 1°$	$35' \sim 1°30'$
POM	$30' \sim 1°$	$35' \sim 1°30'$
ABS	$35' \sim 1°$	$40' \sim 1°20'$
HPVC	$50' \sim 1°45'$	$50' \sim 2°$
热固性塑料	$20' \sim 50'$	$25' \sim 50'$

续表

脱模斜度设计要点
①塑件形状复杂、壁厚较厚、收缩率较大、不易脱模的,以及增强塑料,应取较大的脱模斜度 ②制件脱模方向尺寸大($H>100$ mm)、精度要求高的,应采用较小的脱模斜度 ③为防止塑件留在定模内,定模的脱模斜度比动模小 ④制件脱模方向尺寸不大(通常小于2~3 mm),制件精度要求高时,可不设计脱模斜度但模具表面光洁度要高 ⑤具有自润滑性、弹性、延展性好的塑料,脱模斜度可适当取小值

④壁厚。合理地确定制件的壁厚在塑件设计中是非常重要的。制件的壁厚首先决定于制件的功能要求。在满足功能要求的前提下应尽量减少壁厚,这样可以缩短成型周期,节省材料。

制件壁厚尽可能地均匀,这样可减小内部应力,避免产生气泡、凹陷等成型缺陷。

制件壁厚随塑料类型及制件大小而定。热塑性塑料易于成型薄壁制件,最小壁厚能达到0.1 mm,但一般不宜小于0.5 mm,一般注射成型塑件的壁厚为0.5~4 mm。壁厚大于4 mm容易产生气泡、缩孔、翘曲等缺陷。常用的热塑性塑料壁厚经验值见表1.16。热固性塑料成型的壁厚根据产品大小,一般取1.6~6 mm。表1.17为根据外形尺寸推荐的热固性制件壁厚值。

表 1.16　热塑性塑料制件最小壁厚及推荐壁厚

塑料种类	最小壁厚/mm	一般制件壁厚/mm	大型制件壁厚/mm
ABS	0.80	1.6~2.60	>2.4~3.2
聚酰胺(PA)	0.40	1.75~2.60	>2.4~3.2
聚苯乙烯(PS)	0.75	2.25~2.60	>3.2~5.4
改性聚苯乙烯	0.75	2.29~2.60	>3.2~5.4
有机玻璃(PMMA)	0.60	2.50~2.80	>4~6.5
聚甲醛(POM)	0.40	2.40~2.60	>3.2~5.4
软聚氯乙烯(SPVC)	0.85	2.25~2.50	>2.4~3.2
聚丙烯(PP)	0.6	2.45~2.75	>2.4~3.2
氯化聚醚(CPT)	0.85	2.35~2.80	>2.5~3.4
聚碳酸酯(PC)	0.10	2.60~2.80	>3~4.5
硬聚氯乙烯(HPVC)	1.00	2.60~2.80	>3.2~5.8

续表

塑料种类	最小壁厚/mm	一般制件壁厚/mm	大型制件壁厚/mm
聚苯醚(PPO)	0.80	2.75~3.10	>3.5~6.4
聚乙烯(PE)	0.50	2.25~2.60	>2.4~3.2
聚砜(PSU)	1.00	2.40~2.60	>3.5~6.4

表1.17　热固性塑料制件壁厚

塑料名称	塑料外形高度/mm		
	≤50	>50~100	>100
粉状填料的酚醛塑料	0.7~2.0	2.0~3.0	5.0~6.5
纤维状填料的酚醛塑料	1.5~2.0	2.5~3.5	6.0~8.0
聚酯玻璃纤维填料的塑料	1.0~2.0	2.4~3.2	>4.8
聚酯无机物填料的塑料	1.0~2.0	3.2~4.8	>4.8
氨基塑料	1.0	1.3~2.0	3.0~4.0

⑤加强肋。其主要作用是增加制件强度和改善熔体流动。用增加壁厚的方法来提高制件的强度,常常是不合理的,易产生缩孔或凹陷,尽管肋板具有结构上的优势,其存在翘曲和外观问题,设计时也应遵循一定的规律,见表1.18。

表1.18　加强肋尺寸及设计要求

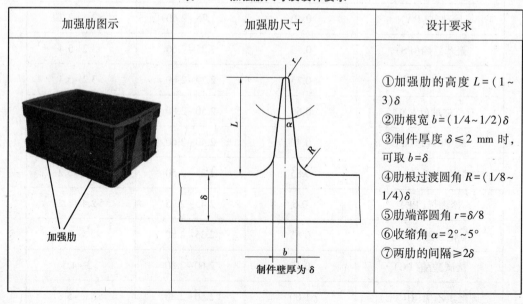

加强肋图示	加强肋尺寸	设计要求
加强肋	制件壁厚为δ	①加强肋的高度 $L=(1\sim3)\delta$ ②肋根宽 $b=(1/4\sim1/2)\delta$ ③制件厚度 $\delta\le2$ mm 时,可取 $b=\delta$ ④肋根过渡圆角 $R=(1/8\sim1/4)\delta$ ⑤肋端部圆角 $r=\delta/8$ ⑥收缩角 $\alpha=2°\sim5°$ ⑦两肋的间隔 $\ge2\delta$

⑥支承面及凸台。塑件用整个平面作为支承是不合理的,因为制件稍许翘曲或变形就会使底面不平。通常采用的是底脚(三点或四点)支承或边框支承。如果塑件底部有加强肋,则加强肋应至少低于支承面0.5 mm。

凸台一般是用于安装、固定螺钉的。凸台离外壁一般要求至少3 mm,与外壁的连接肋不能太厚。如果凸台的强度要求较高或孔较深,可用3~4个三角肋连接(俗称"火箭脚"),两凸台间的距离最少为2倍的壁厚。见表1.19中凸台的设计图示所示。

表1.19 凸台的设计及尺寸

凸台的设计图示	凸台尺寸
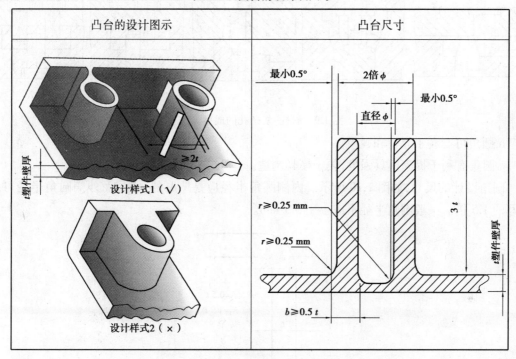	

⑦孔。塑件上有各种各样的孔,常见的有通孔、盲孔、螺纹孔等。孔的形状设计时,要考虑不能使模具制造困难;孔的位置,要考虑设计时不能削弱塑件的强度,相邻两孔之间和孔与边缘之间应保留适当距离(≥2倍的塑件壁厚);孔的大小设计时,要参考相关的设计手册,并且还要考虑孔间距、孔边距及孔深的要求。

孔的成型方法与孔的形状、大小有关。图1.8是由一端固定,另一端导向支承的型芯来成型,其优点是强度和刚性较好,应用较多。尤其是轴向精度要求较高的情况,但导向部分因导向误差易磨损,长期使用会产生漏料,出现纵向飞边(见图中B所示处)。

对于斜孔或形状复杂的孔可采用拼合的型芯来成型,以避免侧向抽芯,如图1.9所示。

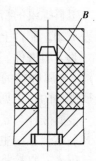

图1.8 通孔成型

⑧圆角。在满足使用要求的前提下制件所有的转角应尽可能设计成圆角,或者用圆弧过渡。圆角具有以下特点:

a.圆角可避免应力集中,提高制件强度。

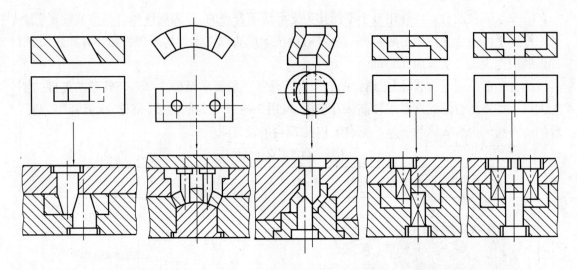

图 1.9　斜孔、复杂孔的成型方法

b.圆角可有利于充模和脱模。

c.圆角有利于提高模具强度,便于模具制造。

圆角设计的尺寸,如图 1.10 所示。内侧圆角半径应是壁厚的一半,而外侧圆角半径可为壁厚的 1.5 倍。一般圆角半径不应小于 0.5 mm。

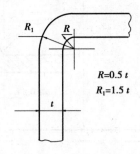

$R=0.5\ t$
$R_1=1.5\ t$

图 1.10　圆角尺寸

⑨螺纹。塑件上的螺纹可直接模塑成型,也可采用在塑件成型后机械加工出来,在经常装拆和受力较大的地方,则应采用金属的螺纹嵌件。制件上的螺纹应选用牙型尺寸较大者,螺纹直径较小时不宜采用细牙,牙型过细将会影响塑料螺纹的使用强度。

塑料螺纹的精度不能要求太高,一般低于 MT3 级(GB/T 14486—2008)。螺纹的设计可参考表 1.20。制件上螺纹始末过渡部分见表 1.21。

⑩金属嵌件。

a.金属嵌件的种类及作用。根据金属嵌件的形状,可将金属嵌件分为表 1.22 中的几类。金属嵌件的作用见表 1.22。

金属嵌件与塑件连接的方法主要有以下 3 种。

黏结。黏结主要使用的是万能胶,但黏结的效果往往不理想,且效率低。

压入。直接将嵌件压入制件中,但是塑件容易变形、开裂,且效率低。

一起成型。将嵌件放入模具中固定的位置,在塑件成型时,塑料熔体包住嵌件,冷却后成为整体。

表 1.20 螺纹的设计

螺纹图示	螺纹尺寸	设计要求
 外螺纹	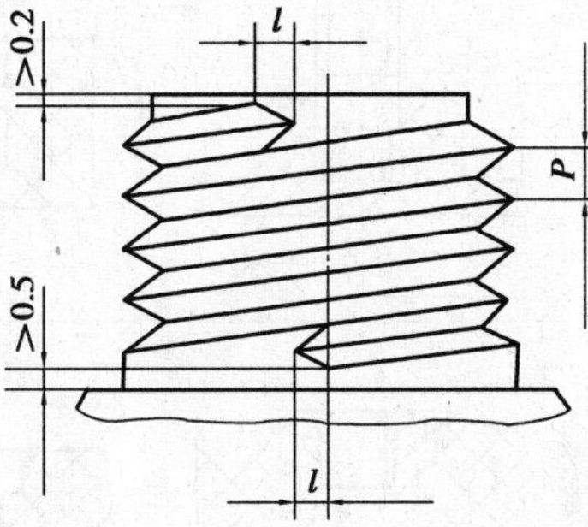	①螺距 $P \geqslant 0.7$ mm ②注射成型螺纹直径 ≥ 2 mm ③压缩成型螺纹直径 ≥ 3 mm ④外螺纹直径≥4 mm ⑤内螺纹直径≥2 mm ⑥螺纹最外圈和最里圈留有台阶 ⑦螺纹的始端和终端有一段过渡长度 L，其值可按表 1.21 选取
 内螺纹	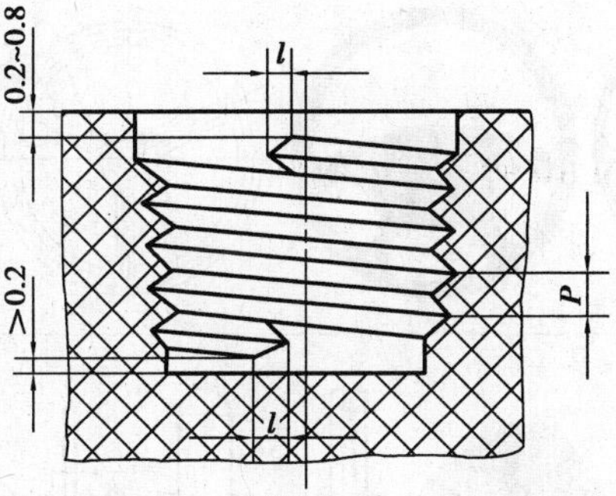	

表 1.21 制件上螺纹始末过渡部分长度

螺纹直径/mm	螺距 P/mm		
	≤0.5	>0.5~1	>1
	始末过渡部分长度尺寸		
≤10	1	2	3
>10~20	2	3	4
>20~34	2	4	6
>34~52	3	6	8
>52	3	8	10

注:始末部分长度相当于车制金属螺纹的退刀长度。

表 1.22　不同种类的金属嵌件及其作用

种　类	图　示	作　用
圆柱形		作为连接固定零件用,固定其相邻零件的螺栓或接线柱等之用
套筒形		提高制件的精度和使用寿命,作为轴承、螺母用的嵌件
细杆状贯穿形		增加制件的强度、刚度等,如汽车方向盘等
片状		满足一些特殊要求,如导电性、导磁性等,如作为导电片、接触端子、弹簧片等用途的嵌件

　　b.设计带嵌件的塑件应注意的问题。保证嵌件在塑件中固定牢固。固定方式如图 1.11 所示。细长嵌件还需加支承固定,如图 1.12 所示。

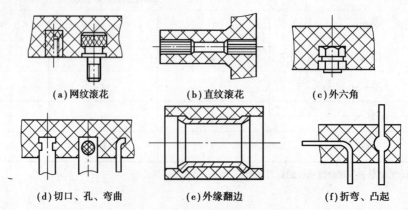

(a)网纹滚花　　　　　(b)直纹滚花　　　　　(c)外六角

(d)切口、孔、弯曲　　　(e)外缘翻边　　　　(f)折弯、凸起

图 1.11　嵌件在塑件内的固定方式

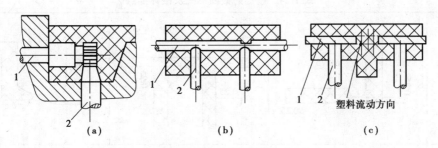

图 1.12　细长嵌件在模内的支承固定
1—嵌件；2—支柱

嵌件在模具内应可靠定位。定位方法如图 1.13 所示。

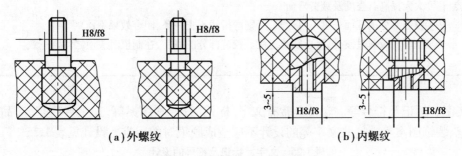

图 1.13　内、外螺纹嵌件在模内的定位

保证金属嵌件周围的塑料层厚度。厚度设计时可参考表 1.23。

表 1.23　金属嵌件周围塑料层厚度

图　例	金属嵌件 直径 D/mm	周围塑料层 最小厚度 C/mm	顶部塑料层 最小厚度 H/mm
	≤4	1.5	0.8
	>4~8	2.0	1.5
	>8~12	3.0	2.0
	>12~16	4.0	2.5
	>16~25	5.0	3.0

⑪铰链。聚丙烯、乙丙共聚物等塑料,具有优异的耐疲劳性能,在箱体、盒体、容器等塑料产品可直接成型为铰链结构。铰链的截面形式及设计要点见表 1.24。

表 1.24　铰链的截面形式及设计要点

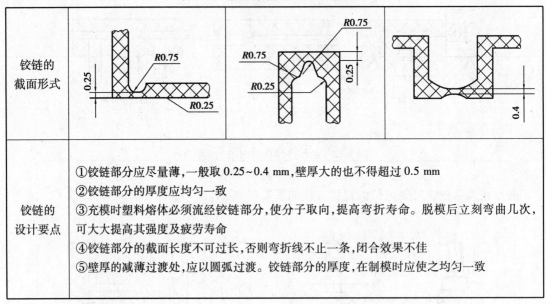

铰链的截面形式	
铰链的设计要点	①铰链部分应尽量薄,一般取 0.25~0.4 mm,壁厚大的也不得超过 0.5 mm ②铰链部分的厚度应均匀一致 ③充模时塑料熔体必须流经铰链部分,使分子取向,提高弯折寿命。脱模后立刻弯曲几次,可大大提高其强度及疲劳寿命 ④铰链部分的截面长度不可过长,否则弯折线不止一条,闭合效果不佳 ⑤壁厚的减薄过渡处,应以圆弧过渡。铰链部分的厚度,在制模时应使之均匀一致

⑫文字、标记及符号等。塑件上常有文字、标记、符号和图案等,如生产厂家、产品商标、环保标记、装饰图案等。这些文字等的设计不应造成脱模时的困难。设计见表 1.25。

表 1.25　文字、标记及符号的设计

文字、标记的样式	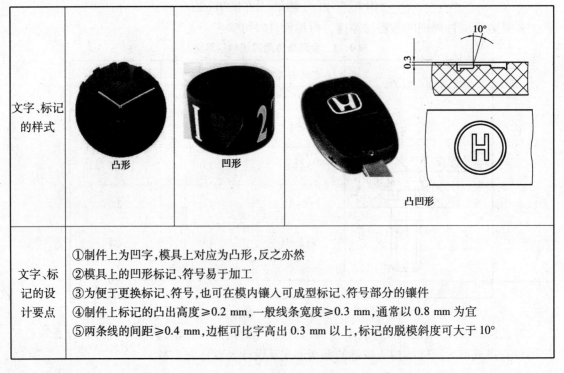
文字、标记的设计要点	①制件上为凹字,模具上对应为凸形,反之亦然 ②模具上的凹形标记、符号易于加工 ③为便于更换标记、符号,也可在模内镶入可成型标记、符号部分的镶件 ④制件上标记的凸出高度≥0.2 mm,一般线条宽度≥0.3 mm,通常以 0.8 mm 为宜 ⑤两条线的间距≥0.4 mm,边框可比字高出 0.3 mm 以上,标记的脱模斜度可大于 10°

凸形　凹形　凸凹形

30

【思考与练习】

分析题

（1）请结合"学习活动 3"所学的知识，分组讨论后，对表中不合理的设计指出来，说明原因，并修正完成表 1.26。

表 1.26　文字、标记及符号的设计

序号	不合理设计图示	不合理原因说明	合理的设计图示
1			
2			
3			

（2）请结合"学习活动 3"所学的知识，对生活中常见的塑料产品进行形状及结构设计的合理性分析。例如，如图 1.14 所示的塑料凳，现对其形状、结构进行工艺性分析，见表 1.27。

该塑料凳为日常用品，整体尺寸为 29×26×24.5 mm，塑料原料为聚丙烯 PP。

图 1.14　塑料凳

表 1.27　塑件的形状、结构设计的合理性分析

形状、结构设计的项目	该项目设计的内容	是否合理，如何改进
塑件形状	该塑件整体尺寸不大，通过凳脚的倾斜避免了侧抽芯，适合注射成型	合理
尺寸精度	日常用品，精度未标注	合理。具体精度值可以查 GB/T 14486—2008（见附录）

续表

形状、结构设计的项目	该项目设计的内容	是否合理,如何改进
表面粗糙度	日常用品,表面粗糙度未标注	合理,取常用最低 Ra 为 1.6
脱模斜度	PP 的脱模斜度为 25′~1°,该塑件设计有约 2° 的脱模斜度	合理。该塑件脱模阻力大,且要避免侧抽芯
壁厚	平均约 2 mm	合理。壁厚>0.6 mm,注意强度测试要合格
加强肋	顶部需承受较大压力,设计有垂直交错排列的加强肋,加强肋厚度 1 mm、高度 10 mm、间距 25 mm	合理。需要加强肋,交错排列也会减少上表面产生翘曲、变形的倾向
支承面	设计了 4 个凳脚支承	合理。不能以整个平面支承
凸台	凳脚处设计有 4 个凸台	合理。凸台增加了凳脚的面积,提高了凳子的支承能力
孔	制件顶部开有通孔,尺寸为 15 mm	满足孔大小及孔间距要求
圆角	制件的内外表面连接处采用了圆弧过渡,圆角半径 R 为 5 mm	合理。满足最小圆角 R 的要求
螺纹、金属嵌件	该塑件无螺纹、金属嵌件	合理。该项无要求
文字、符号及标记	内表面,凸形文字,字高 0.5 mm,线条宽 0.8 mm	合理。满足凸出高度 ≥ 0.2 mm,线条宽度的 ≥0.3 mm

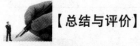【总结与评价】

1.学习任务总结

通过该学习任务的学习后,如果你能顺利地完成各学习活动的"思考与练习",你就可以继续往下学习。如果不能较好地完成,就再学习相应的学习活动内容,并对学习过程中遇到的重点、难点、解决办法等进行总结。

2.学习任务评价表

学习任务的评价,是在该任务所有的学习活动完成后进行的,评价表的内容需如实填写,通过评价学生能发现自己的不足之处,教师能发现和认识到教学中存在的问题。

班级:_____ 学生姓名:_____ 学号:_____

项 目	自我评价			小组评价			教师评价		
	10~9	8~6	5~1	10~9	8~6	5~1	10~9	8~6	5~1
学习活动 1(完成情况)									
学习活动 2(完成情况)									
学习活动 3(完成情况)									
参与学习活动的积极性									
信息检索能力									
协作精神									
纪律观念									
表达能力									
工作态度									
任务总体表现									
小 计									
总 评									

注:10 表示最好;1 表示最差。

任课教师:_____ 年 月 日

学习任务二
肥皂盒体注射模的设计

【学习任务】

本学习任务围绕肥皂盒的模具设计内容来学习,主要包括了肥皂盒的结构工艺性、模具类型的选择,对模具的浇注系统、冷却系统和推出机构等进行介绍。

学习活动 1　注射模具类型的选择

【学习目标】

1.熟悉注射成型原理及工艺过程。
2.能正确区分常见注射模的类型。
3.能正确为肥皂盒选择合理的模具结构。

学习目标 1　熟悉注射成型原理及工艺过程

1)定义

注射成型基本原理是先将松散的原料(粉状、粒状)从注射机的料斗加入料筒内加热塑化成熔融的状态,然后在螺杆或柱塞的推动下,经料筒前端的喷嘴注射入较低温度的闭合模具中,经过一定时间的保压及冷却定型后,注射机锁模机构开启模具,最后由注射模具的推出机构将具有一定形状和尺寸的塑料制品(塑料制件,简称塑件)从模具型腔中推出。

2)内容

(1)注射成型基本原理

注射成型原理如图 2.1 所示。

注射成型的特点(一短、一强、两高):

①成型周期短。能一次成型外形复杂、尺寸精确、带有金属或非金属嵌件的塑料制品。

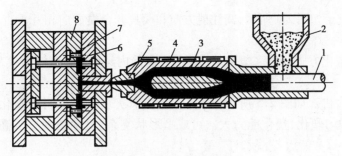

图 2.1　注射成型原理

1—柱塞;2—料斗;3—分流梭;4—加热器;
5—喷嘴;6—定模板;7—制件;8—动模板

②适应性强。能成型各种塑料,还能为中空吹塑(注-吹)制件提供型坯。

③生产效率高。易实现全自动化。广泛用于各种制件成型。

④费用高。注射成型设备价格及模具制造费用较高,不适合单件及小批量生产。

注射成型的分类:

①普通注射成型。主要针对精度等要求较低的塑料成型。

②精密注射成型。可以成型精度等要求较高的塑料制品。

③特种注射成型。满足特殊性能及成型工艺要求的成型方法。主要有 BMC 注射成型、气体辅助注射成型、共注射成型、结构发泡注射成型、多级注射成型、动力熔融注射成型、排气注射成型、反应注射成型、液态注射成型、高速注射成型、复合注射成型、多材质注射成型等,随着注射成型工艺技术的发展,定会有更多的注射成型方法研究出来。

(2)注射成型设备

目前全世界约有 30%的塑料原料用于注射成型,而注射成型的设备是注射机。

①注射机的分类及应用。不同的成型方法,对成型设备的要求也是不同的。用于注射成型的设备有:通用注射机、热固性塑料注射机、特种注射成型机。

下面主要介绍通用注射机,通用注射机的分类方法有以下几种。

A.按注射机的注射方向和模具的开合模方向分类。

a.卧式注射机。卧式注射机的实体如图 2.2 所示。这是目前最常见的一种类型。其注射方向和模具的开合模方向均沿水平方向。

b.立式注射机。如图 2.3 所示,其注射方向和模具的开合模方向是沿垂直于地面的方向。

图 2.2　卧式注射机图

图 2.3　立式注射机图

c.角式注射机。如图 2.4 所示,其注射方向和模具开合模方向相互垂直,故又称为直角式注射机。

B.按原料的塑化方式分类。塑化是指塑料在料筒内经加热达到流动状态并具有良好的可塑性的过程。

a.螺杆式注射机。如图 2.5 所示,用同一螺杆来实现成型物料的塑化和注射。螺杆式注射机的优点:均匀塑化,塑化能力大。可成型形状复杂、尺寸精度要求高及带各种嵌件的制件。

图 2.4　角式注射机图

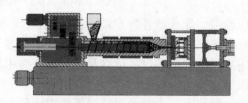
图 2.5　螺杆式注射机

b.柱塞式注射机。如图 2.6 所示,用加热料筒、分流梭和柱塞来实现成型物料的塑化及注射。其优点是结构简单、适合小型制件的成型。

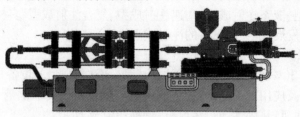
图 2.6　柱塞式注射机

C.按锁模装置分类。

a.液压式。以液压缸直接锁模。这种形式调整保压都较容易,但能量消耗较大。

b.液压和机械(连杆)组合式。以连杆机构锁模,常与液压缸一起组合使用。它可实现高速合模,锁模可靠,产品不易产生飞边,但是调整复杂,需要经常保养。

②注射机的组成。注射成型机一般由以下几个部分组成。

A.注射装置。包括料斗、料筒、螺杆(或柱塞与分流梭)、加热器、喷嘴等部件。主要作用是使固态的成型原料均匀塑化成熔融的黏流态,并以足够的压力和速度将熔融物料注入闭合的模具型腔中并进行保压与补缩。

B.锁模装置。包括液压缸(或连杆)、顶杆等部件。主要作用有以下 3 点:

a.实现模具的开模与合模动作。

b.在注射过程中锁紧模具。

c.开模时通过顶杆顶出模内制件。

C.液压传动和电器控制系统。液压传动和电器控制系统是为了保证注射成型过程按照预定的工艺要求(压力、速度、温度、时间)和动作程序准确进行而设置的。液压传动系统是注射机的动力系统,而电器控制系统则是各液压缸按程序设计要求动作的控制系统。

D.机架。作为上述 3 个部分的固定、支撑成一个整体,并作为液压系统的油箱。

③注射机的规格型号。目前注射机规格型号的命名尚无统一的标准。注射机常用 SZ,SZL,SZG 分别表示卧式注射机、立式注射机和热固性塑料注射机,后加理论注射量/合模力表示注射机的规格,例如,SZ-300/160,SZL-15/30,SZG-500/150 等。型号中字母的含义分别是 S(塑料)、Z(注射)、L(立式)、G(热固性)。SZ-300/160 表示卧式注射机,理论注射量为 300 cm³,合模力为 1 600 kN。

公称注射量是指在对空注射条件下,注射机的螺杆或柱塞在一次最大注射行程所能达到的最大注射量,它近似等于注射机实际能达到的最大注射量。

理论注射量是指注射机理论上能达到的最大注射量,实际最大注射量为理论最大注射量的 70%～90%,通常取 80%。

3)注射成型工艺(热塑性塑料)的过程

热塑性塑料的注射成型工艺过程包括成型前的准备、注射成型过程、制件的后处理,如图 2.7 所示。

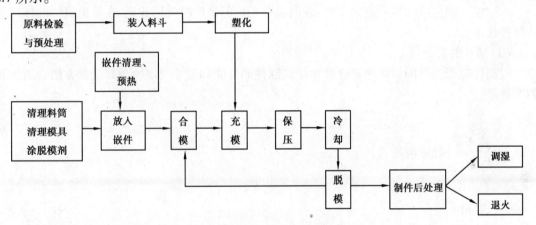

图 2.7　注射成型工艺过程

(1)成型前的准备

成型前准备工作的主要内容包括以下 4 个方面。

①原料的检验与预处理(干燥、着色等)。对成型的原料进行外观(如色泽、颗粒大小、均匀度等)和工艺性能(如流动性、收缩性、水分及挥发物的含量等)的检验。对吸湿性强(如 PA,PC,ABS 等)的原料进行干燥(如烘箱干燥、红外线干燥等)处理。对有颜色要求的原料还要进行着色(如染色等)处理。

②料筒清理。成型不同种类的原料前,应对料筒进行清洗。清洗的方法有拆洗法(将料筒拆开清洗)和对空注射法(原料不注入型腔)两种。

③嵌件预热。成型带有嵌件的制件一般对嵌件都要预热,尤其是大型嵌件。防止温差导致的嵌件与制件分离或制件的变形。

④选择脱模剂。对脱模困难的制件,准备好合适的脱模剂。常用的脱模剂有硬脂酸锌、液态石蜡和硅油。

（2）注射成型过程

注射成型过程一般包括加料、塑化、注射、保压、冷却、开模、脱模等过程。

①加料。将粉末状或颗粒状的原料加入注射机的料斗内，并由螺杆或柱塞带入料筒。

②塑化。原料在料筒内经过加热、压实、混料等过程，使原料逐渐变成均匀的熔融状态并具有良好的可塑性熔体。

③充模。塑化好的熔体被螺杆或柱塞推挤至料筒前端，经注射机的喷嘴、模具的浇注系统进入模具型腔。

④保压。保压的过程是从塑料熔体充满型腔到柱塞或螺杆退回为止。这段时间，模具中的熔体冷却收缩，在柱塞或螺杆的压力下，料筒中的熔体不断补充到模具中，以补充收缩导致的缺料。该过程对于提高制件的密度，保证制件的性能及形状完整、克服表面缺陷等有重要意义。但是对于小型薄壁制件，保压意义不大。

⑤冷却。制件在模具内的冷却过程是指从浇口处的塑料熔体完全冻结到制件将从模具型腔内推出为止。实际上，冷却从塑料熔体进入型腔就开始了，它包括从充模完成到塑料熔体完全冻结的这一段时间。

⑥脱模。制件冷却到一定的温度，表面具有一定的硬度时就可开模，在推出机构的作用下将制件推出。

（3）制件的后处理

对制件进行适当的后处理来改善和提高制件的性能和尺寸稳定性。其主要方法是退火和调湿处理。

【思考与练习】

一、选择题

1.注射成型工艺适用于（　　　）。

A.只有热塑性塑料　　　　　　　　　　B.只有热固性塑料

C.主要成型热塑性塑料，某些热固性塑料也可用注射方法成型

D.所有塑料都可以

2.保压补缩阶段的作用是（　　　）。

A.塑件冷却的需要　　　　　　　　　　B.注射机的结构决定的

C.减少应力集中　　　　　　　　　　　D.补充型腔中塑料的收缩需要

3.对同一种塑料，螺杆式注射机的料筒温度比柱塞式注射机的料筒温度要求（　　　）。

A.高一些　　　　　　B.低一些　　　　　　C.相同　　　　D.不能确定

二、简答题

简述热塑性塑料的注射成型原理及工艺过程？

学习目标 2　区分常见注射模的类型

1）定义

为了将制件、浇注系统凝料从闭合的型腔中取出，或为了满足模具动作的要求，必须将模具的某些面分开，这些可分开的面可统称为分型面。

单分型面注射模是指整个模具中只在动模与定模之间具有一个分型面的注射模称为单分型面注射模或二板式（动模板和定模板）注射模。

双分型面注射模具有两个不同的分型面，第一分型面，用于取出浇注系统凝料；第二分型面，用于取出塑料制品。与单分型面注射模具相比较，双分型面注射模具是在动模板与定模板之间增加一块可往复移动的中间板，（又称型腔板或流道板），所以也叫三板式（动模板、中间板、定模板）注射模具。

2）内容

（1）注射模的基本结构

注射模的结构是由注射机的种类和制件的复杂程度等因素所决定的，注射模由动模和定模两大部分组成。动、定模部分分别安装在注射机的动、定模固定板上。在注射成型过程中，动模部分与定模部分在导柱的导向作用下闭合，构成浇注系统和型腔，塑料熔体从注射机喷嘴经模具浇注系统进入型腔，并冷却成型；开模时，动模和定模分离，通常使制件留在动模一侧，以便于模具的脱模机构将制件推出。

根据模具上各零部件的作用不同，一般将注射模具分为以下 8 个部分。

①成型零件。成型零件是指构成模具型腔的零件。如成型制件内表面的型芯和成型制件外表面的凹模以及各种成型杆、镶件等。在如图 2.8 所示的模具中，型腔是由凹模板 2 和型芯 7 等组成。

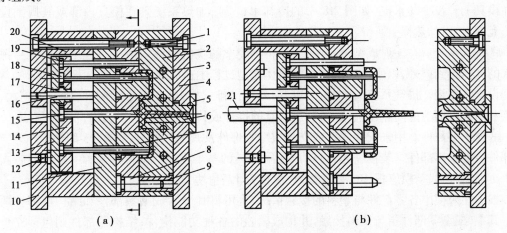

图 2.8　典型单分型面注射模

1—型芯固定板（动模板）；2—凹模板（定模板）；3—冷却水道；4—定模座板；5—定位圈；6—浇口套；
7—型芯；8—导柱；9—导套；10—动模座板；11—支承板；12—限位钉；13—推板；14—推杆固定板；
15—拉料杆；16—推板导柱；17—推板导套；18—推杆；19—复位杆；20—垫块；21—注射机顶杆

②浇注系统。浇注系统是熔融塑料从注射机喷嘴射出后到达型腔之前在模具内所流经的

通道。浇注系统分为普通浇注系统和热流道浇注系统两大类。普通浇注系统一般由主流道、分流道、浇口和冷料穴4部分所组成。如图2.8中的浇口套6内的空腔为模具的主流道。热流道浇注系统主要包括热流道板、喷嘴、温度控制器及辅助零件。主流道和分流道截面一般为圆形,均设在热流道板内;喷嘴主要类型有开放式热喷嘴和针阀式热喷嘴;温度控制器主要有热电偶、加热器;辅助零件主要有密封圈、接线盒等。

③导向机构。导向机构通常由导柱和导套所组成。在模具各类机构中都可设置有导向机构,以保证各类机构在工作过程中的定位和导向。如合模导向机构(如图2.8所示的导柱8和导套9),主要用于引导动模和定模的准确闭合,保证动模和定模合模后的相对位置准确,以保证制件形状和尺寸的精确度。而对于深腔薄壁制件,除了采用导柱导套导向外,还常采用在动、定模部分设置互相吻合的内外锥面导向、定位机构,用于承受侧向压力。在有些注射模中,为了避免顶出过程中推板歪斜,而影响制件的顺利推出,还设有导向零件(如图2.8中的推板导柱16和推板导套17),以使推出机构平稳运动。

④侧向分型与抽芯机构。当制件上有侧孔、侧凹和侧凸等结构形状时,在开模顶出制件之前必须将侧型芯抽出,制件才能从模具中顺利脱模,而合模时应复位,这种机构称为侧向分型与抽芯机构(可简称为侧抽芯机构)。如图2.12、图2.13所示就是具有侧抽芯机构的模具。

⑤脱模机构。脱模机构是指模具分型后将制件和浇注系统凝料从模具中脱出的装置,又称推出机构。脱模机构一般由推杆、推杆固定板、推板、拉料杆、复位杆及为了该机构运动平稳所设置的导向机构等所组成。图2.8中的脱模机构由推板13、推杆固定板14、拉料杆15、推板导柱16、推板导套17、推杆18和复位杆19等组成。常见的脱模机构有推杆脱模机构、推管脱模机构、推件板脱模机构等。

⑥温度调节系统。温度调节系统包括加热和冷却系统,它是为了满足注射成型工艺对模具温度的要求而开设的,其作用是保证塑料熔体的顺利充填和制件的固化定型。注射模具中是设置冷却回路还是设置加热装置要根据塑料的品种和制件成型工艺来确定。冷却系统通常是在模具上开设冷却水道(如图2.8中的冷却水道3),加热系统则在模具内部或其周围设置加热元件,如电加热棒。

⑦排气系统。在注射成型过程中,为了将型腔中的空气及注射成型过程中塑料本身挥发出来的气体排到模外,以避免它们在塑料熔体充型过程中造成气孔或充填不满等缺陷,经常需要开设排气系统。排气系统通常是在分型面处开设排气槽,而对于小型制件,排气量不大,可直接利用分型面上的间隙排气,或者利用模具的推杆或其他活动零件的配合间隙排气。

⑧支承零部件。用来安装固定或支承成型零部件及其他各部分结构的零部件均称为支承零部件。支承零部件组装在一起,可构成注射模具的基本框架。如图2.8所示中的型芯固定板1、定模座板4、动模座板10、支承板11、限位钉12、垫块20。

根据注射模中各零部件与塑料的接触情况,也可将其分为成型零部件和结构零部件两大类。其中,成型零部件指与塑料接触,并构成模腔的各种功能构件;结构零部件则包括支承零部件、导向机构、脱模机构、侧向分型与抽芯机构、温度调节系统等。

(2)注射模的分类

注射模具的分类方法有很多。

①按其成型塑料的类型分,可分为热塑性塑料注射模和热固性塑料注射模。

②按其使用注射机的类型分,可分为卧式注射机用注射模、立式注射机用注射模和角式注

射机用注射模。

③按模具的型腔数目分,可分为单型腔注射模和多型腔注射模。

④按其采用的流道形式分,可分为普通流道注射模和热流道注射模。

⑤按注射模的总体结构特征分,可分为单分型面注射模、双分型面注射模、带侧向分型与抽芯机构的注射模、带有活动镶件的注射模、定模带有推出装置的注射模和自动卸螺纹注射模具等。

(3)注射模的典型结构

①单分型面注射模。整个模具中只在动模与定模之间具有一个分型面的注射模称为单分型面注射模或二板式(动模板和定模板)注射模,如图2.9所示。其结构简单,操作方便,是注射模中最为简单最基本的一种结构形式,其典型结构如图2.8所示。

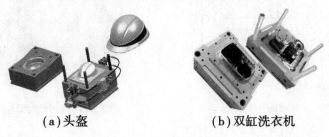

(a)头盔　　　　　　　(b)双缸洗衣机

图2.9　单分型面注射模

根据需要,它既可以设计成单型腔注射模,也可以设计成多型腔注射模,对成型制件的适应性很强,因而应用十分广泛。

单分型面注射模工作原理:合模时,注射机开合模系统带动动模向定模方向移动,在分型面外与定模对合,其对合的精确度由合模导向机构保证。动模和定模对合后,定模板2上的凹模与固定在动模板1上的型芯7组成与制件形状和尺寸一致的封闭型腔,型腔在注射成型过程中被注射机合模系统所提供的锁模力锁紧,以防止它在塑料熔体充填型腔时被产生的压力涨开。注射机从喷嘴中注射出的塑料熔体经由开设在定模上的主流道进入模具,再由分流道及浇口进入型腔,待熔体充满型腔并经过保压、补缩和冷却定型之后开模。开模时,注射机开合模系统便带动动模后退,这时动模和定模两部分从分型面处分开,制件包在型芯7上随动模一起后退,拉料杆15将主流道凝料从主流道衬套中拉出。当动模退到一定位置时,安装在动模内的推出机构在注射机顶出装置的作用下,使推杆18和拉料杆15分别将制件及浇注系统的凝料从型芯7和冷料穴推出,制件与浇注系统凝料一起从模具中落下,至此完成一次注射过程。合模时,推出机构靠复位杆19复位,从而准备下一次的注射。

②双分型面注射模。如图2.10所示为双分型面注射模,它具有两个不同的分型面。A—A为第一分型面,用于取出浇注系统凝料;B—B为第二分型面,用于取出塑料制品。与单分型面注射模具相比较,双分型面注射模具是在动模板与定模板之间增加一块可往复移动的中间板(又称型腔板或流道板),因此也称为三板式(动模板、中间板、定模板)注射模具,它常用于点浇口进料的单型腔或多型腔的注射模具,开模时,中间板在定模的导柱上与定模板作定距分离,以便在这两模板之间取出浇注系统凝料。双分型面注射模实例(局部)如图2.11所示。

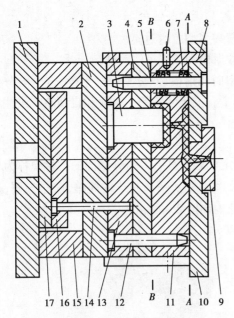

图 2.10　双分型面注射模

1—动模固定板;2—支承板;3—型芯;4—推件板;
5—导柱;6—限位销 7—弹簧;8—定距拉板;9—定位圈;
10—定模板;11—中间板;12—导柱;13—型芯固定板;
14—推杆;15—模脚 16—推杆固定板;17—推板

图 2.11　双分型面注射模实例(局部)

双分型面注射模工作原理:开模时,开合模系统带动动模部分后移,由于弹簧 7 对中间板 11 施压,迫使中间板 11 与定模板 10 首先在 A 处分型,并随动模一起向后移动,主流道凝料随之拉出。当中间板向后移动到一定距离时,安装在定模板上的定距拉板 8 挡住装在中间板上的限位销 6,中间板停止移动。动模继续后移,B 分型面分型。因制件包紧在型芯 3 上,这时浇注系统凝料就在浇口处自行拉断,然后在 A 分型面之间自行脱落或由人工取出。动模继续后移至注射机的顶杆接触推板 17 时,推出机构开始工作,推件板 4 在推杆 14 的推动下将制件从凸模上推出,制件由 B 分型面之间自行落下。

③斜导柱(斜销)侧向分型与抽芯注射模。当制件有侧凸、侧凹(或侧孔)时,模具中成型侧凸、侧凹(或侧孔)的零部件必须制成可移动的;开模时,必须使这一部分先行移开,制件脱模才能顺利进行。图 2.12 为斜销侧向抽芯注射模。在这一模具中,侧向抽芯机构构件是由斜销 10、侧型芯滑块 11、楔紧块 9 和侧型芯滑块抽芯结束时的定位装置(挡块 5、滑块拉杆 8、弹簧 7 等)所组成。

注射成型后开模,开模力通过斜销 10 作用于侧型芯滑块 11,型芯滑块随着动模的后退在动模板 16 的导滑槽内向外滑移,直至滑块与制件完全脱开,侧抽芯动作完成。这时制件包在凸模 12 上随动模继续后移,直到注射机顶杆与模具推板接触,推出机构开始工作,推杆 19 将制件从型芯 12 上推出。合模时,复位杆使推出机构复位,斜销使侧型芯滑块向内移动,最后楔紧块将其锁紧。

④斜滑块侧抽芯注射模。斜滑块侧向分型与抽芯注射模和斜销侧向分型与抽芯注射模一样,也是用来成型带有侧向凹凸制件的一类模具,所不同的是,其侧向分型与抽芯动作是由可

斜向移动的斜滑块来完成的,常用于侧向分型与抽芯距离较短的场合。

如图 2.13 所示为斜滑块侧向分型的结构,注射成型开模后,动模部分向下移动至一定位置,注射机顶杆开始与推板接触、推杆 7 将斜滑块 3 及制件从动模板 6 中推出,斜滑块在推出的同时在动模板 6 的斜导槽内向两侧移动分型,制件从滑块中脱出。

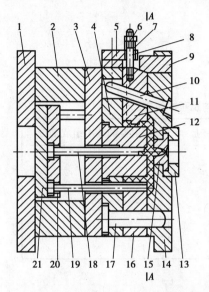

图 2.12 斜销侧向抽芯注射模

1—动模固定板;2—模脚;3—支承板;4—型芯固定板;
5—挡块;6—螺母;7—弹簧;8—滑块拉杆;9—楔紧块;
10—斜销 11—侧型芯滑块;12—型芯;13—定位圈;
14—定模板;15—浇口套;16—动模板;17—导柱板;
18—拉料杆;19—推杆;20—推杆固定板;21—推板

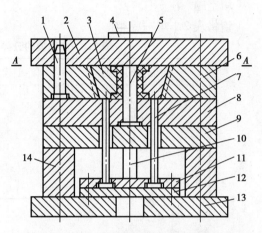

图 2.13 斜滑块侧向分型注射模

1—导柱;2—定模板;3—斜滑块;4—定位圈;
5—型芯;6—动模板;7—推杆;8—型芯固定板

⑤带有活动镶件的注射模。由于某些塑料制品的特殊结构(如制件局部或内外侧表面带有凸台、凹槽),无法通过简单的分型从模具内取出制件,需要在注射模中设置可以活动的成型零部件,如活动凸模、活动凹模、活动成型杆、活动成型镶块等,以便能在开模时方便地脱取制件。

如图 2.14 所示是带有活动型芯的注射模结构示意图。活动型芯 11 与推杆 4 之间采用间隙配合,两者之间可以脱开。开模时,内侧带有凸台的制件包覆在活动型芯 11 上,当动模向左移到一定位置时,注射机合模系统中的顶出装置通过推板 2 驱使推杆 4 相对于动模反向运动,于是活动型芯被推出型芯滑套 9。当活动型芯完全与其滑套脱开时,便可用手将它和制件一起从推杆 4 上取下并带到模外,然后,在模外脱取制件。合

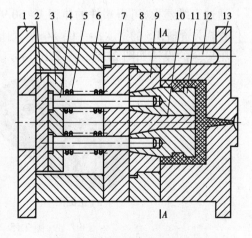

图 2.14 带有活动型芯的注射模

1—动模固定板;2—推板;3—推杆固定板;
4—推杆;5—弹簧;6—模脚;7—支承板;
8—动模板;9—型芯滑套;10—导向斜楔

模时,推杆 4 在弹簧 5 的作用下复位,推杆复位后动模板停止移动,然后人工将活动镶件再装入镶件定位孔中,再合模后进行下一次的注射动作。

【思考与练习】

填空题

请将表 2.1 填写完整。

表 2.1　注射模的分类、典型结构及基本组成部分

注射模的分类	注射模的典型结构	注射模的基本组成部分

学习目标 3　为肥皂盒选择合理的模具结构

1)肥皂盒工艺参数

外形尺寸:长 140×宽 90×高 18(mm);材料:PS;壁厚:侧壁 1 mm,底部支撑厚 2 mm;脱模斜度:型腔 30′~1°30′,型芯 30′~1°;圆角半径 2,3 mm。

通过三维建模,可得塑件的体积 V = 30.97 cm³,可参考学习任务三相关内容。

查相关资料,PS 的密度 ρ = 1.05 g/cm³,则塑件的质量 M = ρV = 1.05 g/cm³×30.97 cm³ = 32.52 g。

肥皂盒的设计如图 2.15 和图 2.16 所示。

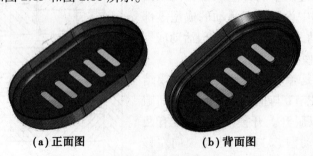

(a) 正面图　　　　　　　(b) 背面图

图 2.15　肥皂盒立体图

2)工艺分析

该塑件尺寸中等,整体结构较简单,多数都为曲面特征。除了配合尺寸要求精度较高外,其他尺寸精度要求相对较低,但表面粗糙度要求较高,再结合其材料性能,故选一般精度等级:MT5 级(GB/T 14486—2008)。PS 成型收缩率为 0.6%~0.8%,取平均收缩率为 0.65%。

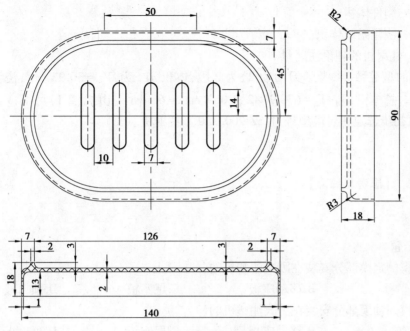

图 2.16 肥皂盒平面图

查找《塑料成型工艺与模具设计》中的项目 3 或参考相关资料,填写 PS 注射成型工艺参数,见表 2.2。

表 2.2 聚苯乙烯注射成型工艺参数

聚苯乙烯 PS	预热和干燥	温度 $T/℃$	60~75	成型时间 t/s	注射时间	15~45
		时间 t/h	2		保压时间	0~3
	料筒温度 $T/℃$	后段	140~160		冷却时间	15~60
		中段	170~190		成型周期	40~120
		前段	170~190	螺杆转速 $n/(\text{r} \cdot \text{min}^{-1})$		48
	喷嘴温度 $T/℃$		160~170	成型设备		
	模具温度 $T/℃$		20~70	螺杆式注射机	后处理	方法	红外线灯、鼓风烘箱
	注射压力 P/MPa		60~110		温度 $T/℃$	70
	保压压力 P/MPa		30~40		时间 t/h	2~4

分析本塑件的工艺性能:本塑件结构简单,无侧凹凸结构,侧面光滑,主平面较为平整,适合采用注射成型,且模具结构可选择单分型面注射模。

3)注射机的选用

注射容量确定:注射机的理论注射量以容积(cm³)表示时,塑件的体积(包括浇注系统在内)应小于注射机的理论注射量的 80%,其关系式为:

$$nV_1 + V_2 \leqslant 80\%V \tag{2.1}$$

式中　　n——型腔数;

V_1——制件体积；

V_2——浇注系统体积；

V——注射机的理论注射量。

本塑件的型腔数（参考学习活动2）为2腔，体积 nV_1 为：$V_1 \approx 30.97 \text{ cm}^3$，浇注系统体积 $V_2 = 4.06 \text{ cm}^3$，总体积 $nV_1 + V_2 = (30.97 \times 2 + 4.06) \text{ cm}^3 \approx 66 \text{ cm}^3$。由式（2.1）可得，$V \geq 82.5 \text{ cm}^3$，查附录4，可初步选定注射机型号为：SZ-200/120型注射机。

【思考与练习】

一、选择题

1.注塑模的定模部分安装在卧式注塑机的（　　）上。

A.固定座板　　　　　　B.移动座板　　　　　　C.尾座板　　　　　　D.顶出板

2.注塑模的动模部分安装在卧式注塑机的（　　）上。

A.固定座板　　　　　　B.移动座板　　　　　　C.尾座板　　　　　　D.顶出板

二、分析题

如何区别单分型面注射模与双分型面注射模？

学习活动2　确定型腔数、分型面

【学习目标】

1.能合理确定塑件的型腔数量。

2.能正确确定塑件分型面的形式。

学习目标1　合理确定塑件的型腔数量

1）内容

（1）型腔数量的确定方法

模具型腔数量与注射机的塑化速率、最大注射量及锁模力等参数有关，此外，还受制件的精度和生产的经济性等因素影响。

①根据注射机料筒塑化速率确定型腔数量 n。

$$n \leqslant \frac{KMt/3\ 600 - m_2}{m_1} \tag{2.2}$$

式中　K——注射机最大注射量利用系数一般为 70%~90%，计算时取 80%；

　　　M——注射机额定塑化量，g/h 或 cm³/h；

　　　t——成型周期，s；

　　　m_1——单个制件的质量或体积，g 或 cm³。

　　　m_2——浇注系统所需塑料质量或体积，g 或 cm³。

②根据注射机的最大注射量确定型腔数量 n。

$$n \leqslant \frac{Km - m_2}{m_1} \tag{2.3}$$

式中　m——注射机允许的最大注射量，g 或 cm³。

其中，K，m_1，m_2 表示的意义同式(2.2)。

③根据注射机的额定锁模力确定型腔数量 n。

$$n \leqslant \frac{F - PA_2}{PA_1} \tag{2.4}$$

式中　F——注射机的额定锁模力，N；

　　　P——塑料熔体对型腔的成型压力，MPa，其大小一般是注射压力的 50%~80%；

　　　A_1——单个制件在模具分型面上的投影面积，mm²；

　　　A_2——浇注系统在模具分型面上的投影面积，mm²。

④根据制件的精度要求确定型腔数 n。

生产经验认为，增加一个型腔，制件的尺寸精度将下降 4%，一般 $n>4$ 时，则生产不出高精度制件。为满足制件的尺寸需要，需使

$$L\Delta_s + (n - 1)L\Delta_s 4\% \leqslant \delta \tag{2.5}$$

式中　L——制件的基本尺寸，mm；

　　　δ——制件的尺寸公差，mm，为双向对称公差标注；

　　　Δ_s——单型腔注射时制件可能产生的尺寸误差的百分比，该数据对于 POM 为±2%，
　　　　　　PA66 为±0.3%，而对于 PE，PP，PC，ABS，PVC 等结晶型塑料则仅为±0.05%。

式(2.5)简化可得型腔数目为

$$n \leqslant 25\frac{\delta}{L\Delta_s} - 24 \tag{2.6}$$

⑤根据经济性确定型腔数 n。

根据总成型加工成本最小的原则，并忽略准备时间和试生产原料费用，仅考虑模具费和成型加工费。

模具费用为：

$$X_m = nC_1 + C_2 \tag{2.7}$$

式中　C_1——每一型腔所需承担的与型腔数有关的模具费用，元；

　　　C_2——与型腔无关的费用，元。

成型加工费用为：

$$X_j = N \frac{Yt}{3\ 600n} \tag{2.8}$$

式中　N——制件总件数；

　　　Y——每小时注射成型加工费，元/h；

　　　t——成型周期，s。

总加工费用为：

$$X = X_m + X_j \tag{2.9}$$

为使加工费用最小，令$\dfrac{\mathrm{d}X}{\mathrm{d}n}=0$，则得$n = \sqrt{\dfrac{NYt}{3\ 600C_1}}$。　　(2.10)

2）肥皂盒体注射模型腔数量的确定

型腔数目的确定，应根据塑件的几何形状及尺寸、质量、批量大小、交货时间长短、注射机的注射能力、模具成本等要求来考虑。

根据注射机的额定锁模力来确定型腔数量 n，也可根据公式（2.4），$n \leqslant \dfrac{F-PA_2}{PA_1}$，其中，查附录4可知，SZ-200/120 型注射机额定锁模力 $F = 1\ 200$ kN，根据表2.2取注射压力80 MPa，塑料熔体对型腔的成型压力 $P = 0.6×80$ MPa $= 48$ MPa，浇注系统在分型面上的投影面积计算得 $A_2 = (6×16.5+36×3.14)$ mm$^2 = 212.04$ mm^2，单个制品在分型面上投影面积 $A_1 = (3.14×45^2+50×90)$ mm$^2 = 10\ 858.5$ mm^2，将数据代入公式（2.4）可得 $n \leqslant 2.27$，则型腔数为1 或 2 腔。精度要求不高小型塑件常用多型腔注射模，多腔模的制造成本高于单腔模，但从塑件成本中所占模具费用的比例来看，多腔模比单腔模要低。因此这里采用一模两腔，模腔的布置如图 2.17 所示。

型腔的布置方法可参考学习任务三。

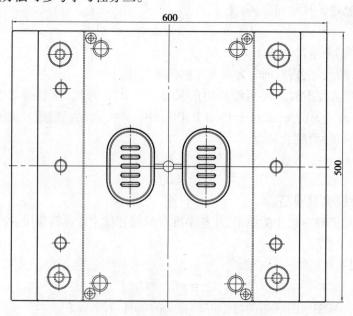

图 2.17　肥皂盒一模两腔的布置图

【思考与练习】

简答题

模具型腔数量的确定有哪些方法?

学习目标 2　正确确定塑件分型面的形式

1)定义

为了将塑件和(或)浇注系统凝料从闭合的型腔中取出,或为了满足模具动作的要求,必须将模具的某些面分开,这些可分开的面统称为分型面。

2)内容

模具分型面的形式及位置的选择,主要是根据制件的结构、精度要求、浇注系统形式、排气方式、脱模形式及模具的制造工艺等各种因素进行全面考虑,作出合理选择。分型面选择合理与否,直接影响制件质量、模具结构、模具使用可靠性和模具寿命等。

制件在成型模具中的位置,是由模具的分型面决定的。在注射模的设计中,必须根据制件的结构、形状,确定成型时制件在模具中的位置,即确定分型面。

分型面有多种形式,图 2.18 是各种典型的分型面。

①分型面的分类。按其位置与注射机开模运动的方向的关系来分类有:分型面垂直于注射机开模运动的方向(图 2.18(a)、(b)、(e)中的Ⅰ、(f))、平行于开模方向(图 2.18(e))中的Ⅱ、倾斜于开模方向(图 2.18(d))。

按分型面的形状来分类有:平面分型面(图 2.18(a))、曲面分型面(图 2.18(b))、阶梯分型面(图 2.18(c))、倾斜分型面(图 2.18(d))、瓣合分型面(图 2.18(e))。

按分型面的数量来分类有:单分型面(图 2.18(a)、(b)、(c)、(d))、双分型面(图 2.18(f))、瓣合分型面(图 2.18(e)主分型面Ⅰ,侧向分型面Ⅱ)。

②分型面位置的选择原则。选择分型面位置的基本原则是:分型面应选择在塑件断面轮廓最大的位置,以便顺利脱模。同时在选择分型面位置时,还应考虑的因素见表 2.3。在选择分型面时应满足制件要求,见表 2.4,并综合考虑各种因素的影响,权衡利弊,以取得最佳效果。

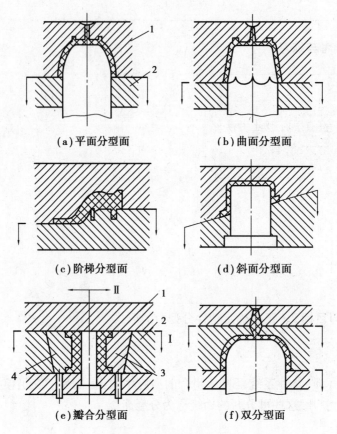

(a)平面分型面　　　　　(b)曲面分型面

(c)阶梯分型面　　　　　(d)斜面分型面

(e)瓣合分型面　　　　　(f)双分型面

图 2.18　分型面的形式
1—定模;2—动模;3,4—斜滑块

表 2.3　合理选择分型面的图例与说明

选择原则	示 例		说 明
	合 理	不 合 理	
1.不影响制件外观			采用圆弧部分作为分型面位置会影响制件表面质量
2.有利于脱模		动模　　定模	分型面应使制件留在有脱模机构的一侧,通常在动模侧

50

续表

选择原则	示　例		说　明
	合　理	不合理	
3.保证制件精度	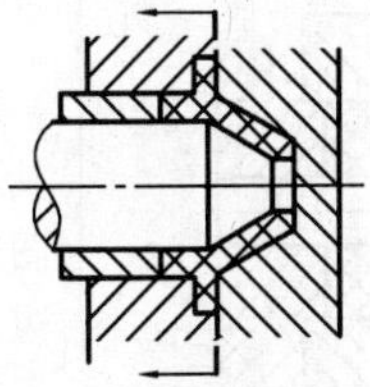	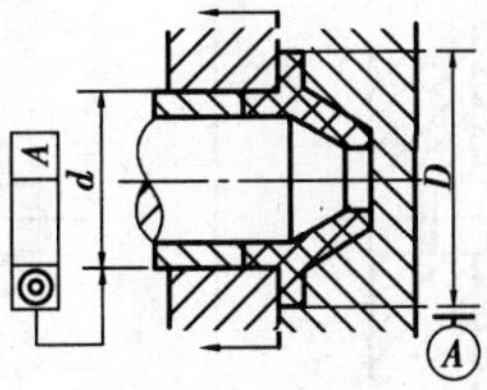	对有同轴度要求的制件,应尽可能将有要求的表面放在动模或定模的同一侧
4.有利于排气	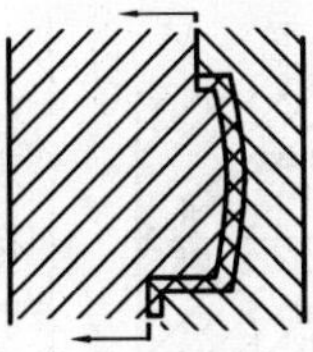		一般分型面应尽可能设在塑料熔体流动的末端,以利于排气
5.便于模具加工	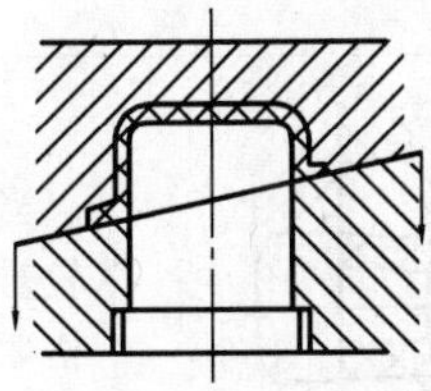	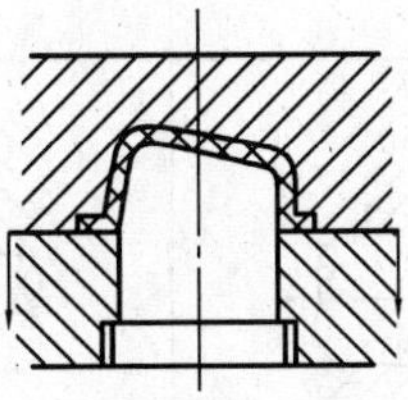	考虑凹模表面的斜面加工比底部的斜面加工更容易,且型芯的外形简单比外形有斜面、锥角的加工更容易,故选用左图分型面
6.有利于成型		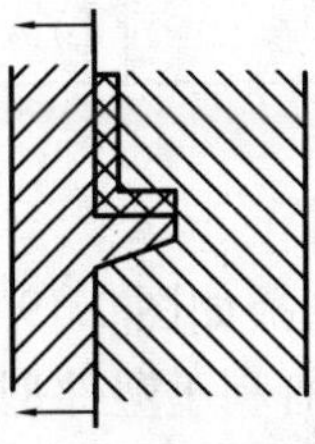	选择制件在合模方向上投影面积较小的表面以减少锁模力
7.有利于抽芯	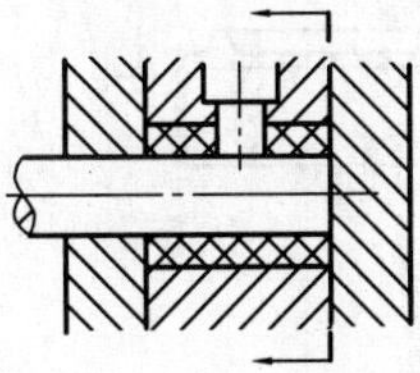	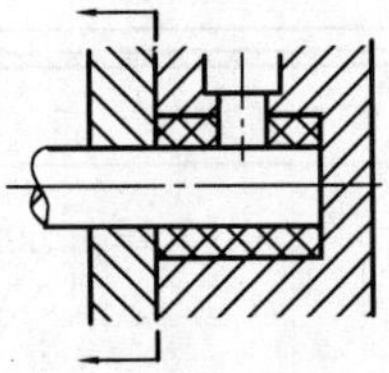	当制件有抽芯机构时,应尽量放在动模侧,避免在定模侧抽芯
	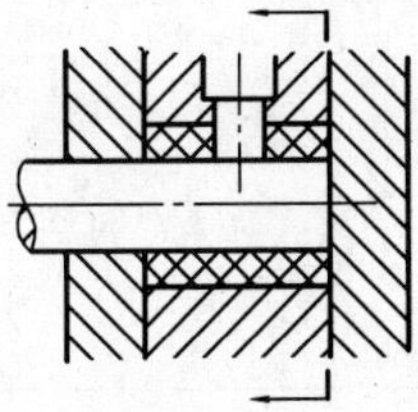	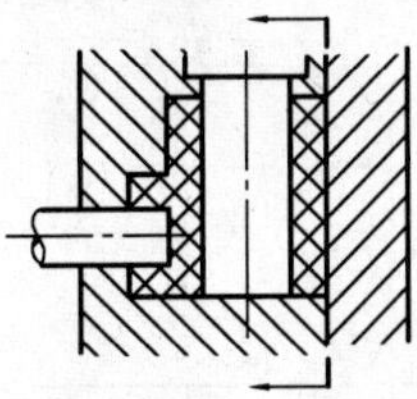	长型芯设计在开合模方向,短型芯作为侧抽芯

表 2.4　根据制件要求选择分型面的图例与说明

选择原因	示例		说明
	合理	不合理	
根据制件要求选择分型面	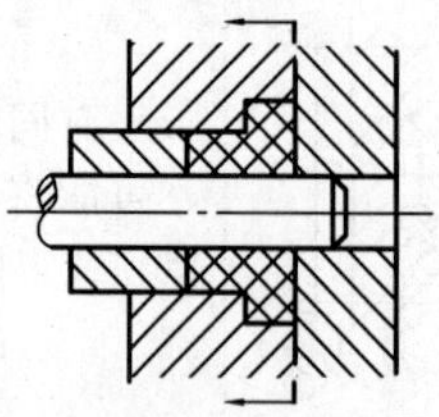	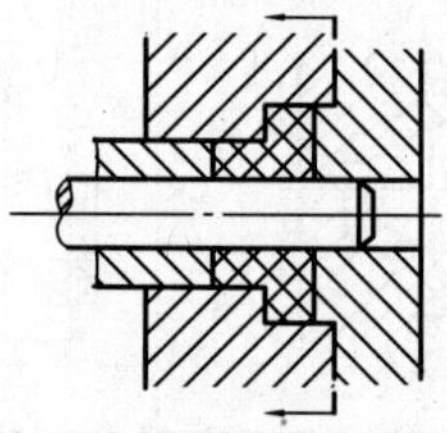	左图所示分型面其飞边是径向,右图所示分型面其飞边是轴向
根据制件要求选择分型面	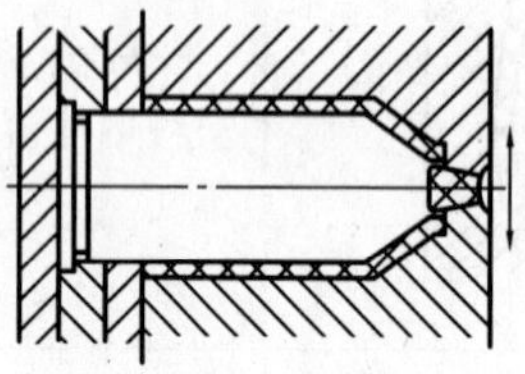	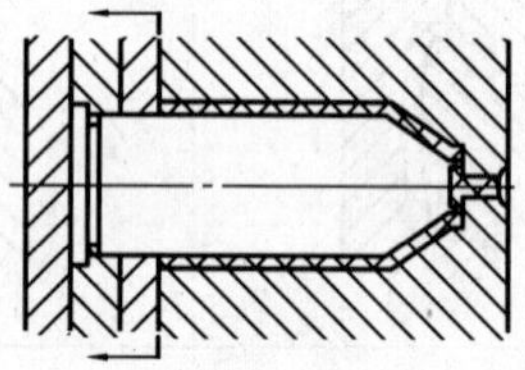	当制件较高且外观无严格要求时,选择平行开模方向的瓣合分型面,可减少开模距
	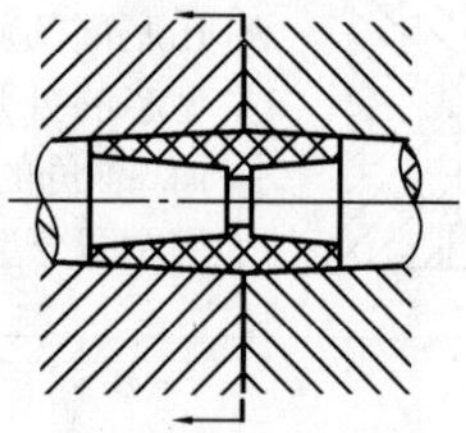	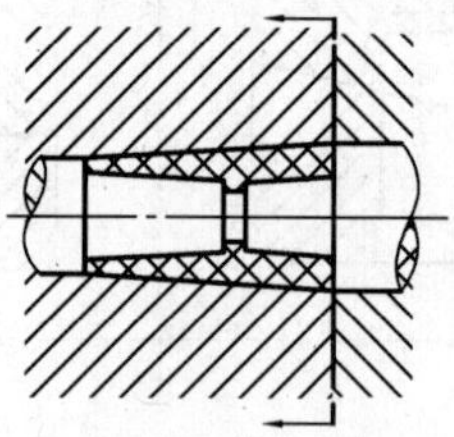	当制件较高脱模较难,且外观无严格要求时,可选择左图的分型面

3) 肥皂盒体模具分型面的确定

根据模具分型面的选择原则,选择如图 2.19 所示的分型方式:分型面选择在塑件的最大轮廓处,并且在底部端面上,这样既有利于塑件型腔的加工,又有利于塑件的成形。因为塑件分型后整体将会留在动模侧。

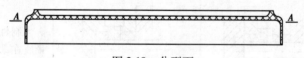

图 2.19　分型面

【思考与练习】

一、填空题

1.分型面按形状来分类有_____、_____、_____、_____、_____。

2.为了保证塑件的质量,分型面在选择时,对有同轴度要求的塑件,应尽可能将有要求的表面设计在_____。

二、选择题

1.分型面闭合间隙太大塑件会产生(　　　)。

A.溢料　　　　　　　B.收缩不均　　　　　　C.裂纹　　　　　　　D.粘模

2.分型面应取在塑件断面轮廓尺寸(　　　)处。

A.最大　　　　　　　B.最小　　　　　　　C.中间

3.分型面应将抽芯距离小的方向放在(　　　)。

A.开合模方向　　　　B.侧向　　　　　　　C.斜向

三、分析题

分析日常生活塑料用品(如塑料凳、桶、盘等)及手机外壳的分型面,完成表2.5。

表 2.5　分型面的类型、位置的选择

日常生活塑料用品	分型面类型	分型面位置	分型面位置的选择理由
塑料凳			
塑料桶			
塑料盘			
手机外壳			

学习活动3　浇注系统的设计

【学习目标】

能正确为肥皂盒体模具设计浇注系统。

1)定义

注射模浇注系统是指注射模中塑料熔体由注射机喷嘴到型腔之间的进料通道。其作用是将塑料熔体充满型腔并将注射压力传递到型腔的各个部位,以获得组织致密、轮廓清晰、表面光洁、尺寸精确的制件。

2)内容

浇注系统设计合理与否将直接影响制件的质量、成型工艺参数的调整难易程度。浇注系统可分为普通浇注系统和无流道浇注系统两大类。普通浇注系统如图2.20所示。

(1)普通浇注系统的作用

①主流道。主流道指连接注射机喷嘴与分流道或型腔(单型腔)的进料通道。其作用是将塑料熔体引入模具,其形状、大小会直接影响塑料、熔体的流速和填充时间。

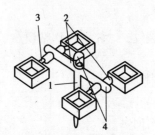
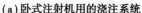
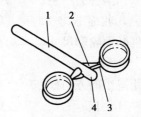

（a）卧式注射机用的浇注系统　　（b）角式注射机用的浇注系统

图 2.20　浇注系统的结构形式
1—主流道;2—分流道;3—浇口;4—冷料穴

②分流道。分流道指连接主流道和浇口的进料通道。方向的变化使塑料熔体平稳地转换流向,并均衡地分配给各个型腔(多型腔)。

③浇口。浇口指连接分流道与型腔之间的进料通道。它是浇注系统的关键部分,起着调节熔体流速、控制保压时间、防止熔体倒流的作用。

④冷料穴。冷料穴也称为冷料井,指在模具中直接对着主流道的孔或槽,或长的分流道延伸部分,用以储存料流前锋的冷料,防止冷料进入型腔而影响制件的质量,或阻塞浇口,或降低流动性而造成填充不满。

（2）普通浇注系统的设计

①普通浇注系统的设计要求。浇注系统设计是否合理,对注射成型过程和制件质量都有直接影响。因此,设计浇注系统时应注意以下问题:

a.应考虑塑料的成型工艺性。如塑料熔体的流动性、对压力、温度的敏感性、收缩性和分子取向等性能。

b.浇口位置、数量的设计要有利于熔体的流动,避免产生湍流、漩流、喷射等现象,并有利于排气;设计时应预先分析熔接痕的位置及对制件质量的影响。

c.应尽量缩短熔体到型腔的流程,以减小压力损失。

d.避免高压熔体对型芯和嵌件的冲击,以防止型芯的变形和嵌件的位移。

e.尽量减小浇注系统冷凝料的产生,减小原材料的损耗。

f.浇口的设置要便于凝料的去除,不影响制件的外观。

②主流道的设计。在卧式或立式注射机使用的注射模具中,主流道垂直于分型面,其形状与尺寸如图 2.21 所示。其设计要点如下:

a.主流道一般设计成圆锥形,其锥角（$\alpha/2$）为 2°~4°,流动性差的可取 3°~6°,便于将凝料从主流道中拔出。内壁表面粗糙度 Ra 为 0.8 μm。

b.为保证主流道与注射机喷嘴紧密接触,防止漏料,一般主流道与喷嘴对接处作成球面凹坑,其半径 $R_2 = R_1 + (1 \sim 2)$ mm,其小端直径 $d_1 = d_2 + (0.5 \sim 1)$ mm。凹坑深度取 $h = 3 \sim 5$ mm。

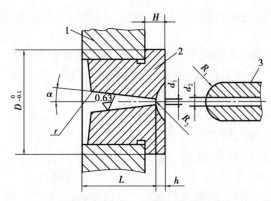

图 2.21　主流道形状及与注射机喷嘴的尺寸关系
1—定模座板；2—浇口套；3—注射机喷嘴

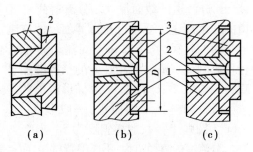

图 2.22　浇口套的结构形式
1—定模座板；2—浇口套；3—定位圈

c.为了减小熔体充模时的压力损失和塑料损耗,应尽量缩短主流道的长度,一般主流道的长度应控制在 60 mm 内。当主流道太长时,可在浇口套上挖出深凹坑,让喷嘴伸入模具内,主流道的出口端应有大圆角过度,其半径 r 约为 $d_1/8$。

d.由于主流道与高温塑料熔体及注射机喷嘴反复接触和碰撞,因此常将主流道设计成可拆卸的主流道衬套(俗称浇口套),常用 T8 或 T10 钢材制作,并淬火处理到洛氏硬度 50 ~ 55HRC。浇口套的结构形式如图 2.22 所示。其中图 2.22(a)的结构是将定位圈 3 与浇口套 2 做成一体,常用于小型模具;图 2.22(b)用螺钉将定位圈 3 与定模座板 1 连接,将浇口套压住防止浇口套因受熔体的压力而脱出;图 2.22(c)结构是定位圈 3 的下端面做出一凸台,利用注射机的定模固定板把定位环和浇口套压住。

③分流道设计。分流道是主流道与浇口之间的进料通道。在多型腔模具中分流道是必不可少的;在单型腔多浇口模具中,也需设计分流道,若采用直接浇口则无分流道。在设计分流道时主要考虑的是尽量减少熔体流动时的压力损失和温度降低,同时尽量减少分流道的容积。

a.分流道的截面形状。常用的分流道截面形状有圆形、梯形、U 形、半圆形和矩形等。在分流道设计中既要有大的截面积以减少熔体流动的压力损失;同时又要流道的表面积小,以减小熔体的传热损失。因此,常用流道的截面积与周长之比来表示流道的效率。该比值越大,表示流道的效率越高,常用几种流道效率见表 2.6。

表 2.6　流道的截面形状与效率

	圆　形	半圆形	正方形	正六边形	梯　形	U　形	矩　形	
效率	0.25D	0.153D	0.25D	0.216D	0.19D	0.19~0.25D	$d=D/2$	0.166D
							$d=D/4$	0.1D
效率比较	圆形 = 正方形>U 形(正六边形)>梯形>矩形(半圆形)						$d=D/6$	0.071D

由表 2.6 可知,圆形和正方形截面的流道效率最高。但正方形截面流道不利于冷凝料的推出,圆形需开设在分型面的两侧,且对应两部分必须相吻合,加工较困难。正六边形截面流道的效率也很高但也因加工困难通常不考虑采用。而矩形流道的效率太低且流道凝料不易于

取出,通常也不采用。最常用的是梯形和 U 形截面流道,因其加工较方便,且热量损失和流动阻力不大,因此在实际生产中得到广泛的应用。

b.分流道的截面尺寸。分流道截面尺寸可根据制件的尺寸、塑料品种、注射速率以及分流道的长度而定。要求分流道截面尺寸应满足良好的压力传递,保证合理的填充时间。一般圆形截面的直径为 2~12 mm,对流动性好的尼龙、聚乙烯、聚丙烯等塑料,分流道长度很短的,直径可小到 2 mm;对流动性差的聚碳酸酯、聚砜等塑料,则直径可大到 12 mm;而对于多数塑料,直径一般取 5~6 mm。一般梯形流道的深度为截面上端宽度的 2/3~3/4,上端面的宽度根据成型条件和模具结构而定,一般取 5~10 mm,脱模斜度为 5°~10°。U 形流道其深度 $h = 2r(r$ 为圆弧半径),脱模斜度为 5°~10°。

分流道的直径过大,不仅浪费材料,而且冷却时间增长,成型周期也随之增长,造成成本上的浪费。分流道的直径过小,熔体的流动阻力大,易造成充填不足,或者必须增加射出压力才能充填。

分流道的直径也可按以下经验公式计算:

$$D = \frac{\sqrt{G} \times \sqrt[4]{L}}{3.7} \tag{2.11}$$

式中 D——分流道直径,mm;
      G——制件质量,g;
      L——分流道长度,mm。

c.分流道的长度及表面粗糙度。分流道的长度应尽量短,少弯折。因为长的流道会造成压力损失、热量损失,同时也浪费材料;分流道较长时需考虑设计冷料穴。

分流道的表面粗糙度 Ra 一般取 1.6 μm 左右,不要太低,因为这样有助于塑料熔体在分流道中流动时形成凝固层起着绝热作用,保证流道中心熔体的流动,并产生一定的速度差,从而具有适宜的剪切速率和剪切热。设计时,流道中心最好能与浇口中心同在一条直线上。

d.分流道与浇口的连接方式。分流道与浇口通常采用斜面或圆弧连接,有利于塑料的流动和填充,减少流动阻力,如图 2.23(a)、(b)所示。图 2.23(c)、(d)为分流道与浇口在宽度方向上的连接形式,图 2.23(d)因分流道逐渐变窄,补料阶段冷却较快、产生不必要的压力损失,而图 2.23(c)较好。

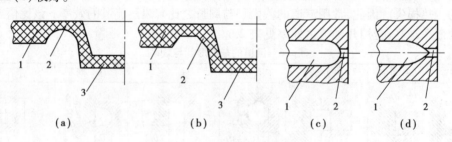

(a)　　　　　　(b)　　　　　　(c)　　　　　　(d)

图 2.23 分流道与浇口的连接形式
1—分流道;2—浇口;3—制件

④浇口的设计。正确设计浇口的形式和位置是保证制件质量的关键之一。浇口的设计与塑料的品种、制件的形状、制件的壁厚、模具结构及注射成型工艺参数等有关。对浇口的总体设计要求如下:

a.能使塑料熔体的流速加快,迅速充满型腔。

b.能及时封闭型腔防止型腔内的熔体倒流。

c.便于制件与浇注系统凝料的分离,保证制件的外观质量。

一般要求浇口的截面尺寸小,长度短。这样可提高料流的剪切速率,有利于充模;有利于浇口的快速冷却封闭,防止倒流。有利于浇注系统凝料和制件在浇口处分离。

浇口的尺寸一般根据经验确定,截面积为分流道截面积的 3%~9%,截面形状通常为圆形和矩形,浇口的长度为 1~1.5 mm。在设计时先取小值,以便在试模时修正。

A.浇口的类型。

常用浇口的形式有:直接浇口、侧浇口、点浇口、潜伏浇口、扇形浇口、盘形浇口、环形浇口、平缝浇口、护耳浇口、轮辐浇口等。下面只介绍几种常用浇口,其他的可查看相关设计手册。

a.直接浇口。相关说明见表 2.7。

表 2.7　直接浇口相关说明

直接浇口图示	说　明	
 进料方向	定义	熔融塑料经主流道直接进入型腔的进料方式
	优点	①压力损失少 ②流动阻力小,进料速度快,可成形大型深腔制件 ③补料时间长,成型收缩小,制件尺寸较精确 ④不需加工流道,直接采用浇口套
	缺点	①浇口痕迹难去除,会留疤 ②浇口附近残余应力大,易缩孔或使平、浅制件翘曲变形 ③对单喷嘴注射机而言一次只能成型一个制件
	应用	多用于热敏感性及高黏度塑料,以及厚壁、质量要求较高的成型品,流动性差或纤维填充塑料及大型制件也可采用,如 PE,PP,PC,HPVC,PS,PA,POM,ABS,AS,PMMA,PSF 等

b.侧浇口。相关说明见表 2.8。

表 2.8　侧浇口相关说明

侧浇口图示	说　明	
	定义	设置在模具的分型面处,从制件的内侧或外侧进料,截面形状为矩形的浇口
	优点	①形状简单、加工容易 ②能相对独立地控制填充速度与封闭时间,成型的制件尺寸精确,且浇口尺寸易修改 ③浇注系统凝料易分离 ④浇口部分的摩擦生热,有利于充模,对于壳体类制件,流动填充效果更好
	缺点	①有浇口痕迹(PS,POM 较明显),对浇口切除及修饰的工作要求较高 ②注射压力损失较大 ③深腔制件排气不便
	应用	对原料的适应性强,多用于中小型制件及多腔模具,如 PE,PP,PC,HPVC,PA,POM,ABS,AS,PMMA 等

57

续表

侧浇口图示	说　明	
浇口尺寸	经验公式: $$W = \frac{n\sqrt{A}}{30}、H = nt$$ 式中　W——浇口宽度,mm; 　　　H——浇口深度,mm; 　　　A——制件的外表面积,mm^2; 　　　t——制件的壁厚,mm; 　　　n——系数,PE,PS 取 0.6;PC,PP 取 0.7;PMMA,PA,CA 取 0.8;PVC 取 0.9; 　　　L——浇口长度,一般取 0.5~2 mm,大型制件可取 2~3 mm	

c.点浇口。点浇口与分浇道的连接要通过一个储料井,如图 2.24 所示,点浇口相关说明见表 2.9。

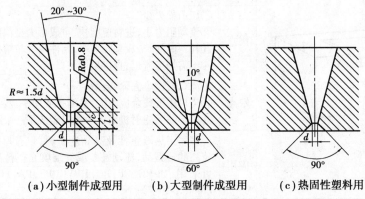

图 2.24　点浇口的储料井

表 2.9　点浇口相关说明

点浇口图示		说　明
	定义	截面形状小如针点的浇口
	优点	①浇口截面积小,则浇口前后端压力差大,会增大剪切速率,增加剪切热,导致熔体表观黏度下降,流动性更好,有利于充模 ②浇口痕迹小,且后加工容易,易自动化 ③浇口位置不受限制,浇口附近残留应力小 ④对投影面积大或易变形的制件可设置多个点浇口平衡进料,以减少制件变形量 ⑤可用于热流道模具
进料方向	缺点	①浇口截面积小,流动阻力大,压力损失大,需提高注射压力,易产生飞边,且易引起熔体破裂、白化现象 ②浇口加工较困难 ③需采用三板模,模具结构复杂,开模费用高
	应用	各种盒类、壳类制件,多腔模具上常采用。对于热稳定性好的,表观黏度对温度变化敏感的塑料较适用,如 PE,PP,PC,PS,PA,POM,ABS,AS 等

续表

点浇口图示	说　明
浇口尺寸	经验公式：$$d = nC\sqrt[4]{A}$$ 式中　d——浇口直径,mm; 　　　n——系数,取值方法同侧浇口; 　　　A——制件的外表面积; 　　　C——与壁厚t有关的函数;取值方法如下表

t	0.8	0.9	1.0	1.5	1.8	2.0	2.3	2.5
c	0.036	0.041	0.047	0.051	0.055	0.058	0.062	0.065

d.潜伏浇口。相关说明见表 2.10。

表 2.10　潜伏浇口相关说明

潜伏浇口图示		说　明
	定义	分流道的一部分位于分型面上,另一部分呈倾斜状潜伏在分型面下方(或上方)制件的侧面上,在脱模时能自断的针点状浇口
	优点	①型腔设计在一块模板内,没有模板配合的问题,尺寸较精确 ②浇口与制件分离可自断,不需采用三板模脱出流道凝料,模具构造比点浇口简单 ③进浇位置可自由选择,浇口痕迹小,制件外观质量好
	缺点	①浇口加工比较困难 ②浇口处需切断流道凝料,易磨损,对于韧性好的原料不适宜采用 ③凝料切断时,流道会弯曲,因此不适用于脆性塑料
	应用	主要应用于多腔小型制件的成型及弹性塑料,如 PS,PA,POM,ABS 等
	尺寸	浇口的直径 d 尺寸可参考点浇口的尺寸设计,其他尺寸可参考图示的标注

B.浇口的位置。浇口的位置及数量对制件的成型性能和质量影响很大,因此,必须合理地选择浇口的位置及数量,在选择浇口位置时应遵循以下原则。

a.尽量缩短流动距离。浇口位置的选择应保证熔体快速、均匀地充满型腔,尽量缩短流动距离,这对大型制件尤为重要。需进行流程比的校核。流程比是塑料熔体在流道及型腔内流动的最大长度和其厚度之比,即

$$B = \sum_{i=1}^{n} \frac{L_i}{t_i} \leqslant B_p \qquad (2.12)$$

式中　B——流程比;

L_i——各段流程长度,mm;

t_i——各段流程的型腔厚度;

B_p——许用流程比。

当浇口开设的位置不同时,流程比的计算数值有所不同。当浇口开设为如图 2.25(a)所示的直接浇口时,其流程比为:

$$B_1 = \sum_{i=1}^{n} \frac{L_i}{t_i} = \frac{L_1}{t_1} + \frac{L_2 + L_3}{t_2} \tag{2.13}$$

当浇口开设为如图 2.25(b)所示的侧浇口时,其流程比为:

$$B_2 = \sum_{i=1}^{n} \frac{L_i}{t_i} = \frac{L_1}{t_1} + \frac{L_2}{t_2} + \frac{L_3}{t_3} + \frac{2L_4}{t_4} + \frac{L_5}{t_5} \tag{2.14}$$

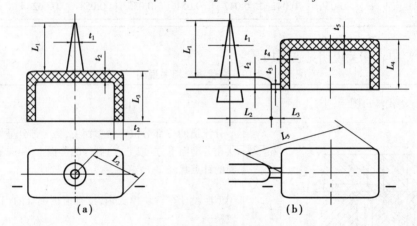

图 2.25　流程比的计算

许用的流程比随熔体的性质、温度和压力的不同而变化。部分常用塑料的许用流程比见表 2.11。若计算的流程比大于许用值则需改变浇口位置、增加制件壁厚或采用多浇口,也可提高注射压力或提高熔体温度,但是需考虑压力和温度的提高对熔体的影响及需要更大的锁模力及更好的冷却。

表 2.11　部分常用塑料的许用流程比

塑料名称	注射压力/MPa	流程比/$(L \cdot t^{-1})$	塑料名称	注射压力/MPa	流程比/$(L \cdot t^{-1})$
PE	150	280~250	PA	90	320~220
	60	140~100	ABS	60	300~260
PP	120	280	PS	90	300~280
	70	240~200		120	150~120
	50	140~100	PC	90	130~90

b.尽量避免熔体破裂现象的产生。当浇口的截面小且正对宽度和厚度较大型腔,则高速熔体流经浇口时受较高的剪切应力的作用而产生喷射、蠕动等熔体破裂现象。会在制件上形成波纹状痕迹;会造成制件的性能差,因喷射物很快冷却不能和后面的熔体很好熔合;会使型腔内的气体难以排出,形成气泡、焦痕。解决办法:加大浇口尺寸、改变浇口位置或采用冲击型浇口。

c.应开设在制件壁厚最大处。制件壁厚相差较大时,从壁厚处进料阻力小有利于料流,而厚壁处冷却收缩的量多,且是塑料熔体最后固化的位置,有利于补缩。

d.尽量减少熔接痕,提高熔接强度。塑料熔体在型腔内的汇合处常常会形成熔接痕,导致该处强度降低。浇口的位置和数量是产生熔接痕的主要原因。浇口的数量越多熔接痕的数量越多,则制件的外观及强度等性能越差,应尽量减少浇口数,但对于大型塑件为减少其翘曲变形,减少充模时间会采用多浇口。这时为提高熔接强度可在熔接痕处外侧开设冷料槽,使前锋冷料溢出。

e.应有利于型腔内气体的排出。通常浇口的位置应远离排气位置。

f.考虑取向对制件性能的影响。由于制件的流动取向导致平行和垂直料流方向的收缩率不同,对于大型平面制件会造成翘曲变形,因此,可采用多点进料或采用扇形或平缝浇口。

g.防止型芯变形。当模具有细长型芯时,如果浇口位置设计不当,充模时,型芯会受到高压熔体的压力而产生变形和偏移,影响制件的质量,因此,可将直接浇口增大或改为对称分布的点浇口。

h.不影响制件外观。浇口的位置应尽量设计在制件的边缘、底部或内侧,不影响外观。

(3)肥皂盒体浇注系统的设计

①主流道的设计。由于主流道要与高温塑料和注塑机喷嘴反复接触和碰撞,通常不直接开在定模板上,而是将它单独设计成主流道衬套镶入定模板内,形状如图2.26所示。

主浇道成圆锥形,其锥角 $A = 2° \sim 4°$,设计中取2°。为防止主浇道与喷嘴处溢料,主浇道对接处紧密对接。为减少料流转向过渡时的阻力,主流道大端呈圆角过渡,圆角半径 $r = 3$ mm。

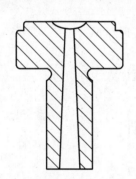

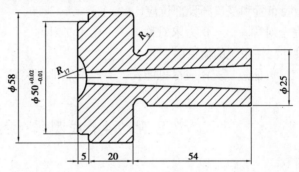

图2.26 主流道衬套(浇口套)　　　　图2.27 主流道衬套(浇口套)

所选注射机球半径为 $R = 15$ mm,孔径 $d_0 = 5$ mm,故主流道对接处球半径 $R_2 = R_1 + (1 \sim 2) = 17$ mm,其小端直径 $d_1 = d_2 + (0.5 \sim 1) = 6$ mm。

主流道衬套下端固定在定模板内,上端兼定位圈作用,与机床定位孔配合,适合于小型注射模。浇口套形状如图2.27所示。

②分流道设计。分流道采用梯形流道,尺寸如图2.28所示。

③浇口设计。为了满足制品表面光滑的要求与提高成型效率采用侧浇口。该浇口的分流道位于模具的分型面处,浇口横向开设在模具的型腔处,从塑料件侧面进料,因而塑件外表面不受损伤,不致因浇口痕迹而影响塑件的表面质量与美观效果,如图2.29所示。

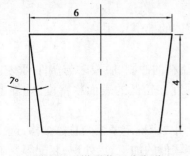

图2.28 梯形截面分浇道　　　　　　图2.29 侧浇口

【思考与练习】

一、判断题

1.点浇口对于注塑流动性差、热敏性塑料、平薄易变形和形状复杂的塑件是很有利的。（ ）

2.分流道设计时，究竟采用哪一种横截面的分流道，即应考虑各种塑料注射成型的需要，又要考虑制造的难易程度。（ ）

3.浇口的位置应开设在塑件截面最厚处，以利于熔体填充及补料。（ ）

4.注射模具设计时，应适当选择浇口位置，尽量减少注射时熔体沿流动方向产生的取向作用，以免导致塑件出现应力开裂和收缩具有的方向性。（ ）

二、选择题

1.型腔布置和浇口开设部位应（ ）。

A.完全对称　　　　B.力求对称　　　　C.不必对称　　　　D.接近对称

2.设计浇注系统的流道（ ）。

A.应尽可能短　　B.应尽可能长　　C.长短都没关系　D.至少大于 60 mm

学习活动 4　成型零件的设计

【学习目标】

1.能正确设计肥皂盒注射模成型零件。

2 能为肥皂盒注射模的成型零件正确选材。

学习目标 1　正确设计肥皂盒注射模成型零件

1）定义

模具中决定塑件几何形状和尺寸的零件称为成型零件，包括凹模、型芯、镶块、成型杆和成型环等。

成型零件的工件尺寸是指成型零件上直接构成型腔腔体的部位尺寸。

2）内容

成型零件工作时，直接与塑件接触、塑料熔体的高压、流料的冲刷、脱模时与塑件间发生摩擦。因此，成型零件要求有正确的几何形状，较高的尺寸精度和较低的表面粗糙度，此外零件还要求结构合理，有较高的强度、刚度及较好的耐磨性能。

设计成型零件时，应根据塑料的特性和塑件的结构及使用要求确定型腔的总体结构，选择分型面和浇口位置，确定脱模方式、排气部位等，然后根据成型零件的加工、热处理、装配等要求进行成型零件结构设计，计算成型零件的工作尺寸，对关键的成型零件进行强度和刚度校核。

（1）凹、凸模工作尺寸的计算

凹、凸模工作尺寸直接对应塑件的形状与尺寸，鉴于影响塑件尺寸精度的因素多且复杂，塑件本身精度也难以达到高精度。

计算成型零部件工作尺寸需考虑的因素。

①塑件的收缩率的波动。塑件成型后的收缩率的变化与塑件的品种、塑件的形状、尺寸、壁厚、成型工艺条件、模具的结构等因素有关。

②模具成型零件的制造误差。模具成型零件的制造精度越低，塑件尺寸的精度就越低，一般成型零件工作尺寸制造公差值取塑件公差的 $1/4 \sim 1/3$。

③模具成型零件的磨损。脱模磨损是最主要的因素，磨损程度与塑料的品种和模具的材料及热处理有关，为简化计算，凡与脱模方向垂直的表面不考虑磨损、与脱模方向平行的表面应考虑磨损，对于中小塑件，最大磨损量可取塑件公差的 $1/6$；对于大型塑件可取塑件公差的 $1/6$ 以上。

（2）凹模和型芯工作尺寸计算

凹模和型芯相关尺寸计算可参考学习任务三相应的内容。

查找相关资料可知 PS 的收缩率为 $0.6\% \sim 0.8\%$，平均收缩率取 0.65%。塑件公差 Δ 查附录 1 可知，计算时需对塑件及成型零件的尺寸分类，有 A 类尺寸（磨损后有变大趋势）、B 类尺寸（磨损后有变小趋势）、C 类尺寸（磨损后基本不变）。按要求对尺寸公差进行转换，然后应用公式计算。请学习表 2.12 中的内容，并将表填写完整。

表 2.12　凹模和型芯的工作尺寸计算

尺寸类别	制件尺寸标注	模具零件对应尺寸标注	计算公式	计算结果
A 类尺寸 轴类尺寸 （磨损后有变大趋势）	$A_{S-\Delta}^{\ 0}$	凹模径向 $A_{M\ 0}^{\ +\delta z}$	$A_{M\ 0}^{\ +\delta z} = \left[(1+S)A_S - \dfrac{3}{4}\Delta \right]_{\ 0}^{\ +\delta z}$	凹模径向 $A_{M\ 0}^{\ +\delta z}$
	$140 \rightarrow 140_{-1.28}^{\ \ 0}$	$A_{M\ 0}^{\ +\delta z} \rightarrow A_{M\ 0}^{\ +0.427}$		$139.95_{\ 0}^{\ +0.427}$
	$90 \rightarrow 90_{-1.00}^{\ \ 0}$	$A_{M\ 0}^{\ +\delta z} \rightarrow A_{M\ 0}^{\ +\delta z}$	$\delta_z = \dfrac{1}{3}\Delta$	$89.835_{\ 0}^{\ +0.333}$
	$130 \rightarrow$	$A_{M\ 0}^{\ +\delta z} \rightarrow$		
	$H_{S-\Delta}^{\ 0}$	凹模深度 $H_{M\ 0}^{\ +\delta z}$	$H_{M\ 0}^{\ +\delta z} = \left[(1+S)H_S - \dfrac{2}{3}\Delta \right]_{\ 0}^{\ +\delta z}$	凹模深度 $H_{M\ 0}^{\ +\delta z}$
	$18 \rightarrow 18_{-0.38}^{\ \ 0}$	$H_{M\ 0}^{\ +\delta z} \rightarrow H_{M\ 0}^{\ +0.127}$	$\delta_z = \dfrac{1}{3}\Delta$	$17.264_{\ 0}^{\ +0.127}$
	$2 \rightarrow$	$H_{M\ 0}^{\ +\delta z} \rightarrow$		
B 类尺寸 孔类尺寸 （磨损后有变小趋势）	$B_{S\ 0}^{\ +\Delta}$	型芯径向 $B_{M-\delta z}^{\ 0}$	$B_{M-\delta z}^{\ 0} = \left[(1+S)B_S + \dfrac{3}{4}\Delta \right]_{-\delta z}^{\ 0}$	型芯径向 $B_{M-\delta z}^{\ 0}$
	$138 \rightarrow 138_{\ 0}^{\ +1.28}$	$B_{M-\delta z}^{\ 0} \rightarrow B_{M-0.427}^{\ 0}$		$139.857_{-0.427}^{\ \ 0}$
	$88 \rightarrow 88_{\ 0}^{\ +1.00}$	$B_{M-\delta z}^{\ 0} \rightarrow B_{M-0.333}^{\ 0}$	$\delta_z = \dfrac{1}{3}\Delta$	$87.822_{-0.333}^{\ \ 0}$
	$126 \rightarrow$	$B_{M-\delta z}^{\ 0} \rightarrow$		
	$h_{S\ 0}^{\ +\Delta}$	型芯高度 $h_{M-\delta z}^{\ 0}$	$h_{M-\delta z}^{\ 0} = \left[(1+S)h_S + \dfrac{2}{3}\Delta \right]_{-\delta z}^{\ 0}$	型芯高度 $h_{M-\delta z}^{\ 0}$
	$13 \rightarrow 13_{\ 0}^{\ +0.32}$	$h_{M-\delta z}^{\ 0} \rightarrow h_{M-0.107}^{\ 0}$		$13.298_{-0.107}^{\ \ 0}$
	$3 \rightarrow 3_{\ 0}^{\ +0.20}$	$h_{M-\delta z}^{\ 0} \rightarrow$	$\delta_z = \dfrac{1}{3}\Delta$	

续表

尺寸类别	制件尺寸标注	模具零件对应尺寸标注	计算公式	计算结果
C 类尺寸中心距类尺寸(磨损后基本不变)	$C_S \pm \dfrac{\Delta}{2}$	孔间距、型芯中心距 $C_M \pm \dfrac{\delta_z}{2}$	$C_M \pm \dfrac{\delta_z}{2} = \left[(1+S) C_S \right] \pm \dfrac{\delta_z}{2}$	孔间距、型芯中心距 $C_M \pm \dfrac{\delta_z}{2}$
	17 ± 0.19	$C_M \pm 0.063$	$\delta_z = \dfrac{1}{3}\Delta$	17.11 ± 0.063
	$28 \pm$			

（3）凹模的结构设计

凹模有整体式和镶拼组合式。整体式凹模是在模板上直接加工而成,一般不进行热处理,适用于形状简单的塑件。镶拼组合式凹模适合于形状复杂或加工困难的型腔。凹模是成型塑件外表的部件,在本设计中,由于凹模形状简单,为了增加模具的强度,选择整体式结构。如图2.30所示。

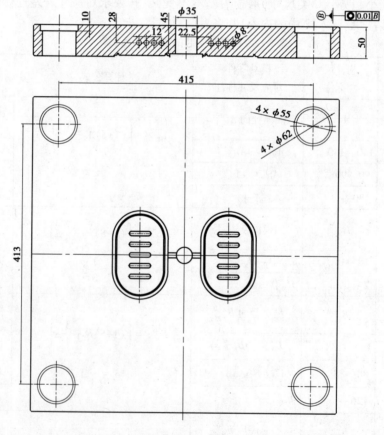

图 2.30　凹模

（4）凸模的结构设计

凸模是用来成型塑料内表面的零件,有时又称型芯或型芯杆。凸模有整体式和组合式之分。在本设计中,内表面质量要求低,因此也采用整体式,如图 2.31 所示。

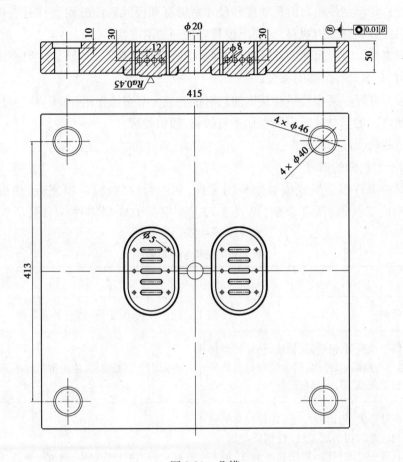

图 2.31　凸模

 学习目标 2　为肥皂盒注射模的成型零件正确选材

1)内容

瓶盖属于螺纹型芯可以大批量生产的制作,成型零件所选的材料需耐磨和抗疲劳性能良好,具有良好的机械加工性能和抛光性能。参考学习任务二的内容,可选材料 SM1,40Cr,45Cr 等,这里选用材料 45Cr。

(1)塑料模钢材的性能要求

①切削加工性能好,热处理后变形小。塑料模具零件往往形状很复杂,而在淬火以后加工又很困难,因此应尽量选择热处理后变形小的钢材。零件表面硬度要求不高时,一般可在退火状态进行粗加工,再进行调质处理,最后进行精加工;也有用调质处理或正火处理的钢坯,直接进行粗加工和精加工,这样可消除模具零件在热处理时产生的变形。

②抛光性良好。制件常要求有良好的光泽和表面状态,因而模腔几乎都要求做到镜面光泽,所以选用的钢材不应含有杂质和气孔,具有不低于 38 HRC 的硬度,最好为 40~46 HRC,而

达到 55 HRC 为最佳。

③耐磨性良好。制件的表面粗糙度和尺寸精度都和模腔表面的耐磨性有直接关系,特别是含硬质填料或玻璃纤维的塑料,更要求模具有很好的耐磨性。

④芯部强度高。除表面硬度外,选用的钢材应有足够的强度,特别是注射模,工作时将承受很大的压力,必须具有足够的强度。

⑤耐腐蚀性良好。某些塑料及其添加剂对钢的表面有腐蚀作用(如 PVC 会分解出 HCl 气体),应选用耐腐蚀的钢材或对型腔表面进行镀铬、镀镍处理。

⑥有一定的热硬性和淬硬性。

(2)适用于塑料模的钢材

塑料模具中有许多是组成模具结构的零件,如注射模的动、定模座板、垫板等,一般采用碳素结构钢或工具钢、低合金钢,见表 2.13。而模具的成型零件一般采用模具钢,见表 2.14。

表 2.13　结构零件用钢

钢　号	特　　　点	应　　　用
Q235A	价廉	注射模的动、定模座板、垫板等
20	属于低碳钢,强度低,韧度、塑性和焊接性都好,经渗碳、淬火、回火处理后材料外表硬度高、耐磨,内部韧性好	主要用于型腔简单,生产批量较小的塑料模
SM45	产量最大、用途最广泛,具有较高的强度和较好的切削加工性,经调质处理后,可获得一定的韧度、塑性和耐磨性,但其寿命不高(50 000～80 000 次),且抛光性不好($Ra>0.4\ \mu m$),调质处理后的硬度不足且硬化层浅	注射模的推杆固定板、侧滑块导轨、侧滑块体等,也可用于制造形状简单的型芯和凹模
SM50 SM55	SM50 杂质含量比 SM45 少,SM55 杂质更少。热处理后有较高的硬度、强度、耐磨性和一定的韧性价格便宜,但焊接性和冷变形性能差	推板、侧滑块座、楔紧块、模套、复位杆、直径较大的推杆、型芯固定板、支承板,也可用于形状简单,精度较低的成型零件
T7A T8A T10A	经热处理后有较高的硬度和耐磨性,但变形较大,淬火后需再磨削加工	导柱、导套、斜导柱、弯销、推杆、耐磨垫片、简单的压缩模凹模、型芯
20Cr	比 20 钢有较好的淬透性、中等的强度和韧度,经渗碳处理后,具有很高的硬度、耐磨性和适当的耐腐蚀性	是我国目前产量最大的几个合金结构钢之一,用途非常广泛,主要用于型腔简单,生产批量较小的塑料模

续表

钢　号	特　点	应　用
40Cr	中碳低合金钢,淬硬性较好、经调质处理后综合性能较好	用途广泛,制造形状不太复杂的中小型热塑性注射模的成型零件,或其他各种推出机构的零件(推杆等)

表 2.14　成型零件用钢

类型	钢　号	特　点	应　用
通用模具钢	CrWMn,9Mn2V,9SiCr 等	热处理性能较好	热固性塑料压缩模、压注模和注射模的成型零件
	5CrMnMo	淬火变形小,但抛光性差	调质后精加工的大型热塑性塑料注射模的成型零件
	CrMn2SiWMoV	可淬硬(空淬)而变形小	热固性塑料注射模的复杂型芯、嵌件等
	20CrMnTi	经渗碳增加表面硬度,提高耐磨性	小型精密凹模嵌件
	38CrMoAl	可渗氮处理,调质后具有一定的硬度(28~32 HRC),渗氮后表面硬度可达HV1000。调质后不渗氮时,耐磨性差	PVC,PC 等原料成型时有腐蚀性气体产生的注射模成型零件
塑料模专用模具钢	预硬化钢　3Cr2Mo(P20)	为我国引进美国通用的塑料模具钢,预硬化后硬度为 36~38 HRC。有良好的机加工性能,很好的抛光性能(真空熔炼的品种可以抛成镜面光泽)。抗拉强度高(约 1 330 MPa),P20 是各国应用较广泛的一种塑料模具钢	用于中、小型热塑性塑料注射模或压缩模的成型零件
	50CrSCa	钢有较高的淬透性、高韧度,易切削,在预硬态(42 HRC)下仍具有好的被加工性能,具有良好的镜面($Ra \leqslant 0.04\ \mu m$)抛光性能,焊接性能好	适用于型腔复杂的塑料注射模、压缩模,要求变形极小的大型塑料成型模具

续表

类型		钢 号	特 点	应 用
塑料模专用模具钢	预硬化钢	5CrNiMnMoVSCa (5NiSCa)	淬火变形小,但抛光性差。含硫的易切削钢,预硬化后硬度为 35~45 HRC。采用 S-Ca 复合易切削系和喷射冶金技术,改善了硫化物的形成、分布和钢的各向异性,并能保证在大截面中硫化物的分布仍比较均匀	适用于制造大、中型热塑性塑料注射模的成型零件
		55CrNiMnMoVS (SM1)	是在 P20 基础上改进研制的新型塑料模具钢,均属(S)系易切削模具钢,可在预硬状态下交货。有较好的切削加工性能,抛光性能好,表面粗糙度 $Ra \leqslant 0.1~\mu m$	用于成型多功能收音机、单放机、电话机等塑料模具的成型零件比 45# 钢寿命提高 4 倍以上
	析出硬化钢	20CrNi3AlMnMo (SM2)	预硬化后时效硬化,硬度可达 40~45 HRC	适用于要求寿命长而精度高的中小型模具的成型零件
		10Ni3CuAlVS (PMS)	预硬化后时效硬化,硬度可达 40~45 HRC。热变形极小,可作镜面抛光。抗拉强度约为 1 400 MPa	特别适合于腐蚀精细花纹
	马氏体时效钢	06Ni6CrMoVTiAl, 06Ni7Ti2Cr	这两种钢在未加工前为固溶体状态,易于加工。粗加工后以 480~520 ℃ 温度进行时效,硬度可达 50~57 HRC	适用于制造要求尺寸精度高的小型塑料注射模的成型零件,可作镜面抛光
	马氏体不锈钢	2Cr13	具有良好的韧度和冷变形性,硬度比 Cr13 稍高,而耐蚀性则略低于 Cr13,焊后硬化倾向较大,易产生裂纹	适用于要求有一定耐蚀性的塑料模具的成型零件
		4Cr13	比 2Cr13 有更高的强度、硬度,淬透性好,耐腐蚀性不如 2Cr13 钢,焊接性能差	适用于要求一定强度和耐腐蚀性,较大截面的塑料模具的成型零件
	耐腐蚀钢	Cr16Ni4Cu3Nb (PCR)	空冷淬火钢,属于不锈钢类型。空冷淬硬可达 42~53 HRC	适用于制造聚氯乙烯(PVC)及混有阻燃剂的热塑性塑料注射模的成型零件

续表

类型		钢　号	特　点	应　用
塑料模专用模具钢	镜面钢	10Ni3MnCuAl（PMS）	是一种高级镜面析出硬化型（Ni-Al）塑料模具钢,采用电弧炉加热渣重熔法制钢,材质纯净,有高的抛光性能,抛光后表面粗糙度可达 Ra0.05～0.12 μm,并具有很好的花纹图案蚀刻性能,良好的热冷加工性能和综合力学性能,时效后硬度可达 38～45 HRC,变形率在0.05%以下	是热塑性塑料透明件和各种光亮度要求的塑料制件成型模具的专用钢
		8CrMnWMoVS（8CrMn）	为易切预硬化钢,抗拉强度可达3 000 MPa,调质后硬度为 33～35 HRC。淬火时可空冷,硬度可达 42～60 HRC	用于大型注射模成型零件,可减小模具尺寸
		25CrNi3MoAl	属于时效硬化型钢。调质后硬度为23～25 HRC,可用普通高速钢刀具加工。时效后硬度为 38～42 HRC。可作渗氮处理,处理后表层硬度可达 HV1100	适用于型腔腐蚀花纹成型
	易切削钢	4Cr5MoSiVS	空冷淬火、二次回火,硬度可达43～46 HRC	用于制造大型热塑性塑料注射模中的形状不太复杂的成型零件
	高速钢基体钢	65Cr4W3Mo2VNb（65Nb）,7Cr7Mo3VSi（LD2）,6Cr4Mo3Ni2WV（CG-2）,5Cr4Mo3SiMnVAl（012Al）	属于我国近年来新型研制的钢材,热处理后耐磨性、韧性好	适用于小型、精密、形状复杂的凹模及嵌件

（3）国内常用的进口塑料模具钢材

国外的塑料模具钢材在我国也占有一定的份额,尤其在珠三角和长三角地区。国内常用的部分进口塑料模具钢材（成型零件用）,见表2.15。

表 2.15　国内常用的部分进口成型零件用钢

国别	牌　号	主要性能	用　途
美国	P20，P21	在预硬化硬度为 30~36 HRC 的状态下能顺利地进行成型切削加工。P20 可在机械加工后进行渗碳淬火处理。P21 在机械加工后，经低温时效硬度可达 38~40 HRC	用于大型及复杂模具的成型零件
美国	420SS	属于马氏体不锈钢，淬火硬度可达 50~52 HRC,有非常好的耐腐蚀性、热硬性、抛光性、切削性能、氮化能力且有较好的耐磨性、韧性、抗压强度和焊接性能，但导热性较差	用于腐蚀性较强、寿命长的中小型热塑性塑料模具成型零件 也用于腐蚀性较强，温度不高的热固性塑料模具成型零件
美国	H13	采用空气淬火硬度可达 49~51 HRC,有非常好的韧性、抗压强度、热硬性、抛光性、切削性能、氮化能力且有较好的耐磨性、焊接性能但导热性和耐腐蚀性较差	用于生产批量大、温度高的热固性塑料模具成型零件 也用于 PA,POM,PS 等热塑性塑料模具成型零件，尤其是局部细微结构的成型
日本	NAK50，NAK55	在预硬化硬度为 38~42 HRC 的状态下,具有优良的切削加工性能、镜面加工性能、蚀刻加工性能、焊接性能和放电加工性能,还具有优良的耐磨性	用于热塑性、热固性和增强塑料的精密长寿命模具成型零件
日本	NAK80，HPM1	在预硬化硬度为 38~42 HRC 的状态下,具有优良的切削加工性能、镜面加工性能、蚀刻加工性能、焊接性能和放电加工性能	用于模具不进行热处理,制件要求镜面的批量生产模具的成型零件
日本	HPM2，HPM17	在预硬化硬度为 30~34 HRC 的状态下,具有优良的切削加工性能、镜面加工性能、蚀刻加工性能、焊接性能和放电加工性能	HPM2 用于汽车及家用电器模具的成型零件 HPM17 用于高透明度制件要求的模具成型零件
日本	HPM31，HPM38	具有优良的镜面加工性能、蚀刻加工性能、耐磨性能、耐腐蚀性能和放电加工性能。HPM38 还具有优良的切削加工性能和焊接性能	常用于大批量生产的光学镜片、碟片的模具成型零件，也用于硬度要求为 55~60 HRC 的精密模具成型零件
日本	PAK90	具有优良的切削加工性能、镜面加工性能、耐腐蚀性能、耐磨性能和尺寸稳定性,淬火硬度为 50~55 HRC	用于齿轮、透明罩等要求镜面和耐腐蚀的精密模具成型零件

4)塑料模钢材的选用

在设计模具时,如何合理地选用模具材料,是关系到模具质量的前提条件,尤其是模具成型零件材料的选择尤为重要,下面列出了一些常用的塑料模钢材,见表2.16、表2.17,可供参考。

表 2.16　成型零部件选材举例

零件名称	材料牌号	热处理	说　明
凹模 型芯 螺纹型芯 螺纹型环 镶件 成形推杆	SM45,SM50 SM55	调质 216～260 HB, 淬火 43～48 HRC	用于形状简单、要求不高的凹模、型芯
	T8A,T10A	淬火 54～58 HRC	用于形状简单的小型芯或凹模
	CrWMn, 9Mn2V	淬火 54～58 HRC	用于形状复杂、要求热处理变形小的凹模、型芯或镶件
	4Cr5MoSiV, 40Cr	淬火 54～58 HRC	用于形状复杂、中等尺寸、热处理变形小的凹模、型芯或镶件
	20CrMnMo, 20CrMnTi	渗碳、淬火 54～58 HRC	用于形状复杂、要求热处理变形小的凹模、型芯或镶件
	5CrMnMo	渗碳、淬火 54～58 HRC	用于高耐磨、高强度和高韧性的大型凹模、型芯等
	3Cr2W8V, 38CrMoAl	调质、氮化 HV1000	用于生产批量大的模具成型零件
	3Cr2Mo	预硬状态 35～45 HRC	用于大中型和精密模具的凹模、型芯,不需再进行热处理的模具的成型零件等

注:螺纹型芯的热处理硬度也可取 40～45 HRC。

表 2.17　结构零件选材举例

零件类别	零件名称	材料牌号	热处理	说　明
浇注系统零件	浇口套、拉料杆、拉料套、分流锥	T8A,T10A	淬火 50～55 HRC	—
导向零件	限位导柱、推板导柱、导柱、导套、推板导套、导钉	T8A,T10A	淬火 50～55 HRC	如要求导柱的硬度高可采用 20 渗碳、淬火 56～60 HRC
侧抽芯机构零件	斜导柱、滑块、斜滑块、楔紧块	T8A,T10A	淬火 54～58 HRC	
	楔紧块	45,T10A	淬火 43～48 HRC	
脱模机构零件	推杆(卸模杆)、推管、推件板	T8A,T10A	淬火 54～58 HRC	
	推块、复位杆、推板	45	淬火 43～48 HRC	推板可不淬火
	推杆固定板、卸模杆固定板	45,Q235A		
定位、定距零件	圆锥定位杆	T10A	淬火 58～62 HRC	
	定位圈、定距螺钉、限位钉、限制块	45	淬火 43～48 HRC	
支承零件	支承柱	45	淬火 43～48 HRC	
	垫块	45,Q235A		
模板类零件	动、定模板,动、定模座板固定板、支承板	45	调质 230～270 HB	

71

续表

零件类别	零件名称	材料牌号	热处理	说明
其他零件	加料圈、压柱	T8A,T10A	淬火 50~55 HRC	
	手柄、套筒	Q235A		
	喷嘴、水嘴、吊钩	45,黄铜		

2)成型零件的选材

选择塑料模具成型零件的材料时,根据模具的具体情况可以从以下几个方面考虑。

①根据塑料制品种类和质量要求选用。

②根据塑件的生产批量。

③塑料模具的加工方法。

④塑料件的尺寸大小及精度要求。

⑤模具的制造难度和交货期限。

3)凹、凸模的选材

本塑件属于形状简单,精度要求不高的塑件,作为试制、小批量生产,因此型芯、型腔对材料的性能要求不高,凹、凸模选用应用较广泛的模具钢材20Cr。

【思考与练习】

一、填空题

1.塑料模成型零件的制造公差约为塑件总公差的_____,成型零件的最大磨损量,对于中小型塑件取_____;对于大型塑件则取_____。

2.计算成型零部件工作尺寸需考虑的因素_____,_____,_____。

二、选择题

1.凹模是成型塑件(   )的成型零件。

A.内表面   B.外表面   C.上端面   D.下端面

2.凹模和型芯工作尺寸计算中,需用到的收缩率是(   )。

A.最大收缩率   B.最小收缩率   C.平均收缩率

学习活动 5　导向机构的选择

【学习目标】

能正确为肥皂盒注射模设计导向机构。

1)定义

导向机构:是保证动、定模开合模的正确定位和导向的零件。

2)内容

(1)导向机构的作用

注塑模闭合时为了保证型腔形状和尺寸的准确性,应按一定的方向和位置合模,因此必须设有导向定位机构,注射模一般采用导柱导向机构。

导向机构主要有3个作用,即导向作用、定位作用、承受注塑产生的侧压力。

(2)导柱导向机构的设计要点

①小型模具一般只设置两根导柱,当无合模方位要求时,采用等径且对称布置的方法,若有合模方位要求时,则应采用等径不对称布置或不等径对称布置的形式。大中型模具常设置3个或4个导柱,采用等径不对称布置或不等径对称布置。

②直导套常应用于简单模具或模板较薄的模具,带头导套主要应用于复杂模具或大中型模具的动定模导向中;也应用于推出机构的导向。

③导向零件应合理分布在模具的周围或靠近边缘部位,导柱中心到模板边缘的距离一般取导柱固定端直径的1~1.5倍,其设置位置可参见标准模架系列。

④导柱常固定在方便脱模取件的模具部分,但针对某些特殊要求,如塑件在动模一侧依靠推件板脱模,为了对推件起导向与支承作用而在动模侧设置导柱。

⑤为了确保合模的分型面良好贴合,导柱与导套在分型面处设置承屑槽,一般都是削去一个面或在导套的孔口倒角。

⑥导柱工作部分的长度应比型芯端面的高度高出6~8 mm,以确保其导向作用。

⑦应确保各导柱、导套及导向孔的轴线平行,以及同轴度的要求,否则将影响合模的准确性,甚至损坏导向零件。

⑧导柱工作部分的配合精度采用H7/f7(低精度时可采用H8/f8或H9/f9);导柱固定部分的配合精度采用H7/k6(或H7/m6);导套与安装之间一般采用H7/m6的过渡配合,再用侧向螺钉防止其被拔出。

⑨对于生产批量小、精度要求不高的模具,导柱可直接与模板上加工的导向孔配合,通常导向孔应做成通孔;如果型腔板特厚,导向孔应做成盲孔时,则应在盲孔侧壁增设通气孔,或在导柱柱身、导向孔开口端磨出排气槽,导向孔导滑面的长度与表面粗糙度可根据同等规格的导套尺寸来取,长度超出部分应扩径以缩短滑配面。

(3)对导柱尺寸和结构的要求

①直径和长度。导柱的直径为12~63 mm时,按经验其直径d和模板宽度B之比为$d/B \approx 0.06 \sim 0.1$,圆整后选标准值。导柱无论是固定段的直径还是导向段的直径,其形位公差与尺寸公差的关系应遵循包容原则,即轴的作用尺寸不得超过最大实体尺寸,而轴的局部实际尺寸必须在尺寸公差范围内才合格。导柱长度应比凸模端面的高度高出6~8 mm。

②形状。导柱的端部做成锥形或半球形的先导部分,锥形头高度取与相邻圆柱直径的1/3,前端还应倒角,使其能顺利进入导向孔。大中型模具导柱的导向段应开设油槽,以储存润滑油脂。

③公差配合。安装段与模板间采用过渡配合H7/k6,导向段与导向孔间采用动配合(间隙配合)H7/f7。

④粗糙度。固定段表面用$Ra0.8\ \mu m$,导向段表面采用$Ra0.4\ \mu m$。

⑤材料。导柱应具有硬而耐磨的表面,坚韧而不易折断的芯部,因此多采用中碳钢(45号钢)、渗碳(0.5~0.8 mm深)、经淬火处理(RC56~60)或碳素工具钢(T8A,T10A)经淬火或表面

处理(50~55 HRC)。

（4）对导套尺寸和结构设计的要求

导向孔可直接加工在模板上，这种结构加工简便，但模板上未淬火的导向孔耐磨性差，用于塑件批量小的模具，大多数模具的导向孔镶有导套，它既可淬硬以提高寿命，又可在磨损后方便更换。

①形状。可分为直导套(GB/T 4169.2—2006)和带头导套(GB/T 4169.3—2006)两类。

②公差配合与表面粗糙度。导套内孔与导柱之间采用间隙 H7/f 7。外表面与模板孔为较紧的过渡配合 H7/n6(直导套)或 H8/k7，H7/k6(带头导套)，其前端可设计长 3 mm 的引导部分，按间隙配合 H8/e7 制造，其粗糙度内外表面均可用 $Ra0.8$ μm 或 $Ra1.6$ μm。

③材料。导套的材料可用耐磨材料，GB/T 4169.3—2006 推荐采用 T10A，GCr15，20Cr。也可采用铜合金制造，当用碳钢时也可采用碳素工具钢淬火处理。硬度为 52~56 HRC，20 Cr 渗碳0.5~0.8 mm，硬度为 56~60 HRC，但其硬度最好比导柱低 5 HRC 左右。

（5）为肥皂盒注射模设计导向机构

本注塑模选带轴肩的导套，导套、导柱与模板间均采用过渡配合的固定方式。

导柱导向机构设计包括对导柱和导向孔的要求及典型零结构、导柱与导套的配合、导柱在模具上面的布置。

导柱 $D=40$ mm，本设计中采用带头导套 40×80(GB/T 4169.3—2006)型。导柱与导套孔采用 H7/f 7 间隙配合，导柱和导套与模板固定段采用 H7/k6 或 H7/n6 过渡配合，四根定模导柱在定模板两侧对称分布。

导向机构是保证动、定模开合模的正确定位和导向的零件。一般在模具中都需设计导向机构可保证模具运动的准确性和成型零件的精度。另外，为了保证脱模机构的运动平稳，许多模具中还在脱模机构处设计了导向机构。因此导向机构包括合模导向机构和脱模机构的导向机构。

①合模导向机构的设计。合模导向机构不但有导向和定位作用，还起承受一定的侧压力的作用。注射模中一般采用导柱导向机构。当侧压力较大时需增设锥面定位机构来承受侧压力。

A.导柱导向机构设计。导柱导向机构通常有 4 个导柱和导套。导柱可安装在动模侧也可安装在定模侧，但通常设计在主型芯(凸模)的四周，起保护主型芯的作用。组成导柱导向机构的零件包括导柱和导套等。

a.导柱和导套的组合形式。导柱和导套的组合形式如图 2.32 所示。

图 2.32(a)带头导柱与带头导套的形式，适用于精度要求高、生产批量大的注射模具，且导柱、导套可设计油槽，便于润滑，使用寿命长。

图 2.32(b)有肩导柱和带头导套的形式，制造时，可采用配合加工的方法一次性加工出导柱、导套的安装孔 d_1，降低了加工设备的要求。

图 2.32(c)有肩导柱和直导套的形式，也可采用配合加工，且采用直导套结构简单，为了防止直导套被拔出，可用螺钉紧固。

b.导柱和导套的设计。导柱和导套的结构和尺寸已经标准化，可根据需要选取，导柱常见的结构形式有带头导柱和有肩导柱，有时为了减少导柱与导向孔之间的摩擦，在导柱的工作部分设置了油槽来储存润滑剂，如图 2.33 和图 2.34 所示。导套常见的结构形式有带头导套和直导套，如图 2.35 和图 2.36 所示。

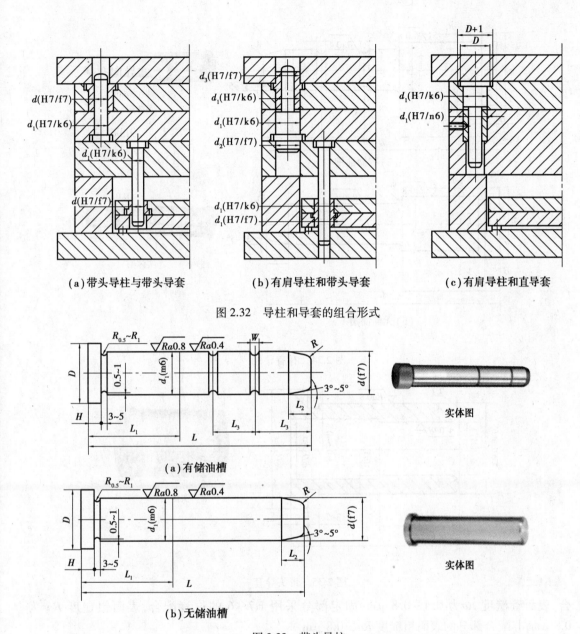

图 2.32　导柱和导套的组合形式

（a）带头导柱与带头导套　　　（b）有肩导柱和带头导套　　　（c）有肩导柱和直导套

（a）有储油槽

（b）无储油槽

图 2.33　带头导柱

导柱和导套在设计时需要注意以下几个方面的设计要求。

长度方面。导柱的长度必须高出型芯端面 6~8 mm，以避免导柱未进行导向而型芯进入凹模时可能发生相碰而损坏。

形状方面。为了使导柱能顺利进入导套，导柱端部应做成锥台形或半球形，导套的前端应倒圆角。导套上的导柱孔最好做成通孔，以利于排出孔内空气及残渣废料，如模板较厚，导柱孔必须做成盲孔时，可在盲孔的侧面做一小孔排气。

材料方面。导柱和导套应具有足够的硬度和耐磨性，常采用 20 钢经渗碳、淬火处理或采用 T8，T10 钢经渗碳处理，硬度为 48~55 HRC。

配合及精度方面。一般导柱、导套与模板之间的配合部分采用 H7/f 7 或 H8/f 7 的间隙配

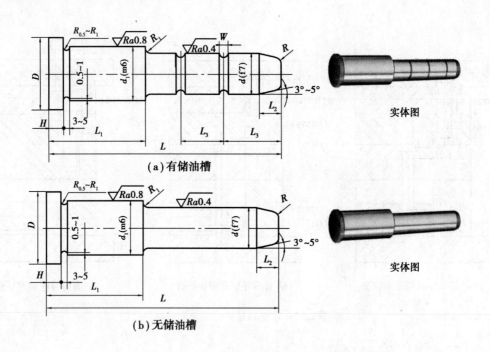

（a）有储油槽

（b）无储油槽

图 2.34　有肩导柱

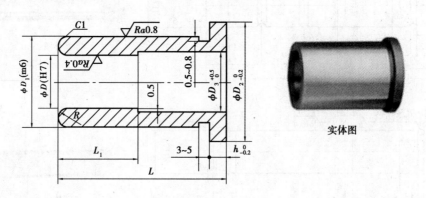

图 2.35　带头导套

合,表面粗糙度 Ra 为 $0.4 \sim 0.8\ \mu m$;固定部分采用 H7/k6 的过渡配合,表面粗糙度 Ra 为 $0.8\ \mu m$;非配合部分的表面粗糙度 $Ra \geqslant 0.8\ \mu m$。

布置方面。导向零件应合理、均匀分布在模具的四周,其中心至模具边缘为导柱直径的 $1 \sim 1.5$ 倍,以保证模具的强度。根据模具的形状和大小,一副模具一般需要 $2 \sim 4$ 个导柱。导柱的布置方式通常有等直径导柱不对称布置、不等直径导柱对称布置和等直径导柱对称布置,但要在模板上作记号。为了确保动定模只能按一个方向合模,在装配时或合模时方位不易弄错。如图 2.37 所示。

B.锥面定位机构设计。成型精度要求高的大型、深腔、薄壁制件时,型腔内的侧压力往往引起型芯或凹模的偏移,如果这种侧压力完全由导柱来承受,会导致导柱卡死或损坏。因此,需增设锥面定位机构,如图 2.38 所示。

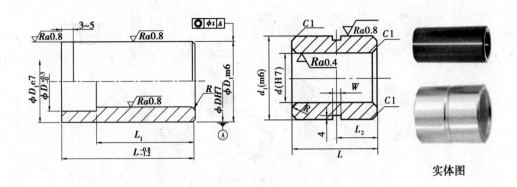

实体图

图 2.36　直导套

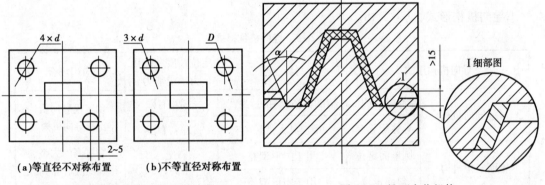

(a)等直径不对称布置　　(b)不等直径对称布置

图 2.37　保证正确合模方向的导柱布置

图 2.38　锥面定位机构

　　锥面定位机构设计时需注意锥面配合形式,型芯模块需环抱凹模模块,使凹模在受注射压力时无法向外涨开;锥面角度 α 越小越利于定位,但 α 太小会增加开模力,一般取 $\alpha=5°\sim20°$,锥面高度取 15 mm 以上;由于锥面需承受侧压力及开模时摩擦力,锥面需一定的硬度和耐磨性,因此两锥面都需淬火处理。还可在两锥面间镶入硬的金属块,如图 2.38 中的 Ⅰ 细部图所示。

　　②模具的辅助定位。模具在成型过程中主要是依靠导柱进行导向和定位的,当模座较大时,导柱的公差会随之增大,定位效果也会变差,为了提高定位精度,除了可采用锥面定位机构外,还可在模座的四周安装导柱定位辅助器,如图 2.39(a)和(b)圈中所示。协助模具开合模的定位,使模具的定位精度提高,模具的闭合效果更好。其他类型定位辅助器如图 2.40 所示。

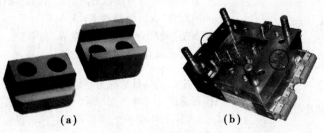

(a)　　　　　　　　(b)

图 2.39　定位辅助器

图 2.40 其他类型定位辅助器

【活动小结】

1.导向机构形式,见表 2.18。

表 2.18 导向机构形式

导向机构形式		特 点	定位精度和侧压力承受能力	应用场合
导柱导向机构	导柱配导孔	精度不高,小批量生产	一般,有限	动定模导向机构;推出板导向机构
	导柱配导套	大型模具大批量生产	较高,有限	
锥面定位机构	圆锥面定位	用于圆形型腔	很高,大	精度高的大型、薄壁、深腔制件的动定模定位
	斜面定位	用于矩形型腔		

2.导向零件的设计原则,见表 2.19。

表 2.19 导向零件的设计原则

设计内容	设计原则
长度方面(便于导向)	导柱长度要高出型芯高度 6~8 mm
形状方面	导柱先导部分做成球或锥状,导套导入部分要做导角
材料方面(外硬内韧)	导柱:20 渗碳淬火 T8A,T10A,硬度 56~60 HRC 导套同导柱
配合及精度方面	一般导柱、导套与模板之间的配合部分采用 H7/f 7 或 H8/f 7 的间隙配合,表面粗糙度 Ra 为 0.4~0.8 μm;固定部分常采用 H7/k6的过渡配合,表面粗糙度 Ra 为 0.8 μm;非配合部分的表面粗糙度 $Ra \geqslant 0.8$ μm
导柱大小、数量及布置形式	导柱中心至模具边缘为导柱直径的 1~1.5 倍,导柱直径大小随模板总体尺寸增加而增大,导柱数量一般为 2~4 个;布置形式:等直径不对称布置、不等直径对称布置和等直径对称布置并在模板上做记号

【思考与练习】

一、填空题

导柱固定部分的配合为_____,导向部分的配合为_____,导柱部分与导向部分的直径的基本尺寸_____,公差_____。

二、判断题

1.成型大型、深腔、薄壁和高精度塑件时,动模间应采用较高的合模精度。 　　（　　）

2.从平稳导向出发,导柱之间相距距离较近为宜。 　　（　　）

3.合模机构都有确保模具按唯一方向合模的措施。 　　（　　）

三、名词解释

导向机构

四、简答题

1.合模导向机构的作用是什么?

2.导柱和导套的设计要求是什么?

3.锥面定位机构适用于哪些场合?

五、分析题

导柱有哪些布置方法,这样布置的原因是什么?

学习活动 6　推出机构的设计

【学习目标】

设计肥皂盒注射模推出机构。

1)定义

推出机构(或脱模机构)是指从模具中推出制件及浇注系统凝料的机构。

2)内容

(1)推出机构的组成及分类

塑件在模腔中成形后,便可从模具中取下,但在塑件取下之前,模具必须完成一个将塑件从模腔中推出的动作,模具上完成这一动作的机构称为脱模推出机构。

推出机构的组成:第一部分是直接作用在塑件上将塑件推出的零件;第二部分是用来固定推出零件的零件,有推杆固定板、推板等;第三部分是用作推出零件推出动作的导向及合模时推迟推出零件复位的零件。推出机构应使塑件脱模时不发生变形或损伤塑件的外观;开模后制件应尽量留在动模侧;推出后制件有良好的外观;推出机构应工作可靠。

推出机构的分类:

①按推出零件的类别分,有推杆推出、推管推出、推件板推出、推块推出等。

②按驱动方式分,有手动顶出、机动顶出、气动顶出。

③按模具结构分,有一次顶出、二次顶出、螺纹顶出、特殊顶出。

(2)影响推出力的因素

塑件在模内冷却固化→收缩包紧成型零件→包紧力。影响包紧力的因素:塑料性能、塑件壁厚、包容面积、塑件形状、成型零件表面粗糙度、脱模斜度及成型工艺。

(3)肥皂盒注射模推出机构的确定

根据本模具的成型特点考虑,采用推杆推出,推杆截面为圆形,如图2.41所示。顶杆的位置选择在脱模阻力最大的地方,塑件各处的脱模阻力相同时需均匀布置,以保证塑件推出时受力均匀,塑件推出平稳和不变形,根据顶杆本身的刚度和强度要求,采

图 2.41　推杆(顶杆)

用六根顶杆顶出,顶杆装入模具后,其端面还应与型腔底面平齐或高出型腔 0.05~0.1 mm。

①推出力的计算。

推出力的计算公式为:

$$F = Ap(\mu \cos \alpha - \sin \alpha) + qA_1 \qquad (2.15)$$

式中　F——推出力,N;

　　　A——塑件包络型芯的面积,mm²;

　　　p——塑件对型芯单位面积上的包紧力,p 取 $0.8 \times 10^7 \sim 1.2 \times 10^7$ Pa;

α——脱模斜度;

q——大气压力 0.09 MPa;

μ——塑件对钢的摩擦系数 μ 为 0.1~0.3,取 $\mu=0.2$;

A_1——塑件垂直于脱模方向的投影面积,mm²;

计算相关数值:$A=(2\times3.14\times43\times14+50\times14+5\times28\times2+5\times3.14\times7\times2)$ mm² = 4 980.36 mm², $A_1=18\times19$ mm² = 1 620 mm²,代入公式可得 $F=9\ 497$ N。

②顶杆的强度计算,查《塑料模具设计手册之二》由式(5.9)得:

$$d=\left(\frac{64\times\varphi^2\times l^2}{N\times\pi^3\times E}\times Q\right)^{\frac{1}{4}} \tag{2.16}$$

式中　d——圆形顶杆直径;

φ——顶杆长度系数,约 0.7;

l——顶杆长度,$l=13.8$ cm;

N——顶杆数量,$N=6$;

E——顶杆材料的弹性模量(钢的弹性模量 $E=2.1\times10^7$ N/cm²);

Q——总脱模力,$Q=9\ 497$ N。

由以上公式计算得 $d=0.38$ cm = 3.8 mm,综上所述选顶杆的直径 $d=5$ mm。

而对于推杆位置的设计,将设计在塑件的内表面,这样可利用底面形状的面积既能增大推出力,又减少推杆痕迹的存在。

【思考与练习】

判断题

1.推出力作用点应尽可能安排在制品脱模阻力大的位置。　　　　　　　　(　)

2.脱模斜度小、脱模阻力大的管形和箱形塑件,应尽量选用推杆推出。　　(　)

3.为了确保塑件质量与顺利脱模,推杆数量应尽量地多。　　　　　　　　(　)

4.推出机构中的双推出机构,即是推杆与推块同时推出塑件的推出机构。　(　)

学习活动 7　冷却系统的设计

**【学习目标】**

为肥皂盒注射模合理设计冷却系统。

1)**定义**

模具温度是指模具型腔和模具型芯的表面温度。

模具温度调节系统是指对模具进行冷却或加热或二者兼有,从而达到控制模具温度的系统。

2)内容

模具温度调节系统直接影响制件的质量和生产效率。成型的塑料品种不同,制件的质量要求也不同,对模具的温度要求也就不同。对于大多数塑件来说,要求的模具温度不高,模具仅设置冷却系统即可。当模具温度超过 80 ℃或大型模具时,则需要设置加热系统。

塑件在注射成型时不要求有太高的模温,因而在模具上可不设计加热系统。设定模具平均工作温度为 60 ℃,用常温 20 ℃的水作为模具冷却介质。模具冷却系统的设计主要是冷却回路的布置,回路的形式应根据制件的形状、型腔内温度分布及浇口位置等情况来设计。

(1)冷却回路设置的原则

①冷却系统的设计应先于脱模机构。

②冷却管道的尺寸及布置应合理。

③降低进出水口的温度差。

④要保证冷却管道内的水处于湍流状态和足够的水压。

⑤浇口处应加强冷却。

⑥冷却水道应沿塑料收缩方向设置。

⑦冷却水道的布置应避开塑件易产生熔接痕的部位。

(2)肥皂盒注射模的冷却系统设计

此次设计,制件壁厚为 2 mm,通常冷却水孔的直径为 8~16 mm,因此选择冷却水孔的直径为 8 mm。布置形式如图 2.42 所示。

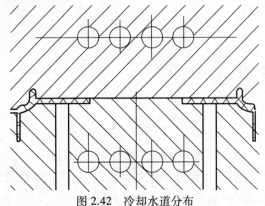

图 2.42 冷却水道分布

①冷却回路所需的总面积计算。

冷却回路所需的总表面积可按下式计算:

$$A = \frac{Mq}{3\ 600\alpha(\theta_M - \theta_W)} \tag{2.17}$$

式中 A——冷却回路总表面积,m^2;

  M——单位时间内注入模具中树脂的质量,kg/h;

  q——单位质量树脂在模具内释放的热量,J/kg,q 值可查表;

  α——冷却水的表面传热系数,W/($m^2 \cdot K$);

  θ_M——模具成形表面的温度,℃;

  θ_W——冷却水的平均温度,℃。

冷却水的表面传热系数 α 可用下式计算：

$$\alpha = \phi \frac{(\rho \nu)^{0.8}}{d^{0.2}} \qquad (2.18)$$

式中 α——冷却水的表面传热系数，$\mathrm{W/(m^2 \cdot K)}$；

ρ——冷却水在该温度下的密度，$\mathrm{kg/m^3}$；

ν——冷却水的流速，$\mathrm{m/s}$；

d——冷却水孔直径，m；

ϕ——与冷却水温度有关的物理系数，值查表 2.20。

表 2.20 水的 ϕ 值与其温度的关系

平均水温/℃	5	10	15	20	25	30	35	40	45	56
值	6.16	6.60	7.06	7.50	7.95	8.40	2.394	9.28	9.66	10.05

故 $\alpha = 7.06 \times \dfrac{(1 \times 10^3 \times 1.17 \times 10^3)^{0.8}}{(0.008)^{0.2}} \mathrm{W/(m^2 \cdot K)} = 5.05 \times 10^5 \mathrm{W/(m^2 \cdot K)}$

PS 成形时放出的热量 $q = 5.9 \times 10^5 \mathrm{J/kg}$，故 $A = \dfrac{Mq}{3\,600\alpha(\theta_M - \theta_W)} = 0.023\,4$。

②冷却回路的总长度计算。

冷却回路的总长度可用下式计算：

$$L = \frac{1\,000A}{\pi d} \qquad (2.19)$$

式中 L——冷却回路总长度，m；

A——冷却回路总表面积，$\mathrm{m^2}$；

d——冷却水孔直径，mm。

故 $L = \dfrac{1\,000 \times 0.023\,4}{3.14 \times 8} \mathrm{m} = 1.3\ \mathrm{m}$。由模具的长度可知，需要排布 8 根水道才能满足冷却水道长度的要求，如图 2.43 所示。

③冷却水体积流量的计算。塑料树脂传给模具的热量与自然对流散发到空气中的模具热量、辐射散发到空气中的模具热量及模具传给注射机热量的差值，即为用冷却水扩散的模具热量。假如塑料树脂在模内释放的热量全部由冷却水传导的话，即忽略其他传热因素，那么模具所需的冷却水体积流量则可由公式计算：

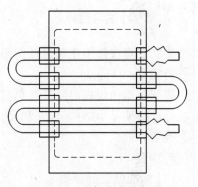

图 2.43 冷却水道排布图

$$q_v = \frac{Mq}{60c\rho(\theta_1 - \theta_2)} \qquad (2.20)$$

式中 q_v——冷却水体积流量，$\mathrm{m^3/min}$；

M——单位时间注射入模具内的树脂质量，$\mathrm{kg/h}$；

q——单位质量树脂在模具内释放的热量,J/kg;

c——冷却水比热容,J/(kg·K);

ρ——冷却水的密度,kg/m^3;

θ_1——冷却水出口处温度,℃;

θ_2——冷却水入口处温度,℃。

代入相关数值,$q_v = \dfrac{122.4 \times 5.9 \times 10^3}{60 \times 4.2 \times 10^3 \times 1\,000 \times (56-36)}$ m^3/min $= 0.08 \times 10^{-3}$ m^3/min

【思考与练习】

判断题

1.冷却水道与型腔表壁的距离越近冷却效率越高。 ( )

2.冷却水在模具出、入口处的温度差越小,说明对模温控制的均匀化程度越高。 ( )

3.管道内的水处于湍流状态,冷却效率低。 ( )

4.浇口处温度高,应加强冷却。 ( )

5.冷却水管的管径越大越好。 ( )

6.塑件壁厚的地方,冷却水管应设计得离壁远一些。 ( )

学习活动 8 标准模架的选择

【学习目标】

为肥皂盒注射模正确选择模架。

1)定义

模架是指由模板、导柱、导套和复位杆等零件组成,但未加工型腔的一个组合体。

标准模架是由结构、形式和尺寸都已经标准化并具有一定互换性的零件成套组合而成的一类模架。

2)内容

(1)标准模架的种类

国家质量监督局和国家标准化管理委员会共同发布实施了《塑料注射模模架》(GB/T 12555—2006)的国家标准。国标对模架组成零件的名称、模架组合形式、基本型模架的尺寸等内容作了规定。

①模架组成零件的名称。直浇口模架组成,如图 2.44 所示。点浇口模架零件组成,如图 2.45 所示。

②模架组合形式。模架以其在模具中的应用方式,可分为直浇口与点浇口两种形式。

直浇口模架基本型分为:

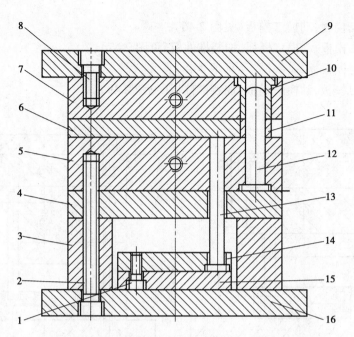

图 2.44　直浇口模架组成零件的名称

1—内六角螺钉;2—内六角螺钉;3—垫块;4—支承板;5—动模板;
6—推件板;7—定模板;8—内六角螺钉;9—定模板;10—带头导套;
11—直导套;12—带头导柱;13—复位杆;14—推杆固定板;15—推板;16—动模板

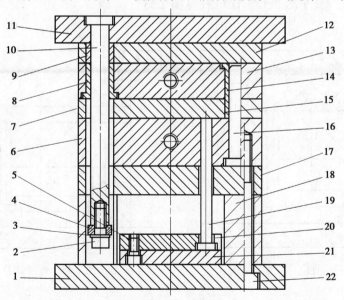

图 2.45　点浇口模架

1—动模座板;2—内六角螺钉;3—弹簧垫圈;4—挡环;5—内六角螺钉;
6—动模板;7—推件板;8—带头导套;9—直导套;10—拉杆导柱;
11—定模座板;12—推料板;13—定模板;14—带头导套;15—直导套;
16—带头导柱;17—支承板;18—攘块;19—复位杆;20—推杆固定板;21—推板;22—内六角螺钉

A 型:定模二模板,动模二模板(见图 2.46);

B 型:定模二模板,动模二模板,加装推件板(见图 2.47);

C 型:定模二模板,动模一模板(见图 2.48);

D 型:定模二模板,动模一模板,加装推件板(见图 2.49)。

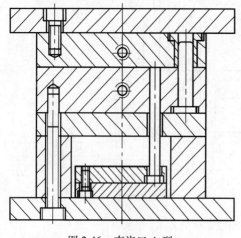

图 2.46　直浇口 A 型

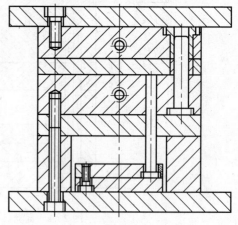

图 2.47　直浇口 B 型

点浇口模架(在直浇口模架上加装推料板和拉杆导柱)基本型分为 DA 型(见图 2.50)、DB 型(见图 2.51)、DC 型(见图 2.52)、DD 型(见图 2.53)。

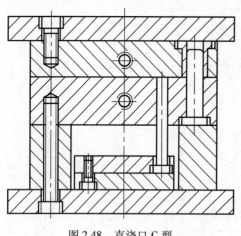

图 2.48　直浇口 C 型

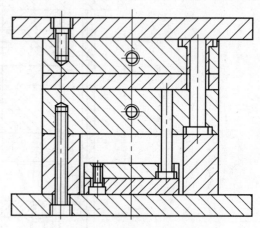

图 2.49　直浇口 D 型

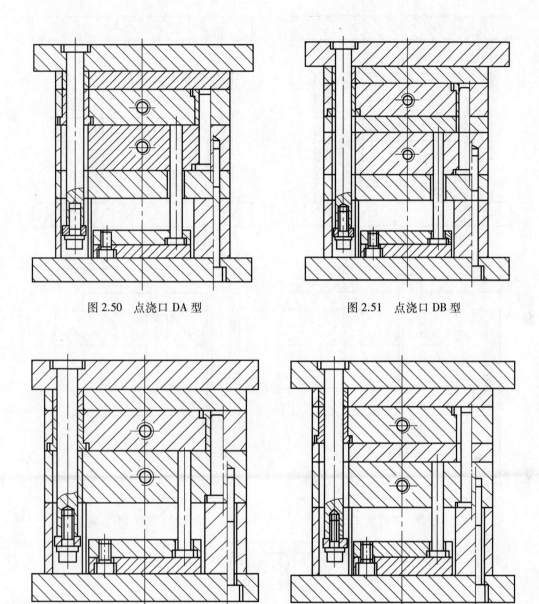

图 2.50　点浇口 DA 型　　　　　　　　图 2.51　点浇口 DB 型

图 2.52　点浇口 DC 型　　　　　　　　图 2.53　点浇口 DD 型

　　③导柱、导套的安装形式。根据模具使用要求,模架中的导柱导套可以分为正装与反装两种形式,如图 2.54、图 2.55 所示。

　　根据模具使用要求,模架中的拉杆导柱可分为装在内侧与装在外侧两种形式,如图 2.56、图 2.57 所示。

　　根据模具使用要求,模架中的定模板厚度较大时,导套可配装成图 2.58 所示的结构形式。

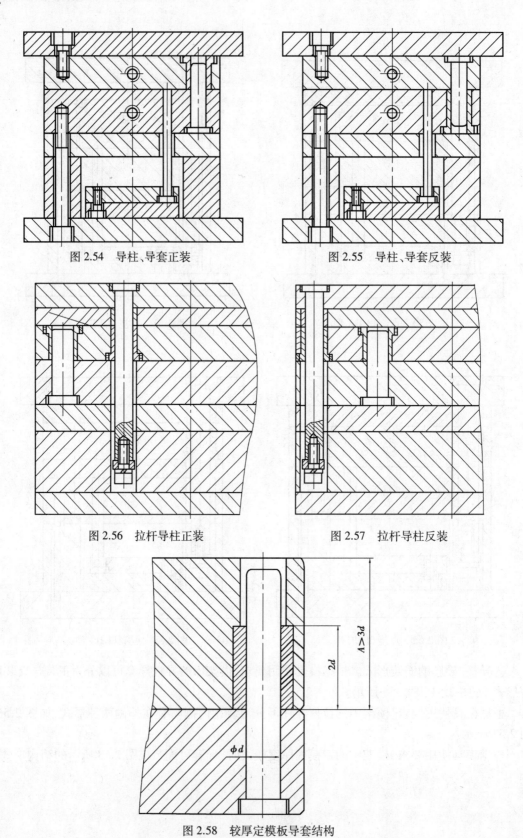

图 2.54 导柱、导套正装

图 2.55 导柱、导套反装

图 2.56 拉杆导柱正装

图 2.57 拉杆导柱反装

图 2.58 较厚定模板导套结构

④基本型模架的型号、系列、规格、标记。

A.型号。每一组合形式代表一个型号。

B.系列。同一型号中,根据定、动模板的周界尺寸(宽×长)划分系列。

C.规格。同一系列中,根据定、动模板和垫块的厚度划分规格。

D.标记。按本标准的模架应有下列标记:模架;基本型号;系列代号;定模板厚度 A,以毫米为单位;动模板厚度 B,以毫米为单位;垫块厚度 C,以毫米为单位;拉杆导柱长度,以毫米为单位;本标准代号。

【例 2.1】模板宽 200 mm、长 250 mm, $A = 50$ mm, $B = 40$ mm, $C = 70$ mm 的直浇口 A 型模架标记如下:

模架　A　2025-50×40×70　GB/T 12555—2006

【例 2.2】模板宽 300 mm、长 300 mm, $A = 50$ mm, $B = 60$ mm, $C = 90$ mm,拉杆导柱长度 200 mm 的点浇口 B 型模架标记如下:

模架　DB　3030-50×60×90-200　GB/T 12555—2006

(2)标准模架的选用

在设计模架时,尽量选用标准模架,即完全采用标准规定的结构形式,在组成零件规定的尺寸范围内予以选用。标准模架的选用方法和步骤如下:

①模架型号的选择:按照制件型腔、型芯的结构形式、脱模动作、浇注形式确定模架结构型号。

②模架系列的选择:根据制件最大外形尺寸、制件横向(侧分型、侧抽芯等)模具零件的结构动作范围、附加动件的布局、冷却系统等选择组成模架的模板板面尺寸(尺寸应符合所选注射机对模具的安装要求),以确定模架的系列。

③模架规格的选择:分析模板受力部位,进行强(刚)度的计算,在规定的模板厚度范围内确定各模板厚度和导柱长度以确定模架的规格。

④模架选择的其他注意事项:

a.模架板面尺寸确定后,导柱、导套、推杆、紧固螺钉孔的孔径尺寸,组配的推板,垫块尺寸均可从标准中找出。

b.考虑制件推出距离和调节模具厚度,确定垫块厚度和推杆长度。

c.核实模架的总厚度是否符合所选注射机要求,不符合时则对某些模块或垫块进行适当增减,使其满足要求。

(3)为肥皂盒体注射模选用模架

模架周界尺寸为 500×500 mm,模具采用的是单分型面,侧浇口形式,对应的模架参考国标可以选择。模架　C　5050-50×50×120　GB/T 12555—2006,如图 2.48 所示。

选好模架后还需对注射机及模具的相关参数进行校核。

①模具厚度的校核。根据所选注射机的种类模具的最大厚度为 400 mm,最小厚度为 230 mm,模具设计时应使模的总高度位于注射机可安装的最大厚度和最小厚度之间,模具的厚度 $H_m = (35+35+50+50+120)$ mm = 290 mm 介于最大与最小厚度之间,因此注射机满足模具厚度要求。

②开模行程的校核。注射机的开模行程是有限的,塑件从模具中取出时所需的开模距离一定要小于注射机的最大开模距离,否则塑件无法从模具中取出:

$$S > H_1 + H_2 + (5 \sim 10)\,\text{mm} \qquad (2.21)$$

式中　S——注射机最大开模行程,查附录 1 得 305 mm;

　　　H_1——推出距离,mm;

　　　H_2——塑件高度,mm。

H_1 设计为 30 mm,塑件高度为 18 mm,$(5 \sim 10)$ mm 取 10 mm,则 $H_1 + H_2 + (5 \sim 10)$ mm = 58 mm,305 mm>58 mm,因此符合开模行程要求。

【思考与练习】

一、填空题

1.直浇口模架基本型分为_____、_____、_____、_____。

2.模架中的导柱导套可分为_____与_____两种形式。

3.点浇口模架基本型分为_____、_____、_____、_____。

二、简答题

请说明模架　DC　80100-100×120×180-400　GB/T 12555—2006 的含义。

学习活动 9　模具图纸的绘制

【学习目标】

能为肥皂盒注射模具绘制装配图纸。

选择好标准模架,根据设计好的浇注系统、成型零件、冷却系统、推出机构等的零件形状、尺寸,合理地布置后再用 AutoCAD 软件绘制装配图。肥皂盒注射模具装配图纸如图 2.59 所示。绘制好装配图再拆画零件图,标准件不用绘制。

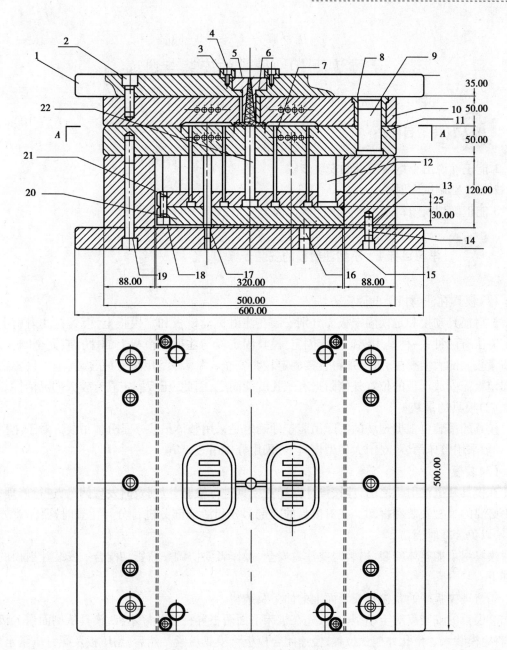

图 2.59　肥皂盒注射模装配图

1—定模座板;2,4,14—定位螺钉;3—定位圈;5—浇口套;6—镶块;7—推杆;8—导套;
9,17—导柱;10—凹模;11—凸模;12—复位杆;13—垫块;15—动模座板;16—限位销;
18—定位螺栓;19—连接螺钉;20—推板;21—推杆固定板;22—拉料杆

学习活动 10　模具的安装与调试

【学习目标】

1.能正确说出小型注射模的安装步骤。
2.能正确调试注射模。
3.能正确判断塑料制品产生缺陷的原因。

学习目标 1　小型注射模的安装步骤

（1）模具在注射机上的固定方法

注射模具动模和定模固定板要分别安装在注射机动模板和定模板上,模具在注射机上的固定方法有两种:一种是用螺钉直接固定,模具固定板与注射机模板上的螺孔应完全吻合,对于质量较大的大型模具,采用螺钉直接固定较为安全;另一种是用螺钉、压板固定。只要在模具固定板需安放压板的位置外侧附近有螺孔就能固定,因此,压板固定具有较大的灵活性。

（2）模具的吊装

模具的吊装可根据现场的实际吊装条件确定是采用整体吊装还是分体吊装。对于小型模具,一般采用整体吊装;对于大中型模具,可采用分体吊装。

（3）装模

在模具装上注射机之前,应按设计图样对模具进行检验,以便及时发现问题,进行修理,减少不必要的重复安装和拆卸。在对模具的固定部分和活动部分进行分开检查时,要注意方向记号,以免合拢时搞错。

模具尽可能整体安装,吊装时要注意安全,操作者要协调一致密切配合。安装注射模的步骤如下:

①清理模板平面及模具安装面上的油污及杂物。

②模具的安装。对于小型模具,先在机床下面两根导柱上垫好木板,模具从侧面送入机架内,将定模装入定位孔并摆正位置,慢速闭合模板将模具压紧。然后,用压板及螺钉压紧定模,并初步固定动模。再慢速开启模具,找准动模位置。并在保证开、闭模具时动作平稳、灵活、无卡紧现象后再将动模用压板螺钉紧固。

动模与定模压紧应平稳可靠,压紧面要大,压板不得倾斜,要对角压紧。压板尽量要靠近模脚。注意在合模时,动、定模压板不能相撞。

③调节锁模机构,以保证机器有足够的开模力和锁模力。

④调节顶出装置,保证顶出距离。调整后,顶板不得直接与模体相碰,应留有 5～10 mm 间隙。开合模具时,顶出机构应动作平稳、灵活,复位机构应协调可靠。

⑤校正喷嘴与浇口套的位置及弧面接触情况。校正时,可用白纸放在喷嘴及浇口套之间,观察二者接触情况。校正后,拧紧注射定位螺钉,进行紧固。

⑥接通冷却水路及电加热器。

冷却水路要通畅、无泄露;电加热器应接通,并应有调温、控温装置,动作灵敏可靠。

⑦先开车空运转,观察各部位是否正常,然后再进行试模,试模前,一定要将工作场地清理干净,并注意安全。

 学习目标2　正确调试注射模

在注射模调试前应按照下列步骤和要求逐一对模具和机床进行检查,不得漏检。

(1)模具外观检查

①检查模具闭合高度、安装机床的各配合尺寸、顶出形式、开模距离、模具工作要求等,要符合选定设备的技术条件。

②检查时注意,大型模具为便于安装及搬运,应有起重孔或吊环;模具外露部分锐角要倒钝。

③检查各种接头、阀门、附件、备件是否齐备。模具要有合模标志。

④检查成型零件、浇注系统表面,应光洁、无塌坑及明显伤痕。

⑤检查各滑动零件的配合间隙是否适当,要求无卡住及紧涩现象,运动要灵活、可靠。起止位置的定位要正确,各镶嵌件、紧固件要牢固,无松动现象。

⑥检查模具的强度是否足够,工作时受力要均匀,模具稳定性要良好。

(2)模具的空载检查

①合模后各承压面(分型面)之间不得有间隙,接合要严密。

②活动型芯、顶出及导向部位运动的滑动要平稳,动作要自如,定位要准确可靠。

③锁紧零件要安全可靠,紧固件无松动现象。

④开模时,顶出部位要保证顺利脱模,以方便取出塑料和浇注系统的废料。

⑤冷却水要通畅、不漏水,阀门控制要正常。

⑥各附件齐全,适应良好。

(3)模具的试模过程

试模人员必须具备成型设备、原料性能、工艺方法以及模具结构等方面的知识。下面简略地介绍试模过程。

①试模前,必须熟悉设备使用情况。熟悉设备结构及操作方法、使用保养知识;检查设备成型条件是否符合模具应用条件及能力。必须对设备的油路、水路以及电路进行检查,并按规定保养设备,作好开车前的准备。

作好工具及辅助工艺配件准备。准备好试模用的工具、量具、夹具;准备好记录本,以记录在试模过程中出现的异常现象及成型条件变化状况。

②原料必须合格。根据推荐的工艺参数将料筒和喷嘴加热。由于制件大小、形状和壁厚的不同,以及设备上热电偶位置的深度和温度表的误差也各有差异,因此,资料上介绍的加工某一塑料的料筒和喷嘴温度只是一个大致范围,还应根据具体条件进行调试。

③在开始试模时,原则上选择在低压、低温和较长的时间条件下成型,然后按压力、时间、温度这样的先后顺序变动。最好不要同时变动2~3个工艺条件,以便分析和判断情况。压力变化的影响,马上就从制件上反映出来,所以如果制件充不满,通常首先是增加注射压力。当

大幅度提高注射压力仍无显著效果时,才考虑变动注射时间和温度。延长时间实质上使塑料在料筒内受热时间加长,注射几次后若仍未充满,最后才提高料筒温度。

④注射成型时可选用高速和低速两种工艺。一般在制件壁薄而面积大时,采用高速注射,壁厚而面积小者采用低速注射,在高速和低速都能充满型腔的情况下,除玻璃纤维增强塑料外,均宜采用低速注射。

⑤确定加料方式。加料方式一般有固定加料法、前加料法和后加料法。

固定加料法:在整个成型周期中,喷嘴与模具一直保持接触,适于一般塑料加工。

前加料法:每次注射后,塑化达到要求注射容量时,注射座后退,直至下一个循环开始时再推进,使模具与喷嘴接触进行注射。

后加料法:注射后注射座后退,进行预塑化,待下一个循环开始,再回复原位进行注射,主要用于结晶性塑料。

⑥对黏度高和热稳定性差的塑料,采用较慢的螺杆转速和略低的背压加料和预塑,而黏度低和热稳定性好的塑料可采用较快的螺杆转速和略高的背压。在喷嘴温度合适的情况下,采用喷嘴固定形式可提高生产率。但当喷嘴温度太低或太高时,需要采用每成型周期向后移动喷嘴的形式(喷嘴温度低时,由于后加料时喷嘴离开模具,减少了散热,故可使喷嘴温度升高;而喷嘴温度太高时,后加料时可挤出一些过热的塑料)。

在试模过程中应作详细记录,并将结果填入试模记录卡,注明模具是否合格。如需返修,则应提出返修意见。在记录卡中应摘录成型工艺条件及操作注意要点,最好能附上加工出的制件,以供参考。

试模后,将模具清理干净,涂上防锈油,然后分别入库或返修。

学习目标3　正确判断塑料制品产生缺陷的原因

在塑料注射成型过程中,由于塑料的品种不同,设备不一,制件互异,因此,所得到制件往往会产生各种各样的问题,有些常见的问题及产生的原因列于表2.21,以供操作者根据生产中的具体情况,采取措施。

表2.21　注射制品易出现的不正常现象、产生原因及解决办法

序号	不正常现象	产生原因	解决办法
1	注不满	①机筒及喷嘴温度偏低 ②模具温度偏低 ③加料量不够 ④剩料太多 ⑤制件超过注射成型机最大注射量 ⑥注射压力太低 ⑦注射速度太慢或太快 ⑧模腔无适当排气孔 ⑨流道或浇口太小 ⑩注射时间太短、柱塞式螺杆退回太早 ⑪杂物堵塞机筒喷嘴或弹簧喷嘴失灵	①提高机筒及喷嘴温度 ②提高模具温度 ③适当增加下料量 ④减少下料量 ⑤选用注射量更大的注射机 ⑥提高注射压力或适当提高温度 ⑦合理控制注射速度 ⑧模具开排气孔 ⑨适当增加浇口尺寸 ⑩增加注射时间及预塑时间 ⑪清理喷嘴及更换喷嘴零件

序号	不正常现象	产生原因	解决办法
2	制品溢边	①注射压力太大 ②模具闭合不紧或单向受力 ③模型平面落入异物 ④塑料温度太高 ⑤制件投影面积超过注射成型机所允许的塑制面积 ⑥模板变形弯曲	①适当减小注射压力 ②提高合模力，调整合模装置 ③清理模具 ④降低机筒及模具温度 ⑤改变制件造型或更换大型注射机 ⑥检修模板或更换模板
3	气泡	①原料含水分、溶剂或易挥发物 ②塑料温度太高或受热时间太长,已降解或分解 ③注射压力太小 ④注射柱塞退回太早 ⑤模具温度太低 ⑥注射速度太快 ⑦在机筒加料端混入空气	①原料进行干燥处理 ②降低成型温度或拆机换新料 ③提高注射压力 ④延长退回时间或增加预塑时间 ⑤提高模温 ⑥降低注射速度 ⑦适当增加背压排气或对空注射
4	凹痕	①流道、浇口太小 ②制品太厚或薄厚悬殊太大 ③浇口位置不适当 ④注射及保压时间太短 ⑤加料量不够 ⑥机筒温度太高 ⑦注射压力太小 ⑧注射速度太慢	①增加流道、浇口尺寸 ②改进制件工艺设计,使制件薄厚相差小 ③浇口开在制件的壁厚处,改进浇口位置 ④延长注射及保压时间 ⑤增加下料量 ⑥降低机筒温度 ⑦提高注射压力 ⑧提高注射速度
5	熔接痕	①塑料温度太低 ②浇口太多 ③脱模剂过量 ④注射速度太慢 ⑤模具温度太低 ⑥注射压力太小 ⑦模具排气不良	①提高机筒、喷嘴及模具温度 ②减少浇口或改变浇口位置 ③采用雾化脱模剂,减少用量 ④提高注射速度 ⑤提高模温 ⑥提高注射压力 ⑦增加模具排气孔
6	制品表面波纹	①机筒温度太低 ②注射压力小 ③模具温度低 ④注射速度太慢 ⑤流道、浇口太小	①提高机筒温度 ②提高注射压力 ③提高模温 ④提高注射速度 ⑤增大流道、浇口尺寸

续表

序号	不正常现象	产生原因	解决办法
7	黑点及条纹	①塑料已分解 ②塑料碎屑卡入注射柱塞和机筒之间 ③喷嘴与模具主流道吻合不良,产生积料,并在每次注射时带入模腔 ④模具无排气孔	①降低机筒温度或换原料 ②提高机筒温度 ③检查喷嘴与模具注口,使之吻合良好 ④增加模具排气孔
8	银纹、斑纹	①塑料温度太高 ②原材料含水量太大 ③注射压力太低 ④流道、浇口太小 ⑤树脂中有低挥发物	①降低模温 ②原材料进行干燥处理 ③提高注射压力 ④增加流道、浇口尺寸 ⑤原料进行干燥处理
9	制品变形	①冷却时间不够 ②模具温度太高 ③制件厚薄相差过大 ④制件脱模杆位置不当,受力不均 ⑤模具前后温度不均 ⑥浇口部分过分的填充作用	①延长冷却时间 ②降低模具温度 ③改进制件厚薄的工艺设计 ④改变制件与脱模杆的位置,使受力均匀 ⑤改进冷却系统设计,使得动、定模的温度一致 ⑥调整浇口类型或位置,减少补料时间
10	裂纹	①模具温度太低 ②制件冷却时间太长 ③制件顶出装置倾斜或不平衡 ④脱模杆截面积太小或数量不够 ⑤嵌件未预热或温度不够 ⑥制件斜度不够	①提高模温 ②减少冷却时间 ③调整顶出装置的位置使制件受力均匀 ④增加脱模杆的截面积或数量 ⑤提高嵌件预热温度 ⑥改进制件工艺设计,增加斜度
11	制品脱皮分层	①不同的塑料混杂 ②同一塑料不同牌号相混 ③塑化不均 ④混入异物	①采用单一品种的塑料 ②采用同牌号的塑料 ③提高成型温度并使之均匀 ④清理原材料,除去杂质

续表

序号	不正常现象	产生原因	解决办法
12	制件强度下降	①塑料降解或分解 ②成型温度太低 ③熔接不良 ④塑料回料用次数太多 ⑤塑料潮湿 ⑥浇口位置不当(如在受弯曲力处) ⑦塑料混入杂质 ⑧制件设计不良,如有锐角、缺口 ⑨围绕金属嵌件周围的塑料厚度不够 ⑩模具温度太低	①适当降低温度或清理机筒 ②提高成型温度 ③提高熔接缝的强度 ④减少回料混入新料的比例 ⑤原料进行干燥 ⑥改变浇口位置 ⑦原料过筛除去杂质和废物 ⑧改进制件的工艺设计,避免锐角、缺口 ⑨嵌件设置在壁厚处,改变嵌件位置 ⑩提高模温

【思考与练习】

一、选择题

1.塑件的表面粗糙度主要与(　　　)有关。

A.塑件的成型工艺　　B.尺寸精度　　　　C.注射机类型　　　　　　D.模具型腔表面的粗糙度

2.下列因素不会造成塑件成型后的表观缺陷是(　　　)。

A.成型工艺条件　　　B.注射机类型　　　C.模具浇注系统设计　　D.塑件成型原材料

3.下列情况不属于表观质量问题的是(　　　)。

A.熔接痕　　　　　　B.塑件翘曲变形　　C.塑件有气泡　　　　　　D.塑件强度小

二、简答题

1.模具的吊装方法有哪些?

2.模具在注射机上有哪些固定方法?

【总结与评价】

1.学习活动总结

通过该学习活动的学习后,如果您能顺利地完成各学习任务的"思考与练习",您就可以继续往下学习。如果不能较好地完成,就再学习相应的学习任务,并对学习过程中遇到的重点、难点、解决办法等进行总结。

2.学习任务评价表

学习任务评价是在该任务所有的学习活动完成后进行的,评价表的内容需如实填写,通过评价,学生能发现自己的不足之处,教师能发现和认识到教学中存在的问题。

班级:_____ 学生姓名:_____ 学号:_____

项　目	自我评价			小组评价			教师评价		
	10~9	8~6	5~1	10~9	8~6	5~1	10~9	8~6	5~1
学习活动1(完成情况)									
学习活动2(完成情况)									
学习活动3(完成情况)									
学习活动4(完成情况)									
学习活动5(完成情况)									
学习活动6(完成情况)									
学习活动7(完成情况)									
学习活动8(完成情况)									
学习活动9(完成情况)									
学习活动10(完成情况)									
参与学习活动的积极性									

续表

项　目	自我评价			小组评价			教师评价		
	10~9	8~6	5~1	10~9	8~6	5~1	10~9	8~6	5~1
信息检索能力									
协作精神									
纪律观念									
表达能力									
工作态度									
任务总体表现									
小　计									
总　评									

注:10 表示最好,1 表示最差。

任课教师:＿＿＿＿＿　　年　月　日

学习任务三
茶杯注射模的设计

【学习任务】

本学习任务围绕茶杯注射模设计的内容来学习,通过完成整个茶杯模具的设计过程来提高注射模具的设计能力。

学习活动 1 注射模具类型的选择

【学习目标】

能正确为茶杯选择合适的注射模具类型。

1)定义

真空干燥法。原料在真空干燥设备中先填满第一个腔体,加热至干燥温度(70~110 ℃),然后移至第二个真空腔体中,真空中水的沸点降低,水分更容易被蒸发且水分扩散加速,一般停留 20~40 min,吸湿性强的原料需 60 min,就可移至第三个腔体中,再移出干燥设备。

2)内容

(1)原料和制件的工艺分析

①原料的性能分析(可参考"学习任务一"的相关内容)。该茶杯成型的原料是客户指定的聚碳酸酯(PC)。

聚碳酸酯属于热塑性无定形塑料,具有无色透明,着色性能好,无毒、耐磨、耐热、耐寒,吸水率较小,化学稳定性好,介电性能好等优点,但也有耐疲劳强度较差,成型内应力大,水敏性强(含水量不得超过 0.2%),吸水易解等缺点,可加玻璃纤维改善。

②原料的成型工艺特性分析。聚碳酸酯虽然吸水率较小,但对微量水分都敏感,在高温成型时会出现银丝、气泡等缺陷,因此原料成型前必须干燥,适宜采用真空干燥法。聚碳酸酯的流动性差(溢边值为 0.06 mm),流动性对温度变化敏感,一般采用提高温度的方法来增加其流

动性,因熔融温度高,成型时适宜用较高的温度和压力。

③茶杯的外形、结构分析。该塑件外形简单,壁厚均匀,为壳类非薄壁塑件,结构对称,外侧表面要求光滑,有支承面、圆角等结构。综上所述,茶杯的外形及结构适合采用注射成型,适宜采用螺杆式注射机。

④编制茶杯的成型工艺卡。查找《中国模具设计大典》可知,聚碳酸酯的注射成型工艺参数见表3.1。

表 3.1　聚碳酸酯注射成型工艺参数

聚碳酸酯 PC	预热和干燥	温度 $T/℃$	110~120	成型时间 t/s	注射时间	20~90
		时间 t/h	8~12		保压时间	0~5
	料筒温度 $T/℃$	后段	210~240		冷却时间	20~90
		中段	230~280		成型周期	40~190
		前段	240~285	螺杆转速 $n/(r·min^{-1})$		28
	喷嘴温度 $T/℃$		240~250	成型设备	方法	红外线灯、鼓风烘箱
	模具温度 $T/℃$		70~120	螺杆式注射机	后处理	温度 $T/℃$	100~110
	注射压力 P/MPa		80~130			时间 t/h	8~12

根据参数表编制茶杯的成型工艺卡,见表3.2。

表 3.2　茶杯注射成型工艺卡

（工厂名称）		注射成型工艺卡片		资料编号		CB-001
车间	ZS-001			共　　页		第　　页
零件名称	茶杯	材料牌号		PC	设备型号	
装配图号		材料定额			每模件数	两件
零件图号		单件质量		86.38 g	工装号	

制件图

材料干燥	设备		红外线灯鼓风烘箱
	温度/℃		120
	时间/h		4
料筒温度/℃	后段		230~270
	中段		230~280
	前段		240~285
喷嘴温度 $T/℃$			240~250
模具温度 $T/℃$			70~120
压力/MPa	注射压力		80~130
	背压		
时间/s	注射时间		20~90
	保压时间		0~5
	冷却时间		20~90
	成型周期		40~190

续表

（工厂名称）		注射成型工艺卡片			资料编号	CB-001
车间	ZS-001				共　页	第　页
后处理	温度/℃	鼓风烘箱 100~110		时间定额	辅助/min	
	时间/h	8~12			单件/min	
检验						
编制	校对	审核	组长	车间主任	检验组长	主管工程师

（2）模具类型的选择

①模具类型的分析。考虑到 PC 材料的热稳定性好，茶杯外观质量的要求较高，且需要侧向抽芯，参考学习活动二的有关内容，模具结构需采用侧向分型与抽芯的点浇口注射模。点浇口的模具一般设计成双分型面模具，而双分型面模具需设计定距分型机构。

②模具类型的选择。根据表 3.3 的内容，选择适合茶杯的注射模类型。

表 3.3　注射模的类型及选择

注射模的分类方法	注射模类型名称	在所选类型栏里打√	选择理由
按其成型塑料的类型	热塑性塑料	√	PC 为热塑性塑料
	热固性塑料		
按其使用注射机的类型	卧式注射机用	√	大批量，适合自动化生产
	立式注射机用		
	角式注射机用		
按模具的型腔数目	单型腔		
	多型腔	√	塑件精度要求不高，生产批量大，生产效率高
按其采用的流道形式	普通流道	√	降低生产成本
	热流道		模具成本高，如果生产批量足够大也可考虑
按注射模的总体结构	单分型面		
	双分型面	√	采用点浇口
	侧向分型与抽芯	√	需侧抽芯才能顺利脱模
	带有活动镶件		
	定模带有推出装置		
	自动卸螺纹注射模具		

综上所述，茶杯的注射模类型应为：卧式注射机用普通流道、双分型面、带侧向分型与抽芯机构的热塑性塑料注射模。

学习活动2　确定型腔数、分型面

【学习目标】

1.能正确为茶杯选择合适的型腔数及型腔的合理布置。

2.能正确为茶杯选择分型面。

学习目标1　正确为茶杯选择合适的型腔数及型腔的合理布置

（1）茶杯模具型腔数量的确定

根据经验，对于注射模来说，型腔数量的选择可参考表3.4。

表3.4　经验法确定型腔的数量

塑件精度	原料种类	塑件质量/g	型腔数量/个	备　注
MT1	不限	不限	1,2	MT1一般不建议采用，2腔针对的是外形简单，质量轻塑件
MT2,MT3	不限	不限	4≤	属于精密级，不能超过4腔
MT4~MT5	无定形塑料	5≤	16~20	单件质量越大，型腔数越少 型腔数一般取偶数 塑件质量超过100 g，一般取一模一腔
		12~16	8~12	
		50~100	4~8	
		≥100	1	
	结晶型塑料	5≤	24~48	
		12~16	16~32	
		50~100	6~10	
		≥100	1	
MT6~MT7	不限	不限	不定	型腔数量在MT4~MT5的基础上，相应增加50%

根据茶杯的形状、尺寸、精度及质量大小，模具型腔数为1~4个。考虑生产效率，模具型腔的布置、模具制造的难易程度等因素，确定茶杯模具的型腔数为2个。

（2）型腔的布置

型腔的布置形式有很多，在布置型腔时，一般要求塑料通过分流道能同时到达浇口进入型腔。

型腔的布局若按分流道的布置特点,可分为平衡式布置和非平衡式布置。若按分流道的布置形状,可分为O形排列(辐射形排列)、I形排列、H形排列、X形、Y形排列和混合形排列等多种形式。

图3.1是O形排列。其主要优点是分流道至各型腔的流程相等,属于分流道的平衡布置,其缺点是不能充分利用模具有效面积,不便于温度调节系统的设计。

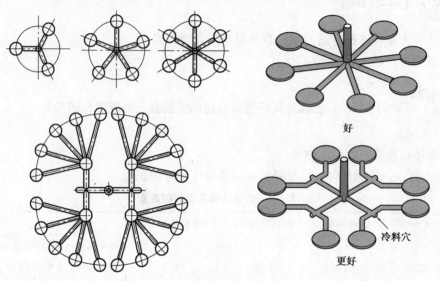

好

冷料穴

更好

图3.1　分流道的几种O形排列

图3.2是分流道平衡式的I、H形排列。其优点是可实现均衡进料和同时充满型腔,使各型腔成型出的制件性能、尺寸基本一致。缺点是流道转弯较多,分流道的流程较长,热量损失较多,压力损失较大。因此,比较适合于PE,PP,PA等流动性较好的塑料。

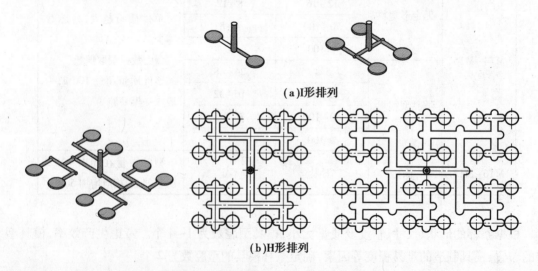

(a)I形排列

(b)H形排列

图3.2　分流道的几种I形、H形平衡式排列

图3.3是分流道非平衡式的I形、H形排列。其优点是型腔排列紧凑,分流道设计简单,便于冷却系统的设计安排。缺点是浇口必须进行适当修正达到各型腔均衡进料。

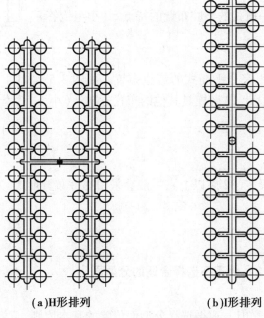

(a)H形排列　　　　　　　　(b)I形排列

图3.3　分流道的 H 形、I 形非平衡式排列

（3）茶杯模具型腔的布置

茶杯模具的型腔采用的是平衡式布置,分流道采用 I 形
排列。因为是一模两腔,所以适合采用分流道 I 形的平衡式
型腔布置,布置时注意茶杯需对称。布置图如图 3.4 所示。

（4）初选注射机

计算茶杯的体积及质量。

①计算茶杯的体积。茶杯体积的计算,需先用 Pro/E
或 UG 等三维造型软件,按图纸建立模型,再通过软件自动
计算其体积和质量。本书采用 Pro/E 建模,通过菜单"分

图 3.4　茶杯模具型腔的布置图

析"→"模型"→"质量属性"可得单个茶杯的体积:$V = 71.988 \text{ cm}^3$。

②计算茶杯的质量。查学习任务一中的表 1.4,或查相关资料可知 PC 的密度为
$\rho = 1.2 \text{ g/cm}^3$。因此,单个茶杯的质量为:$m = \rho V = 1.2 \text{ g/cm}^3 \times 71.988 \text{ cm}^3 = 86.38 \text{ g}$。

因为采用一模两腔,所以两个茶杯的质量为 172.76 g。根据茶杯的质量,成型的工艺参数
等,初选注射机型号为 SZ200/120。因为 SZ200/120 的理论注射量(最大)为 200 cm³。

【思考与练习】

一、简答题

模具型腔有哪些布置形式?（小组抢答）

二、分析题

1.分析平衡式与非平衡式的型腔布置的特点。(小组抢答)

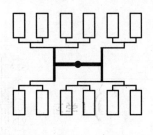

2.12腔模具通常采用完全平衡式的流道布置。如图3.5所示,请根据所学知识,设计12腔模具其他的布置方案。(小组讨论,方案展示)

图3.5 12腔模具的流道布置方案

3.当模具型腔数量很多(32腔以上),一般会采用哪种布置形式,为什么?(课后练习)

学习目标2 为茶杯选择合适的分型面

根据学习任务二所学知识,遵循选择分型面位置的基本原则,茶杯的分型面应选择在塑件外形的最大处,同时,塑件采用侧向分型抽芯,分型面就需选择瓣合分型面。茶杯的分型面如图3.6所示。

侧向分型面

主分型面

图3.6 茶杯的分型面

【思考与练习】

分析题

分析如图3.7所示线圈骨架,请在图中确定一个合理的分型面,并说明理由。

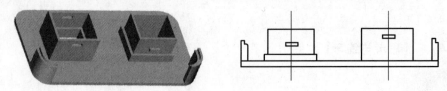

图3.7 制件图

理由:

学习活动 3　浇注系统的设计

【学习目标】

1）定义

比表面积是指表面积与体积之比。

2）内容

模具的浇注系统可设计成普通浇注系统和热流道浇注系统,但是热流道浇注系统结构复杂,成本较高,因此茶杯模具仍然选用普通浇注系统,普通浇注系统由主流道、分流道、浇口、冷料穴等组成,见表 3.5。

表 3.5　普通浇注系统的组成

名　称	主流道	分流道	浇　口	冷料穴
定义、作用及位置	将熔体由喷嘴引向模具,传递注射压力	分支流道,起分流和转向的作用	进入型腔前一段短小的部分。调节控制注入型腔的料流速度、补料时间及防止倒流、封闭型腔	模板上的凹陷,收集和储存前锋冷料,也经常起拉凝料的作用,位于主流道或长分流道的末端

（1）主流道设计

根据学习任务二所学知识,茶杯主流道的设计见表 3.6。

表 3.6　茶杯主流道的设计

主流道图示	主流道尺寸	设计要求
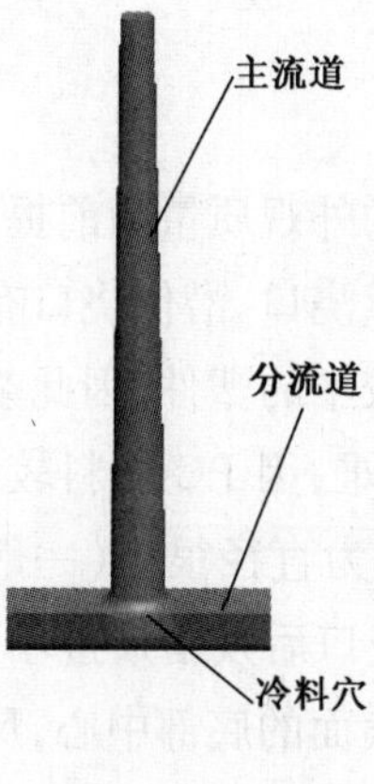	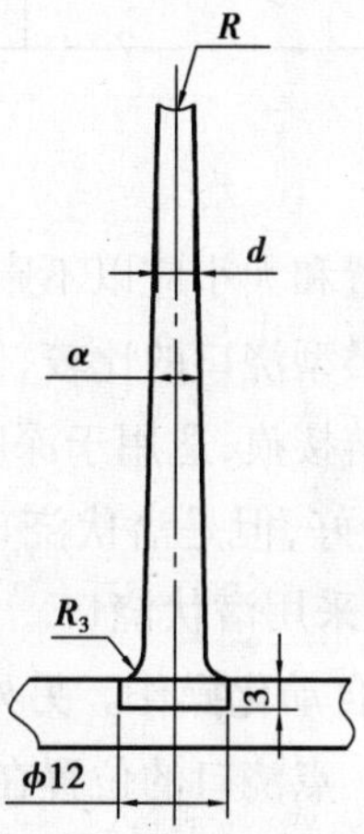	根据手册查得 SZ200/120 型注射机,喷嘴的有关尺寸: 喷嘴球面半径: $R_0 = 15$ mm 喷嘴孔直径: $d_0 = \phi 4$ mm 根据学习任务二所学知识: $\alpha = 2° \sim 6°$ 确定茶杯主流道: ① $R = R_0 + (1 \sim 2)$ mm $= 16$ mm ② $d = d_0 + 0.5$ mm $= 4.5$ mm ③ $\alpha = 2°$

107

（2）分流道设计

分流道的截面形状与使用情况见表 3.7。

表 3.7　分流道截面形状与使用情况

截面形状	圆形	梯形,U 形	半圆形,矩形
比表面积	最小	中等	大
加工性	加工工艺性不好	加工容易	加工容易
使用情况	不常采用	常用	不常采用

分流道常用的是梯形和 U 形截面,因其加工较方便,且热量损失和流动阻力不大。因 PC 材料成型的注射压力较高,根据学习任务二所学知识可知,U 形截面流道效率更高,因此茶杯的分流道采用 U 形截面流道,设计见表 3.8。

表 3.8　茶杯分流道的设计

分流道图示	分流道尺寸	设计要求
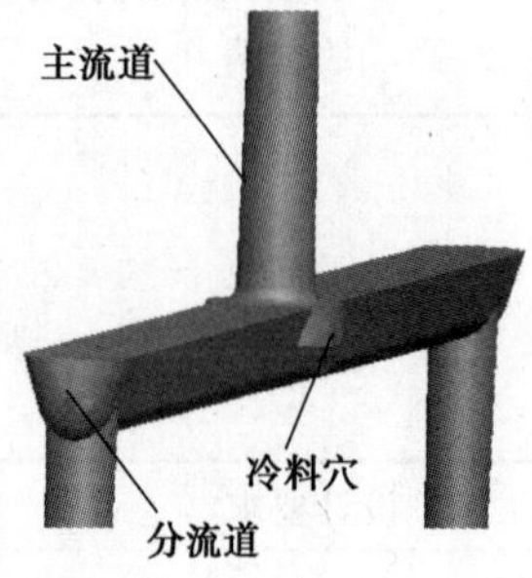	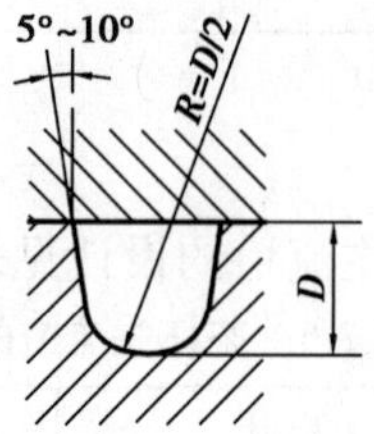	D——浇口直径,mm R——浇口半径,mm 斜度——$5° \sim 10°$ 一般在 $5 \sim 10$ mm 内选择取 ①$D = 8$ mm ②$R = 4$ mm

（3）浇口设计

由于该制件外观质量要求较高,浇口的位置和大小应以不影响制件的外观质量为前提,同时,也应尽量使模具结构更为简单。通过各种类型浇口的比较,侧浇口、点浇口、潜伏浇口有较好的外观质量。但是侧浇口的排气性不好、有熔接痕,适用于深度不高,较平的塑件,因此茶杯不适合采用侧浇口。潜伏浇口的外观质量是最好,但是潜伏浇口加工困难,因 PC 材料较硬,不利于切断,对模具的磨损较大,所以也不适合采用潜伏浇口。点浇口因为直径很小（一般为 0.5~1.5 mm）,开模时浇口可自动拉断,有利于自动化操作。另外,去除浇口后残留痕迹小,满足制件外观质量要求,所以最终选择了点浇口。点浇口的位置在茶杯外表面的底部中心,尺寸见表 3.9。

表 3.9　茶杯点浇口的设计

点浇口图示	点浇口尺寸	设计要求
 分流道　浇口　塑件	20°~30°　$R \approx 1.5d$　0.8　c　l　d　60°	d——浇口直径,mm c——浇口直径最小段长度,mm l——浇口总长,mm ①$d = 2$ mm,点浇口直径一般取(0.5~1.5 mm),PC 材料的点浇口直径不宜小于 1.5 mm,所以取 2 mm ②$c = 3$ mm,经验取值(2~3 mm) ③$l = 4.5$ mm,经验取值(3~6 mm)

(4)冷料穴设计

冷料穴的设计见表 3.6。该冷料穴的设计利用了主流道与分流道结合部位,设计了圆环结构,可代替拉料杆的作用。其结构简单,制造方便。

为茶杯选择的浇注系统如图 3.8 所示。

【思考与练习】

图 3.8　茶杯浇注系统图

分析题

如图 3.9 所示灯座要求外形美观,色泽鲜艳,外表面无斑点及熔接痕,生产批量 25 万件,公差等级 5 级,分析制件完成表 3.10。

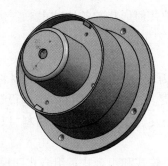

图 3.9　灯座外形图

表 3.10　灯座的浇口设计

项　目	1	2	3
浇注系统图示			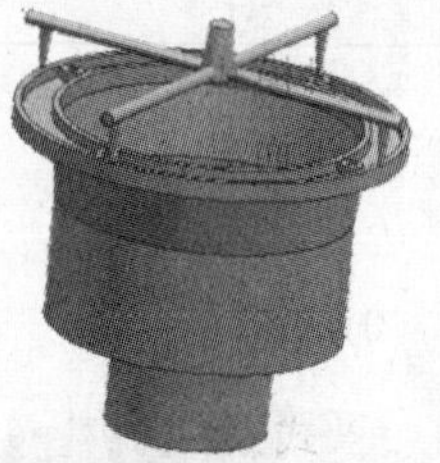
浇口的类型			
浇口的位置			
浇口的特点			
浇口的选择 （栏内打"√"）			
选择的理由			

学习活动 4　成型零件的设计

【学习目标】

能正确为茶杯设计成型零件。

1）定义

成型零件是指直接与塑料接触、成型制件的零件，也就是构成模具型腔的零件。成型制件外表面的零件为凹模，成型制件内表面的零件为凸模。

工作尺寸是指成型零部件中与塑料接触并决定制件几何形状的各处尺寸。

2）内容

（1）成型零件的结构设计

在现代模具中，一套模具的平均寿命为 10 万~30 万模，所以对成型零件的材料要求（强度、刚度、硬度和耐磨性等）很高，通常这些材料也较昂贵。进行成型零件的结构设计时，既要考虑保证获得合格的制件，又要便于加工制造，还要注意尽量节约贵重模具材料，以降低模具成本。

①凹模的结构设计。凹模的基本结构形式可分为整体式和组合式。组合式凹模又可分为整体嵌入式、镶拼组合式和瓣合式等类型。凹模的结构形式与特点见表 3.11。

表 3.11　凹模的结构形式与特点

结构形式		结构图示	特　点	使用场合
整体式：凹模由整块材料加工而成		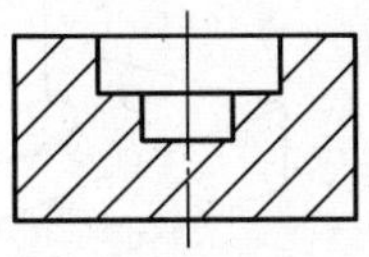	强度高、刚性好，不会使制件产生拼接缝痕迹便于模具装配但热处理不方便	制件形状简单的中小型模具
整体嵌入式：将凹模作为整体式，再嵌入模具的模板内		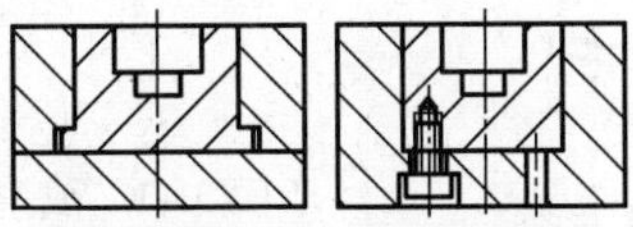 凸肩垫板固定　沉孔螺钉固定	凹模的加工工艺未改善；某个凹模损坏后可单独更换；节省贵重钢材；易于维修更换	制件尺寸较小、外表面简单的多型腔模具
镶拼组合式	局部镶拼式：将凹模中难加工、易磨损的部位做成镶件	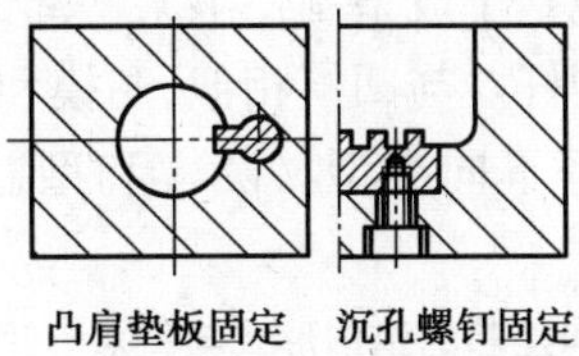 凸肩垫板固定　沉孔螺钉固定	易磨损，镶件部分易加工，易更换	局部特别容易磨损，局部加工比较困难的模具
镶拼组合式	底部镶拼式：整体底部与整体侧壁拼合	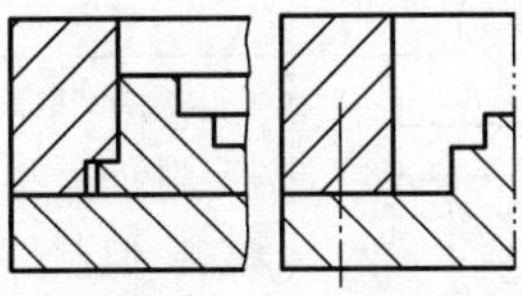 凸肩垫板固定（凹模做成通孔形式，再镶上底部）	强度、刚度较差，底部易造成飞边	凹模底部复杂或较大的型腔
镶拼组合式	侧壁镶拼式：整体底部与组合侧壁组合	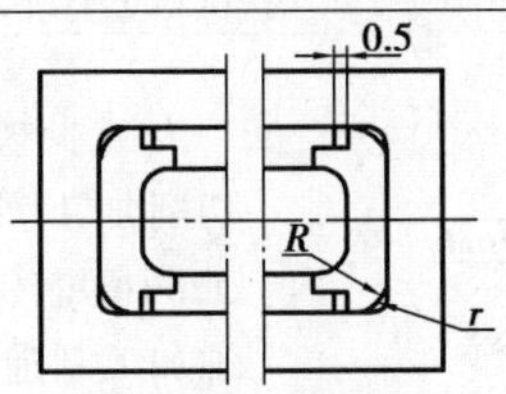 锁扣连接，模套箍合	便于加工、利于淬透、减少热处理变形、节省模具钢材；注意锁扣设计	大型复杂凹模
瓣合式	由两瓣或多瓣组成	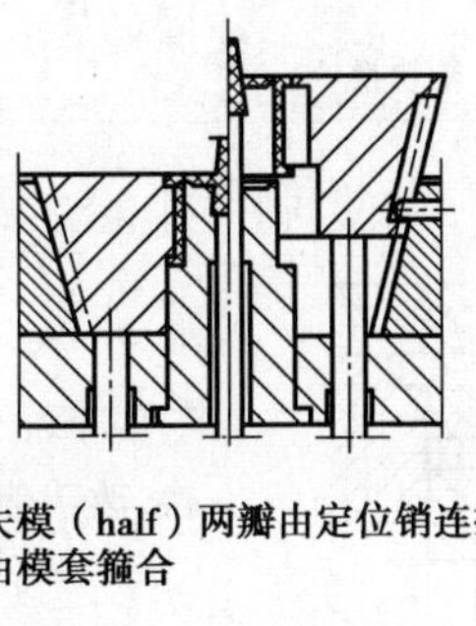 哈夫模（half）两瓣由定位销连接再由模套箍合	成型时瓣合，开模时瓣开	成型侧壁有凸凹形状制件的凹模

茶杯侧壁有茶杯柄，成型时需要侧向分型抽芯，因此凹模的结构形式需采用瓣合式，如图3.10所示。

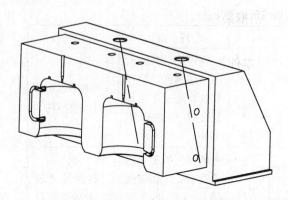

图 3.10　成型茶杯的瓣合式凹模

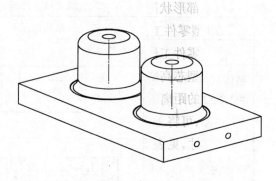

图 3.11　成型茶杯的整体式凸模

②凸模和型芯的结构设计。凸模和型芯二者没有严格的区别。一般可以认为凸模是成型制件主体内表面的模具零部件,而型芯还包括了成型制件上某些局部特殊内形或局部孔、槽等所用的模具零部件,可称其为小型芯或成型杆。与凹模相似,凸模和型芯的结构形式可分为整体式、整体嵌入式、镶拼组合式及活动式等不同类型。凸模和型芯的结构形式与特点见表3.12。

表 3.12　凸模和型芯的结构形式与特点

结构形式	结构图示	特　点	使用场合
整体式:凸模由整块材料加工而成	台肩连接、定位　　螺钉连接、销钉定位	结构牢靠、不易变形、制件无拼缝的溢料痕迹,但制件内表面形状复杂时难加工,模具材料消耗量大	成型形状简单制件的中小型模具
嵌入式:嵌入模具中的小型芯(成型杆)或成型镶块	凸肩、垫板固定;螺塞紧固,能快换	为减少模具零件的切削加工量和便于加工,小型芯(成型杆)单独加工制造后,再被嵌入模具中的安装孔内固定	成型有小孔、凹槽、异形结构制件的模具
镶拼组合式:凸模由多个型芯或镶块镶拼组合而成		便于加工、维修或更换,改善热处理工艺性	制件内形比较复杂、凸模加工制造难度较大时选用

112

茶杯内部形状简单,无小孔、凹槽等结构,因此凸模采用整体式结构,如图 3.11 所示。

(2)成型零件工作尺寸的计算

①成型零件工作尺寸分类及其有关规定。成型零件工作尺寸包括凹模和型芯径向尺寸、凹模深度与型芯高度尺寸、成型零件中心距(如孔间距、型芯间距、孔或凸台中心到凹模或主型芯侧表面的距离等)。如图 3.12 所示,根据与塑料熔体或制件之间产生摩擦损失之后尺寸的变化趋势,可将工作尺寸分为 3 类,根据分类,采用平均收缩率为基准的平均值法计算成型零件工作尺寸,见表 3.13。

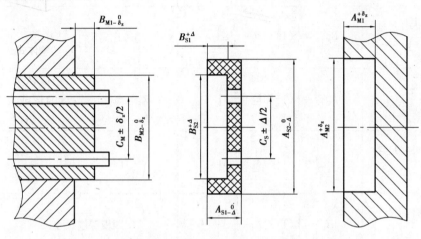

图 3.12　成型零件工作尺寸和制件尺寸的标注形式

表 3.13　成型零件工作尺寸计算

尺寸类别	制件尺寸	模具零件对应尺寸	计算公式	说　明
A 类尺寸 孔类尺寸 (磨损后有变大趋势)	$A_S{}_{-\Delta}^{\ 0}$	凹模径向 $A_M{}_{\ 0}^{+\delta_z}$	$A_M{}_{\ 0}^{+\delta_z} = \left[(1+S)A_S - x\Delta\right]_{\ 0}^{+\delta_z}$	①$S = (S_{max}+S_{min})/2$ ②公差标注需与表相符 ③制件尺寸大、精度低时,$x=1/2$;尺寸小、精度较高时,$x=3/4$ ④大型制件应稳定工艺,使 S 变化小,来保证质量 ⑤小型制件主要是提高制造精度,减少磨损 ⑥$\delta_z = (1/6\sim1/3)\Delta$ 这里取 $1/3\Delta$
	$H_S{}_{-\Delta}^{\ 0}$	凹模深度 $H_M{}_{\ 0}^{+\delta_z}$	$H_M{}_{\ 0}^{+\delta_z} = \left[(1+S)H_S - \dfrac{2}{3}\Delta\right]_{\ 0}^{+\delta_z}$	
B 类尺寸 轴类尺寸 (磨损后有变小趋势)	$B_S{}_{\ 0}^{+\Delta}$	型芯径向 $B_M{}_{-\delta_z}^{\ 0}$	$B_M{}_{-\delta_z}^{\ 0} = \left[(1+S)B_S + x\Delta\right]_{-\delta_z}^{\ 0}$	
	$h_S{}_{\ 0}^{+\Delta}$	型芯高度 $h_M{}_{-\delta_z}^{\ 0}$	$h_M{}_{-\delta_z}^{\ 0} = \left[(1+S)h_S + \dfrac{2}{3}\Delta\right]_{-\delta_z}^{\ 0}$	
C 类尺寸 中心距类尺寸(磨损后基本不变)	$C_S \pm \Delta/2$	孔间距、型芯中心距 $C_M \pm \delta_z/2$	$C_M \pm \dfrac{\delta_z}{2} = \left[(1+S)C_S\right] \pm \dfrac{\delta_z}{2}$	

②茶杯模具成型零件工作尺寸计算。茶杯模具的型芯尺寸计算,根据制件图(参考本任务学习活动 1 中的表 3.2),塑件内形高度尺寸为 77,内径尺寸为 76。制件采用 MT5 精度,查附录 1 可知,对应的塑件尺寸为:$77^{+0.86}_{0}$,$76^{+0.86}_{0}$。查相关的设计手册,PC 的收缩率为 0.5%~0.8%,可取平均收缩率为 0.6%,模具的制造公差取 $\delta_z = \Delta/3$,$\delta_C = \Delta/6$,$x = 3/4$,根据成型零件工作尺寸计算公式可得对应的型芯尺寸见表 3.14。表格空白处请计算并填写完整。

表 3.14　茶杯模具成型零件工作尺寸的计算　　　　　　单位:mm

制件尺寸	计算公式	模具零件对应尺寸
内径尺寸 $76^{+0.86}_{0}$	$B_{M}{}^{0}_{-\delta_z} = \left[(1+S)B_S + \dfrac{3}{4}\Delta\right]^{0}_{-\delta_z}$	型芯径向尺寸:$77.10^{0}_{-0.29}$
内深尺寸 $77^{+0.86}_{0}$	$h_{M}{}^{0}_{-\delta_z} = \left[(1+S)h_S + \dfrac{2}{3}\Delta\right]^{0}_{-\delta_z}$	型芯高度尺寸:$78.035^{0}_{-0.29}$
外径尺寸 $82^{0}_{-1.2}$	$A_{M}{}^{+\delta_z}_{0} = \left[(1+S)A_S - \dfrac{3}{4}\Delta\right]^{+\delta_z}_{0}$	凹模径向尺寸:
外高尺寸 $83^{0}_{-1.2}$	$H_{M}{}^{+\delta_z}_{0} = \left[(1+S)H_S - \dfrac{2}{3}\Delta\right]^{+\delta_z}_{0}$	凹模深度尺寸:

③计算凹模和型芯尺寸时的注意事项。

a.对一些制件需要热处理时,应考虑热处理或吸湿处理后制件的再收缩或膨胀。

b.制件间要求有相互配合的部分时,要留余量,即凹模成型尺寸应向偏小的方向设计,型芯成型尺寸应向偏大的方向设计,可留有修大凹模尺寸及修小型芯尺寸的余地。

c.对一些大型模具要注意成型零件的热膨胀量 $Q = a(t - t_0)A$。
其中,a 为模具金属材料热膨胀系数;t_0 为模具常温;t 为模具工作温度;A 为模具尺寸。

d.制件收缩率范围较大,但按平均收缩率计算尺寸时,为防止收缩过量可预先验算:
若制件尺寸为轴类尺寸,则 $\Delta > D(S_{max} - S_{min}) + \delta_z$
若制件尺寸为孔类尺寸,则 $\Delta > d(S_{max} - S_{min}) + \delta_z$
若制件尺寸为中心距尺寸,则 $\Delta > L(S_{max} - S_{min}) + \delta_z$
其中,D 为凹模最大尺寸;d 为型芯最大尺寸;L 为模具中心距最大尺寸。

(3)成型零件壁厚及底板厚度的计算

成型零件壁厚及底板厚度的计算一般有计算法、查表法、经验法。计算法涉及材料的强度、刚度等多方面,且计算公式较复杂,计算过程烦琐,而经验值和计算结果相接近。因此在设计过程中常采用经验数据及查询相关设计手册。

①矩形型腔壁厚尺寸。矩形型腔壁厚尺寸的经验推荐数据见表 3.15,供设计时参考。

表 3.15　矩形型腔壁厚尺寸经验数据

型腔宽度 a/mm	整体式型腔	镶拼式型腔	
	型腔壁厚 S/mm	型腔壁厚 S_1/mm	模套壁厚 S_2/mm
<40	25	9	22
40~50	25~30	9~10	22~25
50~60	30~35	10~11	25~28
60~70	35~42	11~12	28~35
70~80	42~48	12~13	35~40
80~90	48~55	13~14	40~45
90~100	55~60	14~15	45~50
100~120	60~72	15~17	50~60
120~140	71~85	17~19	60~70
140~160	85~95	19~21	70~78

②圆形型腔壁厚尺寸。圆形型腔壁厚尺寸的经验推荐数据见表 3.16,供设计时参考。

表 3.16　圆形型腔壁厚尺寸经验数据

型腔直径 d/mm	整体式型腔	镶拼式型腔	
	型腔壁厚 S/mm	型腔壁厚 S_1/mm	模套壁厚 S_2/mm
<40	20	7	18
40~50	20~22	7~8	18~20
50~60	22~28	8~9	20~22
60~70	28~32	9~10	22~25
70~80	32~38	10~11	25~30
80~90	38~40	11~12	30~32
90~100	40~45	12~13	32~35
100~120	45~52	13~16	35~40
120~140	52~58	16~17	40~45
140~160	58~65	17~19	45~50

③茶杯模具型腔壁厚尺寸的计算。茶杯模具的型腔为圆形,直径为 82 mm,参考表 3.16 中的相关数据,根据经验值型腔壁厚取 38~40 mm,侧壁壁厚取 39mm,如图 3.13 所示。

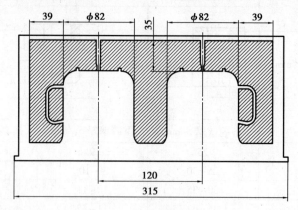

图 3.13　茶杯模具型腔壁厚

④型腔底板厚度的计算。型腔底板厚度示意图如图 3.14 所示,型腔底板厚度 t_h 的经验推荐数据见表 3.17,供设计时参考。

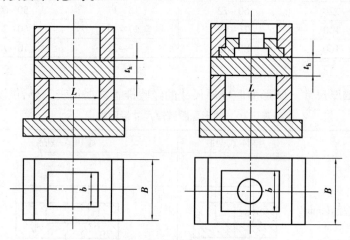

图 3.14　型腔底板厚度示意图

L—支承宽度;b—凹模宽度;B—底板宽度

表 3.17　型腔底板厚度尺寸的经验数据

B/mm	$b \approx L$	$b \approx 1.5L$	$b \approx 2L$
$\leqslant 102$	$t_h = (0.12 \sim 0.13)b$	$t_h = (0.1 \sim 0.11)b$	$t_h = 0.08b$
$>102 \sim 300$	$t_h = (0.13 \sim 0.15)b$	$t_h = (0.11 \sim 0.12)b$	$t_h = (0.08 \sim 0.09)b$
$>300 \sim 500$	$t_h = (0.15 \sim 0.17)b$	$t_h = (0.12 \sim 0.13)b$	$t_h = (0.09 \sim 0.10)b$

注:当压力 $P_M < 29$ MPa,$L > 1.5B$ 时,表中数值乘以 1.25~1.35;当压力 $P_M < 49$ MPa,$L > 1.5B$ 时,表中数值乘以1.25~1.35。

⑤茶杯模具型腔底板厚度的计算。参考相关设计手册,根据经验数据,型腔底部厚度设计为 35 mm,如图 3.13 所示。

【思考与练习】

一、计算题

如图 3.15 所示制件的材料为 PC+ABS,平均收缩率为 0.5%,根据尺寸 D, A_1, A_2, A_3 的极限值,将制件尺寸正确标注形式和相应模具成型零件工作部分尺寸填写在表 3.18 中。计算过程填写在图 3.15 下面的空白处。

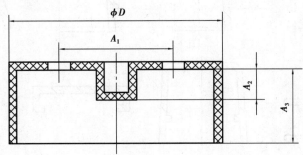

图 3.15　制件尺寸

表 3.18　成型零件工作尺寸计算结果

尺寸名称	最大极限尺寸	最小极限尺寸	制件尺寸标注形式	模具工作部分尺寸
D	50.5	50		
A_1	30.1	29.9		
A_2	10.1	9.9		
A_3	20.5	20.22		

二、分析题

分析如图 3.16 所示的整体嵌入式凹模的固定方式是否正确,如有错请改正。

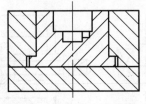

图 3.16　整体嵌入式凹模

学习活动 5　侧抽芯机构的设计

【学习目标】

能正确为茶杯模具设计侧抽芯机构。

1)定义

斜导柱倾斜角是指斜导柱轴线方向与开模方向的夹角。

2)内容

注射成型的制件有侧孔、侧凹或侧凸台时,如图 3.17 所示,通常采用侧向分型抽芯方法成型。具有侧抽芯机构的注射模,其可动零件多,动作复杂,设计可靠、灵活和高效的侧抽芯机构也就较为困难,因此侧抽芯机构的设计及改进也就成了设计人员的工作重点之一。

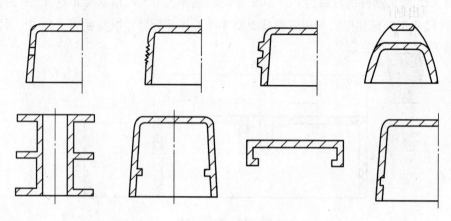

图 3.17　成型时需侧抽芯的制件

(1)侧抽芯机构的分类和特点

侧抽芯机构的种类很多,按动力来源可分为手动、液动或气动、机动 3 种类型。

①手动抽芯机构。

手动抽芯机构是用手工方法或手工工具将侧型芯或侧凹模抽出的方法,可分为模内手动抽芯和模外手动抽芯。主要用于试制和小批量生产。

A.模内手动抽芯。在开模前用手动工具将侧型芯或侧凹模从制件中抽出,抽芯时多利用丝杆、螺母、齿轮、斜槽等装置来进行。如图 3.18(a)所示为侧型芯截面为圆形的模内手动抽芯机构,如图 3.18(b)所示为侧型芯截面为非圆形的模内手动抽芯机构。

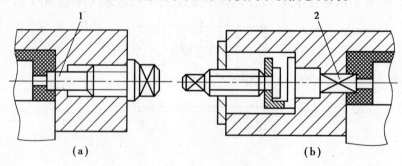

图 3.18　模内手动抽芯机构

1—圆形截面侧型芯;2—非圆形截面侧型芯

B.模外手动抽芯。侧型芯或侧凹模随制件一同脱出模外后,再用手动工具将侧型芯或侧凹模抽出。

手动抽芯机构的特点是:结构简单,但劳动强度大、生产效率低,故仅适用于制件的小批量生产。

118

②液动或气动抽芯机构。侧型芯或侧凹模依靠液压传动或气压传动机构抽出。

如图 3.19 所示为液动或气动侧向抽芯机构示意图,图(a)为液动或气动侧向抽芯机构的基本结构零件;图(b)为利用液动或气动抽芯机构使侧型芯滑块移动的情况。该机构设置了滑块的锁紧装置,当侧型芯滑块承受的侧压力很小时,可利用液压缸或汽缸的压力直接锁紧滑块,无须设置滑块的锁紧装置。其工作原理是:成型时,侧型芯滑块 4 由定模上的楔紧块 6 锁紧;开模时,首先由液压缸或汽缸产生液压或气压通过活塞杆 7 传递到侧型芯滑块 4 抽出侧型芯,然后再顶出制件。顶出机构复位后,侧型芯再由液压或气压复位。

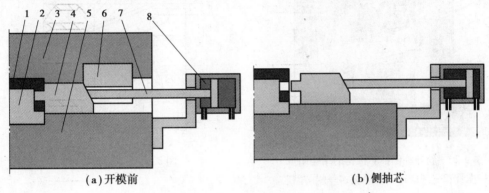

(a)开模前　　　　　　　　　　**(b)侧抽芯**

图 3.19　液动或气动侧抽芯机构
1—制件;2—型芯;3—定模板;4—侧型芯滑块;5—动模板;
6—楔紧块;7—活塞杆;8—液压缸或汽缸

液动或气动抽芯的特点:优点是侧向活动型芯或凹模的移动不受开模时间和顶出时间的影响,传动平稳,其可得到较大的抽拔力和较长的抽芯距,多用于大型管件制件(如弯头、三通接头等)或需要很大侧抽芯距离的场合;缺点是由于受模具结构和体积的限制,液压缸的尺寸往往不能太大,而且一般注射机没有抽芯液压缸或汽缸,需另行设计液压或气压抽芯系统。

③机动侧抽芯机构。利用注射机的开模运动和动力,通过传动零件将侧型芯和侧凹模抽出。这种机构结构比较复杂,但抽芯不需人工操作,生产效率高,与液动或气动抽芯机构相比,无须另行设计液压或气压抽芯系统,成本较低。根据传动零件的不同,机动抽芯又可分为斜导柱侧抽芯、斜滑块侧抽芯、弯销侧抽芯、斜导槽侧抽芯、弹簧侧抽芯、齿轮齿条侧抽芯等多种抽芯形式。

(2)斜导柱侧抽芯机构的设计

①斜导柱侧抽芯机构的结构设计。斜导柱侧抽芯机构是利用斜导柱等零件把开模力传递到侧型芯及滑块,使其产生侧向移动完成抽芯动作。该结构主要由斜导柱、滑块、楔紧块和定位装置等组成,如图 3.20 所示。斜导柱的作用是传递开模力,驱动滑块及滑块的复位。为使滑块侧向移动,斜导柱在安装时需与模具开模方向成一定角度,且斜导柱伸入滑块的斜孔之中。为了保证准确抽芯和滑块的可靠复位,还需定位装置。而楔紧块是在注射成型时将滑块压紧,并使滑块最终复位到原始位置,此时斜导柱与滑块间留有间隙。

②斜导柱的设计。

A.斜导柱的安装形式。如图 3.21 所示,斜导柱与滑块斜孔之间应保持 0.5~1 mm 的双边间隙,这样,斜导柱只起驱动滑块的作用,它们之间的间隙有利于滑块灵活运动。滑块运动的平稳性由导滑槽与滑块之间的配合精度保证;滑块的最终位置由楔紧块保证。图中 α 为斜导柱的倾斜角,S 为抽芯距,α′为楔紧块的斜角,一般设计为 α′=α+(2°~3°)。

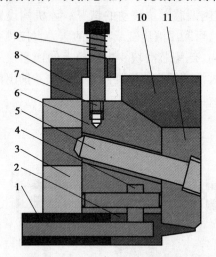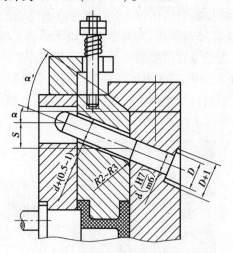

图 3.20 斜导柱侧抽芯机构的结构组成

1—推管;2—制件;3—动模板;4—侧向型芯;

5—斜导柱;6—滑块;7—螺钉;8—限位挡块;

9—弹簧;10—楔紧块;11—定模座板

图 3.21 斜导柱安装形式

斜导柱的材料多用 T8A,T10A,20Cr,GCr15,20,45 钢,经渗碳、淬火处理,硬度在 55HRC 以上。表面粗糙度 Ra 为 0.8~1.6 μm,斜导柱与其固定的模板之间常采用 H7/m6 的过渡配合。

B.斜导柱的结构。斜导柱的形状如图 3.22 所示。其工作端部的结构可设计成半球形或锥台形。当设计成锥台形时,必须注意斜角 θ,一般设计为 θ=α+2°~3°。

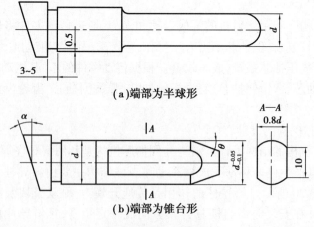

(a)端部为半球形

(b)端部为锥台形

图 3.22 斜导柱形状

C.斜导柱的工作参数。斜导柱的工作参数包括抽芯距 S、倾斜角 α、弯曲力 F_W、直径 d、工作长度 L、最小开模行程等,下面讨论各参数的确定。

a.抽芯距的计算。抽芯距 S 是指将侧型芯从成型位置抽至不妨碍制件取出位置时,侧型芯滑块所需移动的距离。抽芯距通常比制件的侧孔或侧凹的深度(图 3.23 所示的 S_2)大 2~

3 mm,但侧型芯滑块在脱出侧孔或侧凹后,如果其几何位置有碍于制件脱模,抽芯距不能简单地按这种方法确定,如回转体类外形制件。如图3.24所示为成型圆筒形线圈骨架的侧抽芯注射模,其抽芯距S应为

$$S = S_1 + (2 \sim 3)\text{mm} = \sqrt{R^2 - r^2} + (2 \sim 3)\text{mm} \tag{3.1}$$

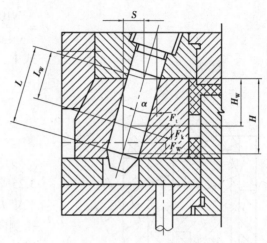

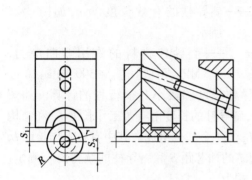

图3.23　抽芯距的计算　　　　　　　　图3.24　斜导柱受力分析

在设计时尽量使侧抽芯的距离短,对于矩形外形制件分型面应设计在长边侧,短边作为侧抽芯。

b.抽芯力的计算。将侧向活动型芯从制件中抽拔出所需的力称为抽芯力F_t,其计算同脱模力的计算,也可按以下简要公式计算。

$$F_t = lhp_2(f_2\cos\theta - \sin\theta) \tag{3.2}$$

式中　l——活动型芯被制件抱紧的断面形状周长,mm;

　　　　h——成型部分的深度,mm;

　　　　θ——侧孔或侧凹的脱模斜度,(°);

　　　　p_2——制件对型芯单位面积的挤压力,一般取8~12 MPa;

　　　　f_2——制件与钢的摩擦系数,一般取0.1~0.2。

c.斜导柱倾斜角α。如图3.24所示,确定α时要综合考虑抽芯距S以及斜导柱所受的弯曲力F_W。

d.斜导柱所受弯曲力F_W的计算。如图3.24所示,斜导柱所受的弯曲力F_W主要取决于抽拔力F_t和倾斜角α,其简化公式为

$$F_W = \frac{F_t}{\cos\alpha} \tag{3.3}$$

斜导柱的倾斜角,从式(3.3)可知,抽拔力F_t一定时,倾斜角α越小,斜导柱所受的弯曲力F_W也越小;但当斜导柱的有效工作长度一定时,若倾斜角α减小,抽芯距S也将减小,这对侧抽芯不利。故确定斜导柱的倾斜角α时,要兼顾抽芯距以及斜导柱所受的弯曲力,通常采用15°~20°,一般不大于25°。

e.斜导柱直径的计算。斜导柱的直径取决于它所受到的最大弯曲力,按斜导柱所受的最

大弯曲应力小于其许用弯曲应力的原则,直径的计算公式为:

$$d = \sqrt[3]{\frac{10F_\mathrm{w}H}{\cos \alpha \left[\sigma\right]_{弯}}} \tag{3.4}$$

或者

$$d = \sqrt[3]{\frac{10PL_2}{\left[\sigma\right]_{弯}}} \tag{3.5}$$

式中　H——抽芯孔中心与 A 点的垂直距离,mm;

　　　L_2——斜导柱的有效长度,mm,如图 3.25 所示;

　　　$\left[\sigma\right]_{弯}$——斜导柱材料的许用弯曲应力,MPa,可取$\left[\sigma\right]_{弯}=300$ MPa。

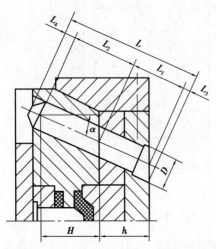

图 3.25　斜导柱尺寸

f.斜导柱长度和最小开模行程的计算。如图 3.25所示,斜导柱的长度由有效工作长度 L_2 和结构长度 L_1,L_3,L_4 4 个部分组成。其中有效工作长度 L_2 由侧向型芯的抽芯距 S 和斜导柱的倾斜角 α 确定,其计算公式为:

$$L_2 = \frac{S}{\sin \alpha} \tag{3.6}$$

斜导柱的结构长度 L_1 和 L_3 由模板厚度 h 和斜导柱凸肩直径确定,L_4 为 5~10 mm,斜导柱的总长度计算公式为:

$$L = L_1 + L_2 + L_3 + L_4 = \frac{h}{\cos \alpha} + \frac{S}{\sin \alpha} + \frac{d}{2}\tan \alpha + (5 \sim 10)\,\text{mm} \tag{3.7}$$

如图 3.24 所示,在一般情况下,开模方向与滑块抽拔方向是垂直的,此时,为保证侧向型芯完成从制件拔出,模具的最小开模行程为:

$$H = S \sin \alpha \tag{3.8}$$

D.斜导柱的常用系列尺寸,见表 3.19。

表 3.19　斜导柱常用尺寸

公称直径 d/mm		D/mm	H/mm	斜导柱固定孔公差(H7)/mm
尺寸	公差(m6)			
12	+0.019	17	10	+0.019
15	+0.007	20	12	0
20	+0.023	25	15	+0.023
25	+0.008	30		0
30	+0.027	35	20	+0.027
35	+0.009	40		0
40		45	25	

斜导柱设计的一般步骤如下：

a.初选倾斜角,再根据抽芯距和相关模板厚度确定斜导柱长度；

b.根据抽拔力的大小和斜导柱的安装空间,由表3.19选取斜导柱直径；

c.最后进行斜导柱弯曲强度校核。

③滑块设计。滑块在导滑过程中,运动必须平稳、顺利,才能保证滑块在模具成型过程中不发生卡滞或跳动现象,否则会影响制件质量、模具寿命等。

A.滑块与侧向型芯(或成型镶块)的连接。斜导柱抽芯机构的滑块分为整体式和组合式两种。整体式就是侧向型芯(或成型镶块)和滑块为一个整体；而组合式则是侧向型芯(或成型镶块)单独制造后,再装配到滑块上,如图3.26所示。在实际中广泛使用的是组合式结构,这不但有利于节约优质钢材,而且使机加工变得更为容易。

图3.26(a)采用的是侧型芯嵌入单销钉固定,需注意滑块上不但需加工出斜导柱的导滑孔,而且还要加工与导滑孔相交并和侧型芯相连的通孔,其目的是便于侧型芯的取出。

图3.26(b)采用双骑缝销是为了提高侧型芯的强度,适当加大了侧型芯嵌入部分的尺寸。

图3.26(c)采用燕尾槽式连接,适用于侧型芯较大的场合,但加工难度较大。

图3.26(d)采用螺塞固定,适用于圆形截面小型芯,型芯的一端可加粗,更换较方便。

图3.26(e)采用侧向嵌入双销钉固定,适用于扁平、薄片状型芯,拆装较方便。

图3.26(f)采用螺栓压板固定,适用于多型芯场合。

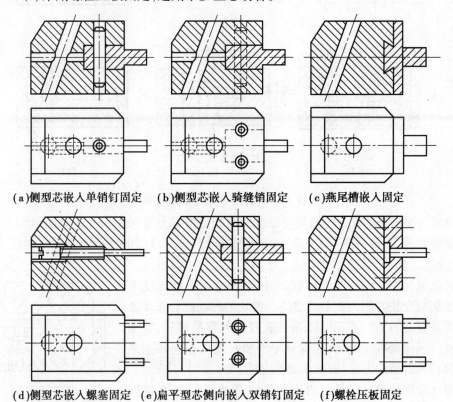

(a)侧型芯嵌入单销钉固定　　(b)侧型芯嵌入骑缝销固定　　(c)燕尾槽嵌入固定

(d)侧型芯嵌入螺塞固定　(e)扁平型芯侧向嵌入双销钉固定　　(f)螺栓压板固定

图3.26　滑块与侧向型芯的连接方式

B.滑块的导滑形式。在侧抽芯过程中,滑块在导滑槽中的滑动要平稳,有配合精度要求。导滑槽有"T"形和"燕尾槽"形两种。燕尾槽形式导滑精度高,但难于加工,故常用的是"T"形导滑槽。滑块与导滑槽之间的导滑部位通常采用 H7/f7 或 H7/h8 的间隙配合。"T"形导滑槽如图 3.27 所示。

图 3.27(a)是整体式,结构紧凑,导滑精度主要由机械加工保证,一般用于滑块宽度较小的场合。

图 3.27(b)~(e)是组合式,图(b)采用矩形压板形式,加工简单,强度较好,应用广泛,压板规格可查表选用标准零件。

图 3.27(c)采用"7"字形压板,加工简单,强度较好,一般要加销钉孔定位。

图 3.27(d)采用压板和中央导轨形式,一般用于滑块较长和模温较高的场合。

图 3.27(e)采用 T 形槽且装在滑块内部,一般用于安装空间较小的场合。

图 3.27(f)采用整体嵌入式,稳定性较好,但加工困难。

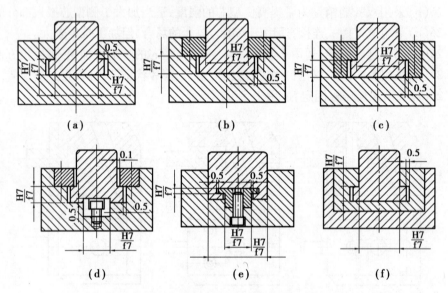

图 3.27 常见"T"形导滑槽结构

C.滑块与导滑槽的配合。滑块与导滑槽间的导滑部分常采用 H7/f7 的间隙配合,其他非配合处留有间隙,其值可参考图 3.27。滑块的滑动部分和滑槽的导滑面表面粗糙度值应不大于 1.25 μm。

滑块完成抽芯动作后,其滑动部分留在导滑槽中的长度不应小于滑块配合长度的 2/3($l \geqslant 2/3L$)。滑块的滑动配合长度通常大于滑块宽度的 1.5 倍。否则,滑块在复位时容易倾斜,甚至损坏模具。当模具较小时,为了保证导滑槽长度可在模具上采用局部加长导滑槽的方法,如图 3.28 所示。

D.滑块常用的尺寸设计。滑块的尺寸可参考表 3.20 进行选择。

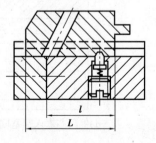

图 3.28 导滑槽的局部加长

表 3.20　滑块常用尺寸

简　图	尺寸/mm		
	B	C	D
	<30	8	6
	30~40	10	8
	40~50	12	10
	50~60	15	
	60~100	20	12
	100~160	25	15

注:材料为 T8A 钢;滑动部分硬度≥40 HRC;其他尺寸按需要选择。

E.滑块的定位装置设计。侧抽芯动作完成后,滑块应留在刚脱离斜导柱的位置上,不可再任意滑动,以便合模时斜导柱能准确地进入滑块的斜孔之中。滑块定位装置因模具结构而异,常见的几种定位装置形式如图 3.29 所示。

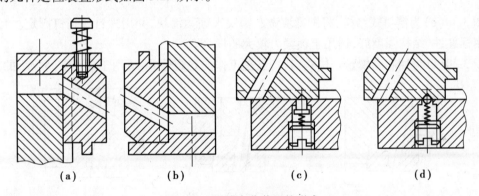

(a)　　　　　(b)　　　　　(c)　　　　　(d)

图 3.29　滑块定位装置的形式

图 3.29(a)为弹簧挡块定位形式,依靠弹簧的弹力使滑块紧靠在限位挡块上,弹簧的弹力应是滑块自重力的 1.5~2 倍,适用于任何方向的侧抽芯动作。

图 3.29(b)为限位挡块形式,利用滑块的自重紧贴限位挡块,而无须利用弹簧弹力,结构简单,适用于向下侧抽芯的模具。

图 3.29(c)、(d)为弹簧顶销或弹簧钢球定位形式。因弹簧弹力一般较小(弹簧钢丝直径可选 1~1.5 mm,钢球或球头销直径可选 5~10 mm),适用于水平侧向(左、右方向)的抽芯动作。

滑块在设计时需选择最好的定位形式,一般要求是左右方向优先,那左、右方向优先考虑的原因是当模具直接在注射机上进行维修时,上、下侧的滑块较难拆装,且上侧滑块有安全隐患。当模具维修人员不小心忘了安装挡块或固定螺钉,上侧滑块掉下来就易受伤。考虑上侧弹簧承受载荷时,寿命短、易失效、不太安全,需采用上下侧时,下侧优先考虑。当采用液压侧抽芯时会考虑将液压缸置于模具上方,则采用上侧定位形式,以便于吊装。

F.滑块、型芯(或成型镶件)、导滑槽的选材及热处理要求。滑块上的型芯(或成型镶件)为成型零件,材料可选用 45 钢、碳素工具钢(T8A,T10A)或合金钢(Cr12MoV,Cr12 等),淬火硬度在50 HRC以上;由于模具工作时,滑块在导滑槽内要往复移动,为降低磨损,滑块的材料可用T8A、T10A或45钢,导滑部分淬火硬度在40 HRC以上,导滑槽的材料可同滑块或用其他耐磨材料,淬火硬度为50~56 HRC。

④楔紧块的设计。

A.楔紧块的固定方式。楔紧块与模具的固定方式如图3.30所示,可根据需承受熔体推力的大小及滑块的尺寸及安装空间大小来选用。

图3.30(a)为整体式结构,楔紧块与定模座板做成一体,特点是牢固能承受大的侧压力,但加工困难且浪费材料,适用于脱模距离小的小型模具,但不常用。

图3.30(b)是将楔紧块用螺钉、销钉固定在模板上,特点是结构简单,加工方便,适用于侧向推力较小的场合,应用较普遍。

图3.30(c)为嵌入式结构,楔紧块采用过盈配合固定在模板上,适用于滑块较宽的场合,应用也较广泛。

图3.30(d)为加强形式,是将楔紧块嵌入模板中再加一个后挡块,并用螺钉和销钉固定在定模板上,起加强作用,特点是能承受更大的侧压力,适用于侧压力非常大、抽芯距较小的场合。

图3.30(e)为镶拼式结构,将楔紧块做成镶块来锁紧滑块,并用螺钉或销钉固定。特点是可采用标准件,结构强度好,适用于锁紧力较大的场合。

图3.30(f)为抽芯和楔紧一体式,其特点是工作的稳定性差,适用于滑块空间较小的场合。

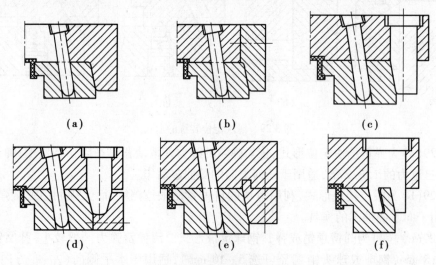

(a)　　　　　　　　(b)　　　　　　　　(c)

(d)　　　　　　　　(e)　　　　　　　　(f)

图3.30　楔紧块的固定方式

B.楔紧块的楔角β。如图3.31所示。楔紧块的楔角β通常比斜导柱倾斜角α大2°~3°这样才能保证,模具一开模时楔紧块就能和滑块脱开,否则,斜导柱将无法带动滑块作侧抽芯动作。

⑤斜导柱侧抽芯机构的形式。根据斜导柱和滑块在模具上的装配位置的不同,可将斜导柱侧抽芯机构分为以下4种结构形式。

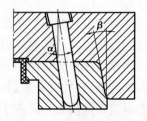

图3.31　楔紧块的楔角β

A.斜导柱在定模、滑块在动模。如图 3.21 所示为最常用的一种结构形式。斜导柱固定在定模座板上,而滑块安装在动模侧,且能在动模板上滑动。在设计时必须注意滑块和推出零件在合模复位的过程中不发生"干涉"现象。"干涉"现象是指在复位过程中滑块上的侧型芯与推出零件(推杆、推管等)发生碰撞的现象,这样会造成侧型芯或推出零件的损坏,因此是一定要避免的。可采取以下措施来避免合模时侧向型芯与推杆(推管)发生碰撞。

a.在结构允许的条件下,尽量避免把推杆(推管)布置在侧向型芯垂直于开模方向平面上的投影范围内。

b.如果结构不允许,应保证 $h - s \cot \alpha \geq 0.5$ mm(安全裕量)。当 h 只是略小于 $s \cot \alpha$ 时,可通过适当增大 α 角来避免干涉。

c.当以上两点都不能实施时,可采用推杆(推管)先复位机构,优先使推杆(推管)复位,然后滑块才复位。

比较常见的推杆(推管)先复位机构有:弹簧式、楔杆三角形滑块式、楔杆摆杆式、杠杆式和连杆式先复位机构等。下面就前两种先复位机构的工作原理作较简单的介绍。

弹簧式先复位机构,利用弹簧的弹力使推出机构先复位,弹簧安装在推杆固定板和动模垫板之间,如图 3.32 所示。其工作原理是:开模顶出制件后,注射机顶杆回退的同时弹簧 3 弹性回复,驱使复位杆 2 和推杆 1 先行复位。合模时,滑块 4 和侧型芯在斜导柱的作用下向内侧移动,滑块斜面 A 起到使复位杆 2 和推杆 1 完全复位的作用。

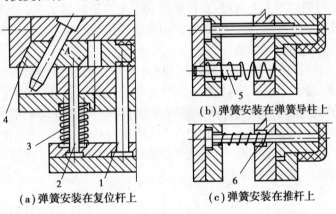

图 3.32　弹簧先复位机构

1,6—推杆;2—复位杆;3—弹簧;4—滑块;5—弹簧导柱

弹簧式先复位机构的特点是:结构简单,安装方便但弹簧力较小且容易疲劳失效,可靠性差,一般用于复位力不大的场合,并需定期检查和更换弹簧。

楔杆三角形滑块式先复位机构,如图 3.33 所示。图 3.33(a)为开模顶出状态,图 3.33(b)为合模复位状态。三角形滑块 2 两面均有斜面,斜角分别为 γ, β,楔杆的倾斜角也为 γ,一般可将 γ, β 设计为 45°,件 2 可在推杆固定板 6 的滑槽内移动。其工作原理是:合模时,楔杆 3 推动件 2 向内侧移动,并带动件 6 向左侧(后退)移动,使推管 7 先复位一段距离,避免发生干涉现象,脱模机构的最终复位由复位杆完成。件 3 的长度决定着推杆(推管)的先复位时间,由于三角形滑块不宜太大,所以推杆(推管)先复位距离小。

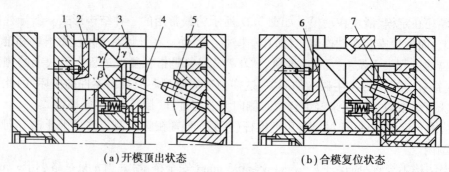

（a）开模顶出状态　　　　　　　（b）合模复位状态

图 3.33　楔杆三角形滑块式先复位机构

1—推板；2—三角滑块；3—楔杆；4—滑块；5—斜导柱；6—推杆固定板；7—推管

B.斜导柱和滑块同在定模。当斜导柱和滑块同在定模上时，为了保证制件留在动模侧，必须设置顺序脱模机构（即定距分型机构），先侧抽芯，再分型。如图 3.34 所示，斜导柱 3 固定在定模板上，而滑块也安装在定模板上，且与模板组成移动副。由于滑块始终不脱离斜导柱，故这种结构不需要设置滑块的定位装置，从而简化了模具结构。

为了实现顺序脱模，该模具采用了定距螺钉式顺序脱模机构，除此之外，还可选用本任务活动 7 所介绍的其他顺序脱模机构。

C.斜导柱在动模、滑块在定模。当斜导柱在动模、滑块在定模上的结构，在开模时可能出现制件留在定模侧的型腔内无法取出、制件破损或小型芯折断的情况。为了保证制件留在动模侧或避免制件及模具的损坏，模具设计时必须考虑脱模与侧抽芯动作有先后的问题，可先部分脱模再侧抽芯或先侧抽芯再脱模。

如图 3.35 所示，斜导柱 3 固定在动模板（模套）8 上，而滑块 6（瓣合凹模）安装在定模板 1 上，且可在定模板 1 上滑动。由于斜导柱与滑块上导柱孔的配合间隙较大（$C = 1.6 \sim 3.6 \ \text{mm}$），因此在滑块侧向分开前能与动模先分开一段距离 $D（D = C/\sin \alpha）$，这样可使制件和动模型芯 7 间相对移动 D 距离，产生松动，然后斜导柱驱动滑块侧向移动，使制件从滑块内脱出，最后人工将制件从型芯上取出。此结构简单，无须脱模机构，但效率低，劳动强度较大，而且当制件对型芯的包紧力过大时，可能损坏制件。

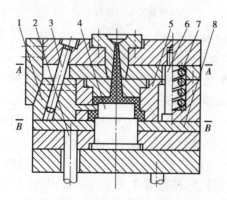

图 3.34　斜导柱和滑块同在定模

1—侧型芯滑块；2—推杆；3—斜导柱；
4—凸模；5—凹模；6—定距螺钉；
7—弹簧；8—推件板

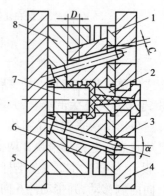

图 3.35　斜导柱在动模、滑块在定模

1—定模板（导滑槽）；2—定模型芯；3—斜导柱；
4—定模座板；5—动模座板；6—瓣合凹模；
7—动模型芯；8—动模板（模套）

D.斜导柱和滑块同在动模。当斜导柱和滑块同在动模上时,可利用顶出机构抽出侧向活动型芯。如图3.36所示为利用顶出机构抽出侧型芯的例子。其工作原理是:滑块6装在推板4的导滑槽内,合模时,滑块依靠安装在定模上的楔紧块8锁紧。开模时,动、定模沿A分型面分开,这时楔紧块与斜导柱7无相对运动,故滑块不向外侧移动。当顶出机构开始工作时,推杆1顶动推板4使制件脱离型芯5的同时,滑块上的活动型芯在斜导柱的作用下从制件上抽出。由于滑块始终不脱离斜导柱,故这种结构无须设置滑块定位装置,从而简化了模具结构。

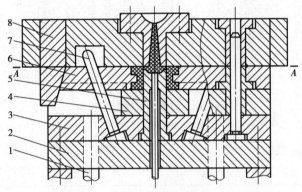

图3.36　斜导柱和滑块同在动模的结构

1—推杆;2—支承板;3—动模固定板;4—推板;

5—型芯;6—滑块;7—斜导柱;8—楔紧块

（3）斜滑块侧抽芯机构的设计

①斜滑块侧抽芯机构的工作原理及其类型。当制件的侧孔、侧凹或侧凸较浅,所需的抽芯距不大,但侧孔、侧凹或侧凸的成型面积较大,需要较大的抽拔力时,可采用斜滑块抽芯机构进行侧向分型与抽芯。

斜滑块抽芯机构的特点是:模具的凹模全部或部分由斜滑块拼合而成,顶出时利用脱模机构的推力,驱动滑块斜向运动,在制件被顶出脱模的同时由滑块完成侧抽芯动作。通常,斜滑块抽芯机构要比斜导柱抽芯机构简单得多,一般可分为斜滑块外侧抽芯机构和斜滑块内侧抽芯机构。

斜滑块外侧抽芯机构。如图3.37所示,制件为一线圈骨架,外侧带有深度浅但面积大的侧凹,斜滑块本身是瓣合式凹模的镶块,凹模由两个斜滑块组成。图3.37(a)为合模状态,图3.37(b)为开模顶出状态。

其工作原理是:完全开模后,注射机的顶杆推动推板使推杆2和斜滑块3向前运动;斜滑块3在动模板4(模套)的导滑槽内向右侧移动的同时向外侧移动,同时完成制件的侧抽芯和顶出,限位螺钉5是为了防止斜滑块从模套中脱出而设置的。这种机构的特点是无须设置复位杆,复位时,定模推动斜滑块,使斜滑块和顶出机构复位。主要适用于制件对成型零件(斜滑块等)的包紧力小的场合,否则脱模和侧抽芯同时进行,制件易损坏。

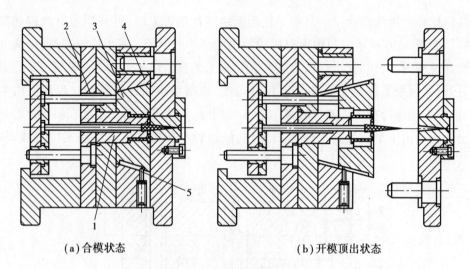

(a) 合模状态   (b) 开模顶出状态

图 3.37　斜滑块外侧抽芯机构

1—型芯;2—推杆;3—斜滑块(瓣合滑块);4—动模板(模套);5—定位销

　　②斜滑块内侧抽芯机构。如图 3.38 所示是斜滑块内侧抽芯机构的一种形式。工作原理请根据斜滑块外侧抽芯原理补充完整。如图 3.39 所示是斜滑块(斜滑杆)内侧抽芯机构之二。

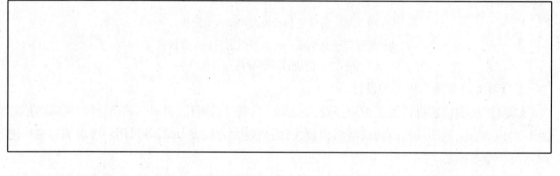

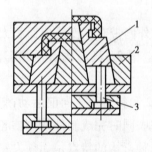

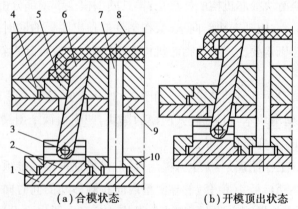

(a) 合模状态   (b) 开模顶出状态

图 3.38　斜滑块内侧抽芯机构之一   图 3.39　斜滑块(斜滑杆)内侧抽芯机构之二

1—斜滑块;2—动模板;3—推杆   1—推板;2—滑块座;3—销;4—型芯固定板;

5—型芯;6—斜滑块(斜滑杆);7—推杆;8—凹模;

9—支承板;10—推杆固定板

③斜滑块侧抽芯机构的设计要点。

A.斜滑块的组合形式。根据制件需要,斜滑块通常由 1~6 块组合而成,在某些特殊情况下,斜滑块还可分得更多。设计斜滑块的组合形式时,首先应考虑分型与抽芯方向的要求,并尽量保证制件具有较好的外观质量,不要使制件表面留有明显的拼缝痕迹。另外,还应使斜滑块的组合部分具有足够的强度。常用的斜滑块组合形式如图 3.40 所示,图(a)~(e)为外侧抽芯斜滑块的组合形式,图(f)为内侧抽芯斜滑块的组合形式之一。如果制件外形有转折,则斜滑块的镶拼线应与制件上的转折线重合,如图 3.40(e)所示。

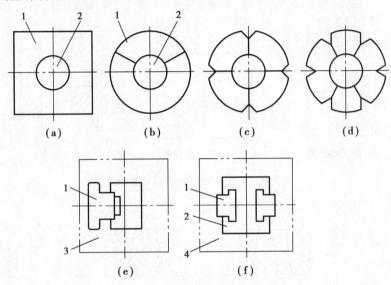

图 3.40　斜滑块的组合形式
1—斜滑块;2—型芯;3—凹模;4—镶块(型芯固定板)

B.斜滑块的导滑。如图 3.41 所示是几种常见的外侧抽芯斜滑块导滑形式,图(a)~(d)分别称为 T 形槽导滑、镶块导滑、圆销导滑和燕尾槽导滑。其中,前 3 种加工比较简单,T 形导滑槽随着线切割加工方法的普遍采用而应用最为广泛;燕尾式加工比较复杂,但因占用面积小,在斜滑块的镶拼块较多时选用较合适。图(e)为斜圆柱孔导滑,制造方便,精度易保证,适用于局部抽芯。图(f)为用型芯拼块来导滑,常在内侧抽芯时采用。

斜滑块的导滑部位采用间隙配合,可参考斜导柱侧抽芯机构中滑块与导滑槽的配合(H7/f7或 H7/h8)进行设计。

如图 3.42 所示是几种常见的斜滑块内侧抽芯的导滑形式,图(a)为矩形槽导滑,图(b)为 T 形槽导滑。设计时,尺寸 L 应保证斜滑块有足够的侧向移动距离,以确保内侧抽芯动作的顺利完成。

C.斜滑块的推出行程与倾斜角。推出行程的计算方法同斜导柱侧抽芯机构中最小开模行程(开模距)的计算方法相似。为了保证滑块的导滑精度、复位的准确性和不脱离导滑槽,斜滑块应至少有 2/3 在滑槽内。

斜滑块的强度较高,可承受较大的弯矩,其倾斜角可比斜导柱倾角设计得大一些,不过一般不超过 30°,最好小于 26°。在同一副模具时,如果制件有多处侧凸或侧凹,各处的侧凹深浅不同,则所需的抽芯距不同,为了使斜滑块间的运动一致,可将各处的斜滑块设计成不同的倾斜角,那么,相同的推出行程可得到不同的侧向抽芯距。

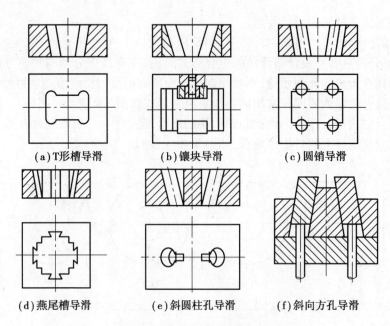

图 3.41　斜滑块外侧抽芯的导滑形式

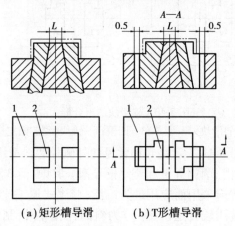

图 3.42　内抽芯斜滑块导滑形式
1—型芯;2—斜滑块

D.斜滑块的装配要求。为保证斜滑块合模时拼合紧密,避免注射成型时产生溢料飞边,斜滑块装配时与模套底部及端面之间均要留 0.2~0.5 mm 间隙,如图 3.43(a)所示。这样斜滑块与动模(或导滑槽)之间有了磨损之后,通过修磨斜滑块的端面来继续保持拼合的紧密性,滑块的结构设计也就不同,修整的难易程度也就不同,如图 3.43(b)、(c)所示。

E.斜滑块推力不均问题。采用推杆直接推动斜滑块运动时,由于加工制件的误差,往往会出现推力不均,斜滑块不能平稳移动,严重时能使模具或制件被损坏。如需解决这一问题,可在推杆与斜滑块之间加设一个推板。

F.正确选择主型芯位置。如图 3.44(a)所示,主型芯位置应尽量选择设置在动模上,这样,主型芯在制件的脱模过程中具有导向作用,制件与各斜滑块脱离的机会均等,所以脱模顺利。图 3.44(b)所示是将主型芯设置在定模一侧,开模时主型芯先从制件中抽出然后斜滑块才能分型,制件很容易在斜滑块上黏附于某塑料收缩值较大的部位,因而不能顺利脱模。

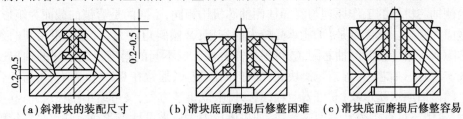

(a)斜滑块的装配尺寸 (b)滑块底面磨损后修整困难 (c)滑块底面磨损后修整容易

图 3.43 斜滑块的装配

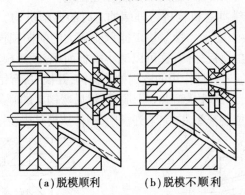

(a)脱模顺利 (b)脱模不顺利

图 3.44 主型芯位置的选择

G.开模时斜滑块的止动方法。斜滑块通常设置在动模部分,并要求制件留在动模一侧。但有时因为制件的特殊结构,定模部分的抱紧力大于动模部分,此时如果没有止动装置,斜滑块在刚开模时便有可能与动模产生相对运动,导致制件损坏或滞留在定模而无法取出。为了避免这种现象发生,可按图3.45(a)所示设置斜滑块止动装置,刚开模时,弹簧顶销6紧压斜滑块4,防止斜滑块与动模产生相对移动,但当弹簧弹力不够或失效时,就不能保证开模时滑块一定随动模运动。则可采用图3.45(b)所示的导销止动机构,即在斜滑块上钻一圆孔与固定在定模上的导销7呈间隙配合,开模时,在导销的约束下斜滑块不能进行侧向运动,制件随斜滑块与动模一起运动。这种结构比图3.45(a)所示的结构要安全、可靠。

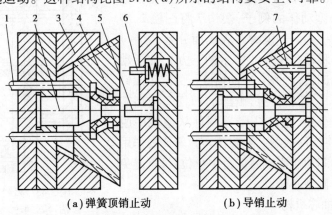

(a)弹簧顶销止动 (b)导销止动

图 3.45 斜滑块的止动方法
1—推杆;2—动模型芯;3—套板;4—斜滑块;
5—定模型芯;6—弹簧顶销;7—导销

（4）弯销侧抽芯机构的设计

弯销侧抽芯机构的工作原理与斜导柱侧抽芯机构相同，不同的是弯销的截面为矩形，而斜导柱的截面为圆形。其优点是：①能承受较大的弯矩；②倾斜角较大，在开模距相同的条件下其侧抽芯距大于斜导柱的侧抽芯距；③可根据需要加工成不同的斜度得到不同的抽拔速度和抽拔力或实现延迟抽芯；④弯销与滑块孔之间的间隙较大，通常在 0.5 mm 左右，可避免合模时可能发生的碰撞或卡死现象；⑤可安装在模板外侧，既拆装方便，又可缩小模板尺寸；⑥在侧压力不大时，弯销还可直接锁紧侧型芯滑块，如果侧压力大还需设计楔紧块。缺点是弯销侧抽芯机构比斜导柱侧抽芯机构加工困难，应用不如斜导柱普遍。

如图 3.46 所示为用弯销抽芯机构进行外侧抽芯时的典型机构。图中，弯销 4 的一端固定在定模上，另一端由楔紧块 1 支承。楔紧块 1 能承受较大的侧向锁模力，阻止滑块 3 在注射时可能产生的位移。弯销装在模板外侧，这可以减小模板面积，减轻模具质量。

如图 3.47 所示为具有延迟分型作用的弯销抽芯机构，开模时，弯销 1 的平直段阻碍滑块 4 外侧移动，延迟分型，滑块 4 带动制件从型芯 3 上脱开，然后弯销 1 的倾斜段驱使滑块向外侧移动，进行侧抽芯，同时使制件完成脱离型芯；完全开模后，制件从模具中脱落。该模具无须脱模机构。

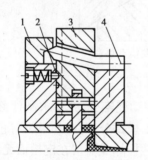

图 3.46　弯销侧抽芯机构

1—楔紧块；2—球头销；3—滑块；4—弯销

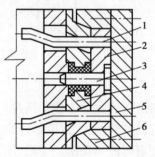

图 3.47　弯销延迟抽芯机构

1—弯销；2—固定板；3—型芯；

4—滑块；5—定模板；6—楔紧块

弯销抽芯机构除用于滑块的外侧抽芯外，还可用于滑块的内侧抽芯。图 3.48 所示为采用摆钩式定距拉紧机构来实现顺序分型动作的例子，摆钩 7 将凹模 2、型芯 4 和推板 6 连在一起。开模时先从 A 面分型，弯销 1 带动滑块 5 向中心移动（图 3.48 所示的下方），使活动型芯从制件内侧的凹模内抽出；当动模底板的定距螺钉 8 与摆钩弯头接触时，摆钩向外侧摆动，凹模 2 与型芯脱开，模具在 B 面分型，型芯 2 带着制件从型腔中脱出，最后由推板 6 将制件从型芯上顶出。弹簧 3 的作用是使滑块 5 在侧抽芯动作完成后保持中止位置，以避免推板推出制件时与侧型芯碰壁。

（5）斜导槽侧抽芯机构

如图 3.49（a）所示，当侧向活动型芯的抽芯距较大时，在侧向活动型芯的外侧可用斜导槽代替斜导柱，通

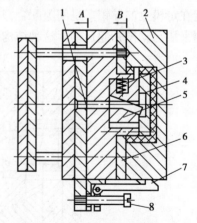

图 3.48　弯销内抽芯机构

1—弯销；2—凹模；3—弹簧；4—型芯；

5—滑块；6—推板；7—摆钩；8—定距螺钉

过改变斜导槽的形状,可以调整侧向型芯的抽拔时间。定模上的止动销2在合模后锁紧滑块1,阻止滑块可能产生的位移。开模时,滑块1随动模同时移动,待止动销2离开滑块一段距离后,滑块在斜导槽3的作用下侧向移动抽出侧向型芯,并由定位销4定位(见图3.49(b)),然后在推管6的作用下将制件顶出。如将斜导槽分为二段,第一段的倾斜角小,可以得到很大的抽拔力,而第二段的倾斜角大,可以得到很大的抽拔位移量,这一点其他侧抽芯机构是很难实现的。

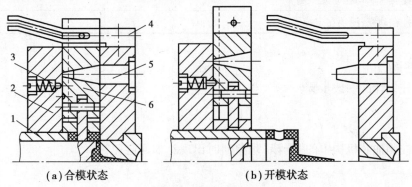

(a)合模状态   (b)开模状态

图3.49 斜导槽侧抽芯机构

1—滑块;2—止动销;3—斜导槽;4—定位销;5—支承板;6—推管

(6)茶杯模具的侧抽芯机构设计

考虑生产批量较大,不考虑手动抽芯,由于液压和气动侧抽芯应用在抽拔力大和抽芯距较长的场合,在此也不考虑采用,则在机动侧抽芯机构中选择,因为没有特殊要求,这里选择最常用的斜导柱侧抽芯机构。滑块如图3.50所示。

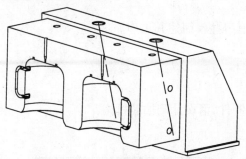

图3.50 斜导柱侧抽芯机构的滑块

【思考与练习】

一、填空题

请将表3.21填写完整。

表 3.21　斜导柱侧抽芯机构的安装形式

安装结构形式	模具结构特点	注意事项
斜导柱在定模,滑块在动模		
斜导柱与滑块同在定模一侧		
斜导柱与滑块均在动模一侧		
斜导柱在动模,滑块在定模		

二、简答题

1.斜导柱设计的一般步骤?

2.斜导柱侧抽芯机构中的"干涉"现象何时出现?如何避免?

3.斜滑块侧抽芯机构的特点及应用场合?

4.设计斜滑块侧抽芯机构应注意哪些要点?

5.常见的先复位机构有哪些?简述其工作原理?

三、分析题

1.分析图 3.51 所示的制件,请设计侧抽芯机构?

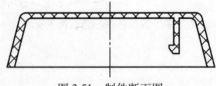

图 3.51　制件断面图

2.分析图 3.52 所示的制件,请设计侧抽芯机构?(小组讨论,设计方案展示)

图 3.52　制件断面制件图

学习活动 6　冷却系统的设计

【学习目标】

能为茶杯注射模合理设计冷却系统。

1)温度调节系统概念

(1)温度调节系统的重要性

温度调节系统在这里是指模具温度的调节系统。主要包括冷却系统和加热系统。注射成型是向模具注射 200 ℃左右的塑料熔体,然后熔体在模具内冷却定型,取出时的温度一般在 60 ℃以下。模具温度调节系统直接影响制件的质量和生产效率。成型的塑料品种不同,制件的质量要求不同,对模具的温度要求也不同。对于大多数的塑料来说,要求的模温不高,则模具仅设置冷却系统即可。冷却时间占注射成型周期的 50%~80%,缩短冷却时间是提高成型效率的关键。

(2)模具温度调节对制件质量的影响

模具温度调节对制件质量的影响主要表现在尺寸精度、形状精度、表面质量和力学性能等方面。

①尺寸精度。要提高制件的尺寸精度,对于不同的塑料必须采用不同的措施。对无定形塑料,必须使模温较低,并保持恒定温度,以减少制件成型收缩率的波动,提高制件尺寸稳定性。而对于结晶型塑料,引起尺寸收缩的因素有两个:一是成型后进一步结晶形成的附加收缩;二是制件的内应力造成的收缩。解决方法:对于附加收缩可采取降低模温,延长冷却时间,加速结晶来减少收缩量。对于内应力造成的收缩,必须提高塑料熔体温度,提高充填速度,缩短保压时间,不过量填充,来减少变形量。

②形状精度。模具型芯和凹模各部分温差太大,会使制件收缩不均匀导致翘曲变形,特别是对于壁厚不一致和形状复杂的制件,常常会出现因收缩不均匀而变形的情况,因此,必须设计合适的冷却回路,使模具凹模、型芯各个部分的温度基本一致,从而使制件各部分的冷却速度相同。

③表面质量。当模具的温度过低时,会使塑料熔体黏度提高,流动阻力增大,从而出现填充不满,制件轮廓不清,或产生熔接痕或振动痕;提高模具温度即可改善制件表面状态,使制件表面粗糙度降低。

④力学性能。对于结晶型塑料冷却速度影响其结晶度,而结晶度又影响其力学性能。通过实验了解到,应力开裂受结晶度、内应力及分子取向的影响。冷却速度快,结晶度低,应力开裂的倾向小。一般可采用较高的熔体温度、较低的模具温度、较短的保压时间和快速填充来减少制件应力开裂的倾向。

(3)冷却系统设计的合理性

注射成型的制件应保证尺寸稳定性好,变形量小,强度和韧性高、外观质量好。而在成型过程中,不同的位置,温度不一样,会使塑件产生内应力。这种内应力会直接影响成品的尺寸精度与外观,尤其是模具内冷却系统的设计不合理,会导致制件难于成型、内应力过大和成型周期长等问题,因此冷却系统的合理设计就成了模具设计中的一个重要环节。

（4）冷却系统的设计原则

为提高冷却系统的效率和使凹模表面温度分布均匀,冷却系统的设计应遵循以下原则:

①冷却系统的设计应先于脱模机构。在传统设计中,冷却系统的重要性未能引起设计人员的足够重视,往往是先设计脱模机构,然后再设计冷却系统,从而没有足够的空间考虑冷却系统的设计,使冷却系统未能取得良好的冷却效果。冷却回路的设计应与脱模机构和一些镶块结构相互协调,以获得良好的冷却效果。在设计冷却系统时首先要保证型芯的冷却。凹模和型芯的冷却回路分开设计。

②冷却管道的尺寸及布置应合理。冷却管道的直径应尽量大,数目多。冷却管道的直径与间距直接影响模温的分布,如图 3.53 所示。图(a)所布置的冷却管道间距合理,保证凹模表面温度分布均匀;而图(b)开设的冷却管道直径太小,间距太大,所以凹模表面温度变化很大。冷却管道与凹模的距离太大,会使冷却效果下降;而距离太小,会造成冷却不均。根据经验,一般冷却管道的直径设计为 8,10,12 和 14 mm,为便于加工和清理管道;管道中心线与凹模壁的距离 L_2 应为冷却管道直径的 1~2 倍,与其他孔间的距离 L_1 应大于 4 mm,冷却管道的中心距为管道直径的 3~5 倍,并尽可能使冷却管道分别到各处型腔表面的距离相等,如图 3.54(a)所示。当制件的壁厚不均匀时,应在厚壁处开设间距较小的冷却管道,加强冷却,如图 3.54(b)所示。

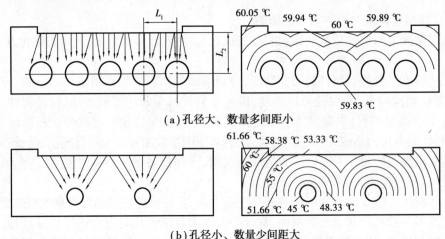

（a）孔径大、数量多间距小

（b）孔径小、数量少间距大

图 3.53　型腔表面的温度变化

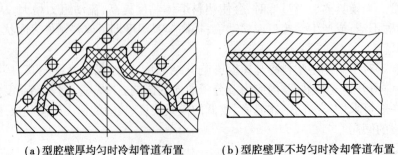

（a）型腔壁厚均匀时冷却管道布置　　　　（b）型腔壁厚不均匀时冷却管道布置

图 3.54　冷却管道的布置

③降低进出口水的温度差。冷却系统两端进、出水温度差小,则有利于型腔表面温度分布。通常可通过改变冷却管道的排列形式来降低进、出水的温差,同时可减少冷回路的长度。

如图 3.55 所示的大型模具,采用图(a)的排列形式比采用图(b)所示的排列形式好。一般精密模具的进出口水温差应在 2 ℃内,普通模具不应超过 5 ℃。

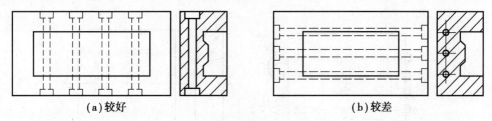

(a)较好　　　　　　　　　　　　　　(b)较差

图 3.55　冷却管道的排列

④要保证冷却管道内的水处于湍流状态和足够的水压。冷却管道内的水达到一定的流速和具有足够的流量时就会处于湍流状态,这样可大大提高冷却效率。当管道直径大于 14 mm 时很难形成湍流。一般冷却管道总长在 15 m 以下,转弯次数不超过 15 次。当流程长、冷却水压降大,进出口水温差大时。采用多路并联冷却形式效果好,但需控制好各水路的流量和水温的一致性。

⑤浇口处应加强冷却。塑料熔体充模时,经过浇口的剪切、摩擦使熔体的温度升高,同时也使浇口附近的温度升高。一般来说,离浇口越远温度越低,因此在浇口处应加强冷却,通常是将冷却回路的进水口设在浇口附近,使浇口在较低的水温下冷却,如图 3.56 所示。

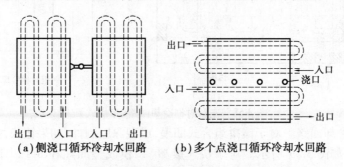

(a)侧浇口循环冷却水回路　　　　(b)多个点浇口循环冷却水回路

图 3.56　循环冷却回路入口的布置

⑥应避免将冷却水道开设在制件熔接痕处,并注意干涉及密封等问题。当采用多点进料或型腔形状较复杂时,多股料流汇合处将产生熔接痕。该处的温度通常较其他位置的温度要低,为了不使熔体温度进一步降低,保证融合处的质量,应尽量不在这些部位开设冷却管道。冷却管道应尽量避免穿过镶件,防止在接缝处漏水;如需通过镶件时,应加设 O 形密封圈(见图 3.59)。

⑦冷却水道应便于加工和清理。为便于加工和操作,进出水管接头应尽量设在模具同一侧,并设在注射机背面,同时水管接头处应密封,以免漏水。

2)冷却系统设计

模具冷却系统设计主要是冷却回路的布置,回路的形式应根据制件的形状、型腔内温度分布及浇口位置等情况、设计成不同形式。通常凹模和型芯冷却回路分别设计并根据管道的布置特点有多种类型。

(1)凹模冷却回路

①单层式冷却回路。如图 3.57(a)所示为简单冷却回路,这种单层冷却回路只用于深度较浅的凹模,为避免外部设置接头,冷却管道之间可采用内部钻孔沟通,非进出口用螺塞堵住,

如图3.57(b)所示。对于大面积的浅凹模,可采用左右两组对称回路冷却,并用堵头或隔板使冷却水沿规定回路流动,如图3.58所示,且两组回路的入口均靠近浇口,使型腔表面温度分布均匀。

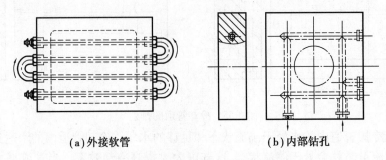

(a)外接软管　　　　　　　　　(b)内部钻孔

图3.57　直流循环式冷却回路(单层式)

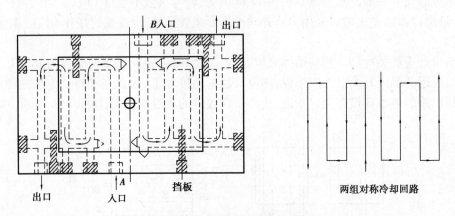

图3.58　左右对称冷却回路(单层式)

②环形槽式冷却回路。对于镶拼组合式凹模,成型深腔制件,如果镶块为圆形可在外圆上开设环形槽冷却,如图3.59所示。对于快速成型(每模成型周期在8 s以下)的薄壁件注射模,由于模具的温度梯度大,更需特别注意冷却回路进出水方向,如图3.58所示的凹模冷却回路从靠近浇口端进水,使型腔表面温度分布均匀,同时在镶件结合处应注意密封。

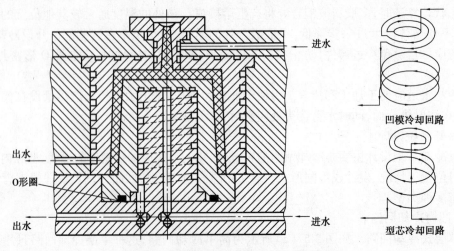

图3.59　深腔制件的冷却回路(环形槽式)

③多层式冷却回路。如果镶块为矩形,可分层设置布局相同的矩形冷却回路进行冷却,如图 3.61 所示。

（2）型芯冷却回路

当型芯较浅时,可将单层冷却回路开设在型芯下部,如图 3.60 所示。面对于较深的型芯,为使型芯表面迅速冷却,应设法使冷却水在型芯内循环流动,常见的形式有以下 5 种:

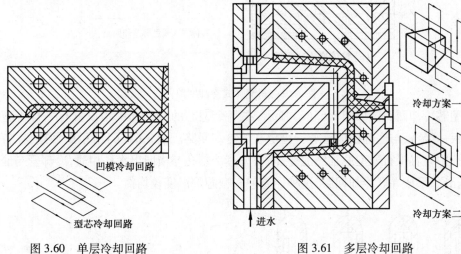

图 3.60 单层冷却回路　　　　　　　　　　　图 3.61 多层冷却回路

①台阶式冷却回路。从模板侧面开设冷却管道进入型芯内部,为了靠近制件表面在型芯内部弯折形成台阶形式的冷却回路,如图 3.61 所示,通常应用于中等直径尺寸型芯的冷却。

②斜交叉式冷却回路。如图 3.62 所示,主要适用直径较小型芯的冷却。

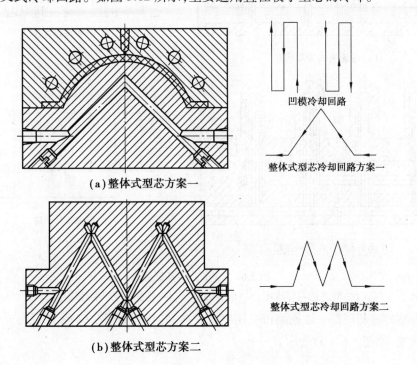

（a）整体式型芯方案一

（b）整体式型芯方案二

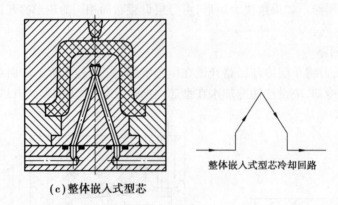

（c）整体嵌入式型芯

图 3.62　斜交叉式冷却回路

③多型芯冷却回路。如图 3.63（a）所示,在每个型芯的冷却孔中均设置有平行于型芯轴线的导流板,导流板与底部横向管道行程串联的冷却回路。图 3.63（b）所示的回路,在各个型芯的冷却孔中设置平行于型芯轴线的冷却管,型芯冷却孔与横向出水孔相通,冷却管与底部横向进水管相通,形成并联冷却回路,这种回路使各型芯的温度较均衡。

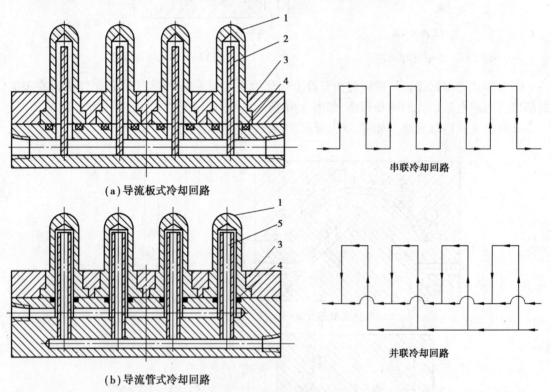

（a）导流板式冷却回路

（b）导流管式冷却回路

图 3.63　多型芯冷却回路

1—型芯;2—导流板;3—型芯固定板;4—密封圈;5—冷却回路

④深腔型芯冷却回路。该回路可采用喷流式冷却回路,如图 3.64（a）所示;或者采用螺旋槽式冷却回路,如图 3.64（b）所示。

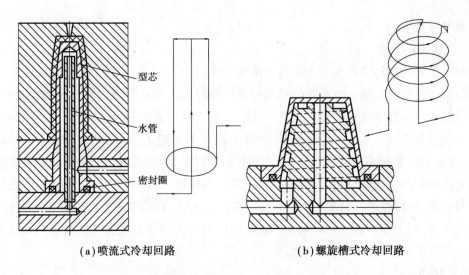

（a）喷流式冷却回路　　　　　　　　（b）螺旋槽式冷却回路

图 3.64　深腔型芯冷却回路

⑤细小型芯的冷却。对于细小型芯,如果用水冷却,其管道设计很小,易发生堵塞,可用间接冷却的方法,如图 3.65 所示;也可用铍铜合金制作型芯,然后再开设型芯冷却回路。

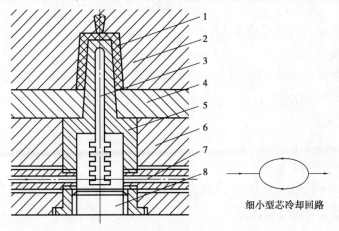

细小型芯冷却回路

图 3.65　间接冷却

1—制件;2—凹模板;3—铍铜芯棒;4—推件板;5—型芯;
6—动模板;7—冷却管道;8—螺塞

采用图示间接冷却方式时,需用导热性能很好的铍铜合金作为芯棒 3,芯棒的一端伸入到冷却水孔中冷却,热量通过芯棒间接传给水而使型芯冷却。在设计间接冷却方式时需注意的是:

a.芯棒的材料导热性能要很好,铍铜的导热性能约为钢材的 4 倍;

b.芯棒和型芯的接触部分要紧密没有间隙,否则影响热量的传递;

c.芯棒和冷却水接触部分的面积要大,有利于热交换。

当镶件太多或因推杆、流道、固定螺钉等原因导致直接冷却回路的设置有困难时还可采用压缩空气冷却方式;如果制件较小还可采用冷却与凹模或型芯相连的模板方式,即冷却回路不直接开设在凹模和型芯上的间接冷却方式。

3)加热系统设计

（1）加热装置设计

塑料注射模的加热装置通常采用以下两种方式：

①热水或过热水加热。热水管道结构和设计原理与冷却水管道设计完全类似，所不同的只是把冷却水改为热水或过热水。这对于注射成型之间需要加热，正常生产一段时间后又需冷却的大型模具特别合适。一般模温要求 80 ℃以下的用热水，80 ℃以上的用过热水。使用热水（过热水）加热，模温分布较均匀，有利于提高制件质量，但模温调节的滞后周期较长。

②电热棒加热。在模具适当的位置钻孔，将电热棒插入，并装上热电偶，即可方便地与温度调节器连接，对模温进行自动控制。也可与变压器相连，对模温进行人工调节。这类加热系统结构简单、使用方便，热损失少，常为要求模温较高的大型注射模所用。但加热棒加热易产生局部过热现象，在加热装置设计中应充分注意。

（2）加热功率计算

①电加热模具所需总功率。可按下式计算

$$P = \frac{GC_p(t_m - t_0)}{3\ 600\eta t} \tag{3.9}$$

式中　P——加电热模具所需总功率，kW；

　　　G——模具质量，kg；

　　　C_p——模具材料比热容$[kJ/(kg \cdot ℃)]$，碳钢为 $0.46[kJ/(kg \cdot ℃)]$；

　　　t_m——所需模具温度，℃；

　　　t_0——室温，℃；

　　　η——加热器效率 $\eta = 0.3 \sim 0.5$；

　　　t——加热升温时间，h。

②电加热模具所需总功率的检验。取 c_p 为 $0.46[kJ/(kg \cdot ℃)]$（碳钢），$\eta = 0.5$，预热时间在 1 h 内，则所需总功率的检验式为

$$P \geq 0.24 \times 10^{-3} G(t_m - t_0) \tag{3.10}$$

③电加热模具所需总功率。也可按下面的经验公式计算

$$P = Gq \times 10^{-3} \tag{3.11}$$

式中　q——加热单位质量模具至规定温度所需的电功率，其值可由表 3.22 选取。

表 3.22　不同类型模具的 q 值

模具类型	$q/(W \cdot kg^{-1})$	
	采用加热棒	采用电热圈
小型	25	40
中型	30	50
大型	35	60

④所需电热棒根数,其计算公式为

$$n = \frac{1\ 000P}{P_e} \tag{3.12}$$

式中 P_e——电热棒额定功率,W。

电热棒的额定功率及尺寸,可根据模具结构及其所允许的钻孔位置参考相关手册选择。

4)模具冷却系统设计的合理性分析及修正

对于冰箱内筒、盖,蔬菜水果周转箱等大型制件,材料占总成本的50%以上。对于小而薄的制件,成型的费用占成本的80%~90%,材料占6%~10%,而模具只占4%~10%。因此小而薄的制件通过冷却的改善,缩短成型周期能获得更大的效益。

下面对冷却系统的一些不合理的设计进行修正。

【例3.1】如图3.66(a)所示,采用潜伏浇口成型的制件冷却系统的原始设计,图3.66(b)是修正后的设计。

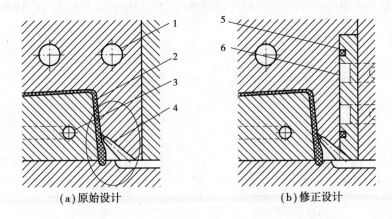

(a)原始设计　　　　　　　　(b)修正设计

图3.66 采用潜伏浇口成型制件的冷却回路

1—凹模冷却回路;2—制件;3—型芯冷却回路;

4—潜伏浇口;5—密封圈;6—环形槽式冷却回路

分析:原始设计凹模和型芯采用的都是单层冷却回路,但制件有一定的深度及口部的厚度较大,且采用的是外侧潜伏式浇口,而单层冷却回路主要应用于深度较浅的制件,所以原始设计对浇口处及制件的口部的冷却效果不好,如图3.66(a)中椭圆所圈部位。修正设计是在凹模的单层冷却回路的基础上,在制件的侧面接近浇口的位置增加环形槽式冷却回路,为了使冷却均匀适当地减少凹模的单层冷却回路的管道数。这样不但加强了浇口位置冷却,而且使制件的侧面及口部的冷却效果更好,使冷却更为均匀,大大提高了制件的成型质量。

【例3.2】如图3.67(a)所示,深腔型芯采用的喷流式冷却回路的原始设计,图3.67(b)是修正后的设计。

分析:原始设计型芯采用的是喷流式冷却回路,但是冷却管路在设计时没有考虑型芯内部气体的排出问题,会在图3.67(a)中椭圆所圈部位4处形成空气囊而影响制件的冷却。修正设计是将冷却的出水管路布置在气体排出的末端而保证气体完全排出,使冷却效果更好,从而提高了制件的成型质量,也可采用螺旋槽式冷却回路,如图 3.67(b)所示。

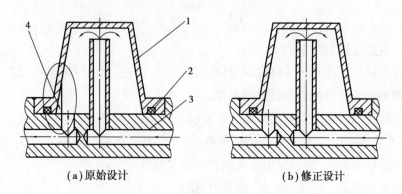

(a)原始设计   (b)修正设计

图 3.67   喷流式型芯冷却回路

1—嵌入式型芯;2—密封圈;3—型芯冷却回路;4—空气囊

【例 3.3】如图 3.68(a)所示,多腔模具采用单层冷却回路的原始设计,图 3.68(b)是修正后的设计。

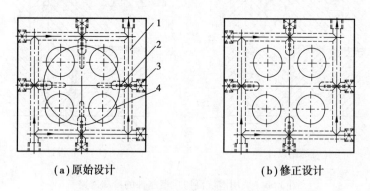

(a)原始设计   (b)修正设计

图 3.68   多腔模具单层冷却回路

1—凹模冷却回路;2—导流板;3—螺塞;4—型腔

分析:因为是多腔模具,原始设计凹模采用单层冷却回路的同时结合了导流板,通过导流板的作用,对型腔内侧进行冷却,并根据型腔的布置特点采用对称布置,使得制件的冷却更均匀,冷却效果更好,但是冷却管路在设计时没有考虑型腔间的距离较小,即使内侧开设了管道,但内部的冷却水也不易循环流动,且流动速度慢;管道离型腔太近,会削弱模板的强度。修正设计是在图 3.68(a)中圆所圈部位的管道省略,既简化了管路,且不会削弱模板强度,又便于冷却水的循环,如图 3.68(b)所示。

【例 3.4】如图 3.69(a)所示,扁平制件采用单层冷却回路的原始设计,图 3.69(b)是修正后的设计。

分析:因为制件较扁平,又采用直接浇口。原始设计凹模和型芯采用单层冷却回路的同时结合了导流板,通过导流板的作用,对浇口加强冷却。但是隔板处冷却管路的直径 $\phi 30$ 过大,隔板的高度也较小,所以不能很好地实现导流效果,修正设计是在图 3.69(a)中圆所圈部位的冷却管路直径改为 $\phi 20$,并增加了隔板的高度使导流效果更好;为加强浇口的冷却,型芯的两条冷却管道更靠近浇口。如图 3.69(b)所示的椭圆所圈的部分。为了更有效地冷却浇口,在浇口套(主流道衬套)处又设计了环形槽式的凹模冷却回路。

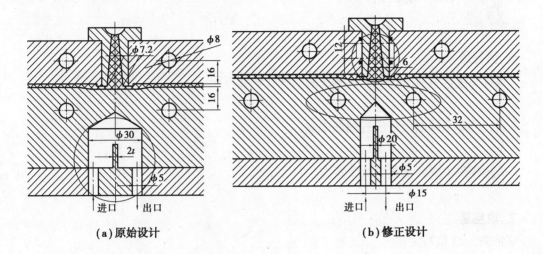

(a)原始设计　　　　　　　　　　　(b)修正设计

图 3.69　扁平制件单层冷却回路

5)茶杯注射模的冷却系统设计

茶杯注射模的冷却系统设计,制件壁厚为 3 mm,通常冷却水孔的直径为 8~16 mm,因此选择冷却水孔的直径为 8 mm。该塑件有一定的高度,故凹模选择的是多层式冷却回路。型芯选择的是多型芯冷却回路中的导流板式冷却回路,布置形式如图 3.70、图 3.71 所示。

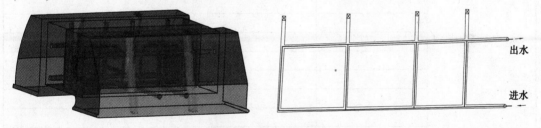

图 3.70　凹模冷却回路

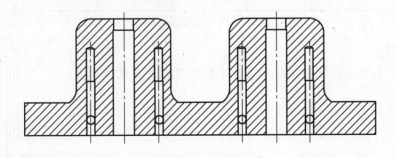

图 3.71　型芯冷却回路

【思考与练习】

一、简答题

1.模具温度调节对制件质量影响主要表现在哪些方面?

2.简述冷却系统的设计应遵循的原则。

3.简述模具主要的加热方式及特点。

二、填空题

请将表 3.23 填写完整。

表 3.23　模具冷却回路的分类及应用

冷却回路的类型	回路常见形式	应　用
凹模冷却回路		
型芯冷却回路		
间接冷却回路		

三、分析题

分析图 3.72 中冷却回路的设计,如有不合理的地方试说明及修正。

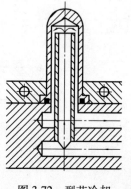

图 3.72　型芯冷却

学习活动 7　推出机构的设计

【学习目标】

能正确为茶杯模具设计推出机构。

1）定义

从模具中推出制件及其浇注系统凝料的机构称为推出机构或脱模机构。

推出力是将制件从包紧的型芯上脱出时所需克服的阻力。

2）内容

（1）推出机构结构组成

推出机构主要由推出零件、推出零件的固定零件、推出零件的导向和复位零件等组成，如图 3.73 所示。零件的名称、作用，见表 3.24。

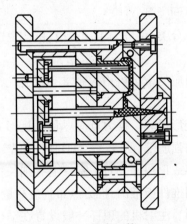

图 3.73　推出机构

表 3.24　推出机构零件的名称、作用

序号	名　　称	作　　用
1	推杆	推出零件，将推力传递到制件上，推出制件
2	推杆固定板	推出零件的固定零件，固定推杆、复位杆、拉料杆等零件
3	推板导套	推出零件的导向零件，与推板导柱一同起导向作用，保证推出过程平稳可靠
4	推板导柱	推出零件的导向零件，与推板导套配套使用，还能支撑动模垫板
5	拉料杆	拉出浇注系统凝料，并与推杆一同推出制件及凝料
6	推板	将注射机顶杆的顶出力传递给推杆、拉料杆等零件
7	支承钉（俗称"垃圾钉"）	使推板与动模板之间产生间隙，以便清除废料及杂物。还可通过调节支承钉厚度，可控制推杆位置及推出距离
8	复位杆	推出零件的复位零件，将合模力传递给推板，将推出机构复位

推出机构的工作原理：

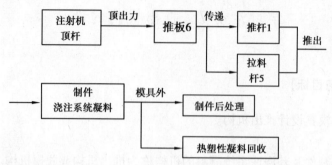

（2）推出机构的分类

推出机构的分类主要有以下几种。

①按推出零件的类别分类，可分为推杆推出、推管推出、推件板（脱模板）推出、推块推出、压缩空气推出和多元件联合推出等。

②按机构的推出动作特点分类，可分为一次推出、二次推出、顺序推出、动定模双向推出以及带螺纹制件的脱模机构等不同类型。

③按推出动作的动力来源分类，可分为手动脱模、机动脱模、液压和气压脱模等不同类型。

（3）推出机构的设计要求

制件的形状、结构不同，对应的推出机构的要求有所变化，但是设计时一些基本要求还是需要保证的。

①制件在推出过程中不变形损坏。推力点应尽量靠近形芯或难于脱模的部位，设计在制件厚度大、刚性好的部位，如加强肋部、凸缘、壳体形制件的壁缘等处，尽量避免在制件壁厚较薄的面上，防止制件顶破、顶穿或顶白等。对于制件上有细长中空圆柱则多采用推管推出，如壳体形制件及筒形制件多采用推件板推出，推力点布置应尽量均匀。

②制件应尽量留在动模侧。注射机的顶杆一般设置在动模侧，故推出机构一般也设置在动模侧，这样便于脱模机构的设计。如果制件需留在定模侧，则定模上要设计推出机构。

③不损坏制件的外观质量。为避免顶出痕迹影响制件外观，顶出装置应设在制件的隐蔽面或非装饰表面，对于透明制件尤其要注意顶出位置及顶出形式的选择。

④推出机构应工作可靠。推出机构应尽量结构简单、工作可靠、推出距离合适。结构简单则便于加工及布置；工作可靠则避免了因脱模失败引起的制件损坏，甚至是模具的损坏。有些模具要求可靠性是 100%。推出距离一般是推出制件脱离模具 5~10 mm，对于大型的简单制件推出距离可以是制件深度的 2/3，过大会加剧模具的磨损、过小则制件不能顺利脱模。

（4）推出力的计算

推出力的计算是确定推出机构结构和尺寸的依据，其近似计算式为

$$F = Ap(\mu \cos \alpha - \sin \alpha) \qquad (3.13)$$

式中　F——推出力，N；

　　　A——塑件包容型芯的面积，m^2；

　　　p——塑件对型芯单位面积上的包紧力，一般情况下，模外冷却的塑件，p 取 2.4×10^7 ~

150

$3.9×10^7$ Pa;模内冷却的塑件,p 取 $0.8×10^7 \sim 1.2×10^7$ Pa;

μ——塑件对钢的摩擦系数为 0.1~0.3;

α——脱模斜度。

从式(3.13)可知,推出力的大小随塑件包容型芯的面积增加而增大,随脱模斜度增大而减小,随塑件对钢的摩擦系数减小而减小。影响推出力的大小的因素还包括型芯的表面粗糙度、成型的工艺条件、大气压力及推出机构本身在推出运动时的摩擦阻力等。

茶杯成型推出力的计算。通过 Pro/E 软件建立茶杯的三维模型,再选择菜单"分析"→"测量"→"区域",可测得单个塑件包容型芯的面积 $A = 0.019\ 6\ m^2$,因为是模内冷却的塑件,塑件对型芯单位面积上的包紧力取 $0.8×10^7 \sim 1.2×10^7$ Pa,这里 p 取中间值 10 MPa,塑件对钢的摩擦系数,为 0.1~0.3,这里 μ 取 0.15;参考学习任务一或查相关设计手册,聚碳酸酯 PC 的脱模斜度一般为 $30' \sim 50'$,这里 α 取中间值 $40'$。将相关数据代入公式计算可得,推出力 F 约为27.2 kN。

(5)一次推出机构的设计

①一次推出机构的形式。一次推出机构是指开模后用一次动作把制件推出的机构,其常见形式有 6 种。推杆、推管、推件板、推块、多元件联合、压缩空气推出机构。各形式的设计要点见表 3.25。

表 3.25 一次推出机构的典型结构、设计要点及应用

一次推出机构类型	典型结构图示	设计要点	应 用
推杆推出机构		①推杆参考国标选 ②位置均匀对称 ③脱模阻力最大处 ④设置垂直壁厚处 ⑤推杆与凸模侧壁相隔 0.1~0.15 mm ⑥推杆尺寸不宜多	应用最广、推出位置受限最少,各类制件,不适合管类、脱模阻力大塑件
推管推出机构	 (a)长型芯用 (b)中长型芯用 (c)短型芯用	①推管内外表面滑动部分淬火 50 HRC ②推管与型芯配合长度比推出行程大3~5 mm,推管与模板的配合长度为推管外径的 1.5~2 倍 ③配合部分常采用 H8/f7,H8/f8	用于推出圆筒形、环形或带孔的塑料

151

续表

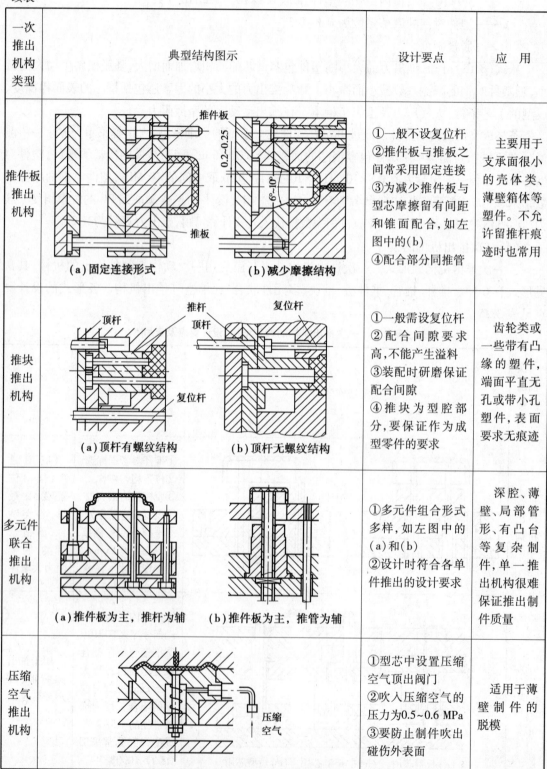

一次推出机构类型	典型结构图示	设计要点	应 用
推件板推出机构	**(a)固定连接形式**　　**(b)减少摩擦结构**	①一般不设复位杆 ②推件板与推板之间常采用固定连接 ③为减少推件板与型芯摩擦留有间距和锥面配合,如左图中的(b) ④配合部分同推管	主要用于支承面很小的壳体类、薄壁箱体等塑件。不允许留推杆痕迹时也常用
推块推出机构	**(a)顶杆有螺纹结构**　　**(b)顶杆无螺纹结构**	①一般需设复位杆 ②配合间隙要求高,不能产生溢料 ③装配时研磨保证配合间隙 ④推块为型腔部分,要保证作为成型零件的要求	齿轮类或一些带有凸缘的塑件,端面平直无孔或带小孔塑件,表面要求无痕迹
多元件联合推出机构	**(a)推件板为主,推杆为辅**　　**(b)推件板为主,推管为辅**	①多元件组合形式多样,如左图中的(a)和(b) ②设计时符合各单件推出的设计要求	深腔、薄壁、局部管形、有凸台等复杂制件,单一推出机构很难保证推出制件质量
压缩空气推出机构	压缩空气	①型芯中设置压缩空气顶出阀门 ②吹入压缩空气的压力为0.5~0.6 MPa ③要防止制件吹出碰伤外表面	适用于薄壁制件的脱模

②推杆的设计。推杆推出机构在注射模中应用最为广泛,这里重点介绍推杆推出的设计,其他推出机构的零件设计可参考表 3.25 设计要求栏的内容,或参考相关的设计资料。

A.推杆的形式。推杆又称顶杆,俗称顶针。国家标准(GB/T 4169.1~23—2006)规定的推杆有推杆、扁推杆、带肩推杆 3 种,分别如图 3.74 至图 3.76 所示。

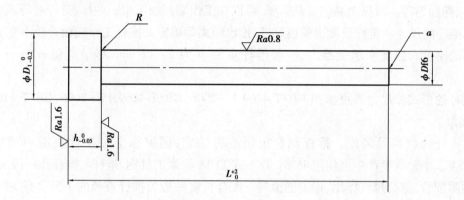

图 3.74　推杆

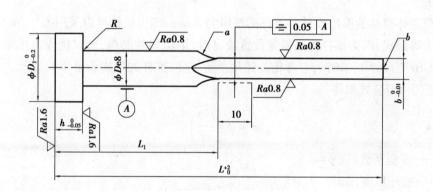

图 3.75　扁推杆

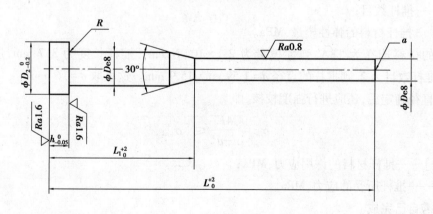

图 3.76　带肩推杆

图 3.74 为推杆。这种推杆结构较简单,应用最广泛,其直径 d 一般为 1~25 mm。

图 3.75 为扁推杆。用来顶推薄壁制件的边缘、窄凸台或肋的底部等,以增大其顶推面积,

模板上的推杆孔常用线切割方法加工。直径 d 取 4~16 mm。b 取 3~14 mm。a 取 1~2.5 mm。

图 3.76 为带肩推杆。当推出部位受限制、尺寸较小、而又需要增加推杆刚度时,将直通形圆推杆改为阶梯形,其顶出部分长 L 一般为非顶出部分 L_1 的 1/2。

B. 推杆的工作端面形状。推杆的工作端面的主要形状为圆形,还可设计成矩形、三角形、半圆形、椭圆形等。根据制品的特殊需要,可以在工作端面加工出一些标志、符号等来成型。

C. 推杆的尺寸。推杆长度由模板厚度、推出距离等确定。推杆工作端面直径不宜太小,应有足够的刚度和强度来承受推力,一般推杆直径 ϕ 为 2~12 mm,尽量避免 $\phi2$ mm 以下的推杆。

推杆的形式和尺寸都可参照 GB/T 4169.1—2006,GB/T 4169.15—2006,GB/T 4169.16—2006 选取。

D. 推杆的材料及装配。推杆材料由制造者选定,国家标准中推荐使用 4Cr5MoSiV1、3Cr2W8V。小批量生产中也使用 45 钢、T8A 或 T10A 碳素工具钢,推杆与推杆孔一般采用 H7/f6 的间隙配合,兼起排气作用,但不能溢料。配合长度一般为推杆直径的 1.5~2 倍,推杆端面应与凹模或镶件的平面平齐或高出 0.05~0.1 mm。推杆端面应抛光,表面粗糙度 Ra 一般为 0.4~1.6 μm。

③成型茶杯模具的推出设计。茶杯的壁厚为 3 mm,推出机构可以采用推杆、推件板、多元件联合推出等形式,因为推杆推出位置设置较自由,结构相对简单,所以优先考虑采用推杆推出。参照 GB/T 4169.1—2006,参考相关经验手册,选取推杆的形式为图 3.74 类型。推杆直径 d 可根据压杆稳定公式求得

$$d = \psi \left(\frac{L^2 F}{nE} \right)^{\frac{1}{4}} \tag{3.14}$$

式中 ψ——安全系数,取 $\psi = 1.5$;

L——推杆长度,cm;

F——脱模力,N;

n——推杆数目;

E——推杆材料的弹性模量,MPa。

推杆的材料选择为 T8A,弹性模量为 2.1×10^7 N/cm²,推杆长度为 317 mm,脱模力为 54.4 kN,推杆数目为 2,则推杆的直径 $d = 1.59$ cm $= 15.9$ mm。这里取 $d = 16$ mm。

推杆直径确定后,还应进行强度校核,即

$$\sigma_c = \frac{4F}{n\pi d^2} \leqslant [\sigma] \tag{3.15}$$

式中 $[\sigma]$——推杆材料的许用应力,MPa;

σ_c——推杆所受的应力,MPa。

校核需自己完成。

(6)顺序推出机构的形式

有些注射模为了确保制件首先与定模脱离,或为了点浇口浇注系统凝料与制件自动分离,或为了先完成侧抽芯动作,再实现制件与定模的脱离等,必须按一定顺序进行多次分型,称为

顺序推出机构。为实现注射模的这一功能要求,顺序推出机构都有定距元件,使一次推出动作完成后再开模一定距离后,才进行推出,所以顺序推出机构又可称为定距分型机构。比较典型的定距分型机构有以下几种。

①定距螺钉式。如图3.77所示,其工作原理:开模时,在弹簧10的作用下,顶销9顶住定模板12首先从A处分型,点浇口被拉断,浇注系统凝料8与制件7分离,但被拉料杆留在凹模一侧,如图3.77(b)所示。开模到一定距离后,定距螺钉12阻碍定模板11继续运动,从B处分型,定模板12将浇注系统凝料8从拉料杆11上脱下,而制件7包紧型芯,会从凹模内拉出留在型芯5上。开模结束后,推件板6推出制件5,如图3.77(c)所示。但是,当弹簧失效或制件对型芯的包紧力小时,开模时可能会先从B处分型而不是A处,模具就不能按既定的顺序脱模,故工作不可靠。

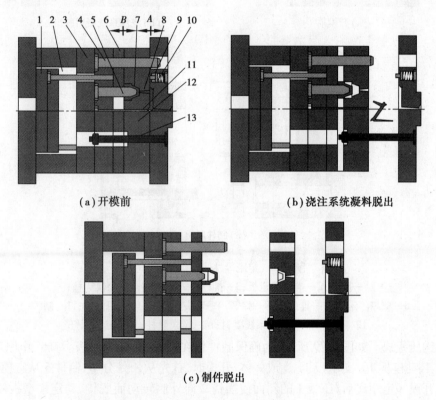

（a）开模前　　　　　　　　　　　　　（b）浇注系统凝料脱出

（c）制件脱出

图3.77　定距螺钉式顺序脱模机构

1—推板;2—推杆;3—支承板;4—导柱;5—型芯;6—推件板;7—制件;
8—浇注系统凝料;9—顶销;10—弹簧;11—拉料杆;12—定模板;13—定距螺钉

②定距导柱式。如图3.78所示,其工作原理:球头定位钉9在弹簧8的作用下紧压在动模导柱5的半圆槽内,将型芯固定板6和凹模板10连成一体,如图3.78(a)所示。开模时,型芯固定板6和凹模板10随动模移动,从Ⅰ处分型,定距螺钉15在定模导柱14的滑槽内移动。继续开模一定距离后,定距螺钉15接触定模导柱滑槽端部,阻碍凹模板继续运动,凹模板与动模被强行分开,从Ⅱ处分型如图3.78(b)所示;开模结束后,推件板7推出制件11,如图3.78(c)所示。

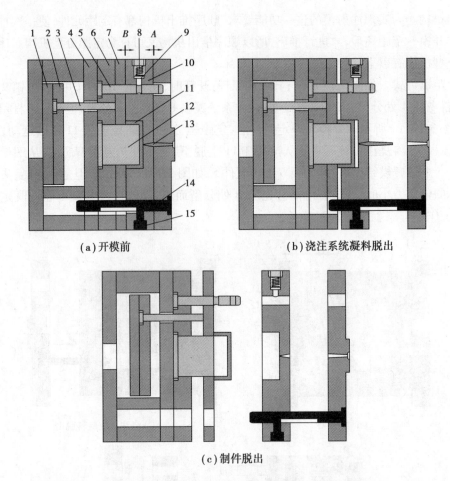

(a)开模前　　　　　　　　　　　(b)浇注系统凝料脱出

(c)制件脱出

图 3.78　定距导柱式定距分型机构

1—推板；2—推杆固定板；3—推杆；4—支承板；5—动模导柱；
6—型芯固定板；7—推件板；8—弹簧；9—球头定位钉；10—凹模板；11—制件；
12—型芯；13—浇注系统凝料；14—定模导柱；15—定距螺钉

③拉钩压板式。如图 3.79 所示，为确保制件留在动模侧，便于脱模。其工作原理：摆钩 2 将凹模板 7、动模板 10、支承板 11 连成一体，开模时，首先从 A 处分型，制件 5 从定模型芯上脱下。继续开模一定距离后，压板 1 的斜面使摆钩 2 向外侧转动而脱钩，动定模型板停止运动，从 B 处分型。开模结束后，推管 9 将制件从动模型芯 8 上推出。

定距分型机构常用的类型还有定距拉板式、搭扣螺钉式等形式，在设计时根据需要选择。

④成型茶杯模具的定距分型机构。模具的浇注系统采用了点浇口，为了使得凝料与制件自动分离，这里采用了定距螺钉式分型机构，因标准模架上包含有点浇口类型，所以这里的定距分型机构只需在标准模架中选择。

（7）复位机构的设计

①复位机构的种类。为了使成型循环进行，脱模机构在完成制件的推出动作后必须回到初始位置。除推件板推出外，其他推出形式（推杆推出、推管推出等）一般均需要设置复位机构。常用的复位机构有弹簧复位（在推板与动模支承板之间安装压缩弹簧）和复位杆复位两

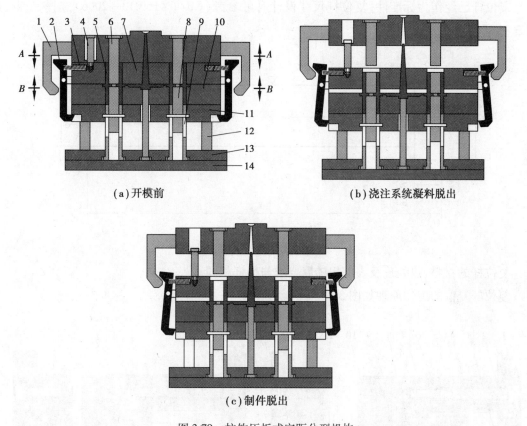

（a）开模前　　　　　　　　　（b）浇注系统凝料脱出

（c）制件脱出

图 3.79　拉钩压板式定距分型机构

1—压板；2—摆钩；3—弹簧；4—定距螺钉；5—制件；6—定模型芯；7—凹模板；
8—动模型芯；9—推管；10—动模板；11—支承板；12—垫块；13—推杆固定板；14—推板

种。由于弹簧易弹性失效，所以复位不可靠，不如复位杆复位应用广泛。

　　②复位杆的设计。复位杆复位机构的组合形式如图 3.80（a）所示，复位杆与动模镶块或动模固定板的配合长度 $L_1 = 1.5 \sim 2d \geqslant 15$ mm，配合部分通常采用 H7/f7 的间隙配合；复位杆一般为 4 根，对称布置在推出板的四周。对中、大型模具可设置 6 根或 8 根复位杆。为避免在工作过程中复位杆将定模固定板顶出凹坑，影响脱模推出机构准确复位，可在定模固定板上镶入淬火的垫块，如图 3.80（b）所示。

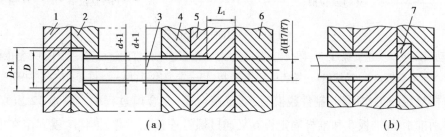

（a）　　　　　　　　　　　　　　　（b）

图 3.80　复位杆装配固定形式

1—推出板；2—复位杆固定板；3—复位杆；4—支承板；
5—动模板；6—型芯固定板；7—淬火镶块

复位杆已经作为标准件,复位杆尺寸设计时可参考(GB/T 4169.13—2006)选择,形状如图 3.81 所示。

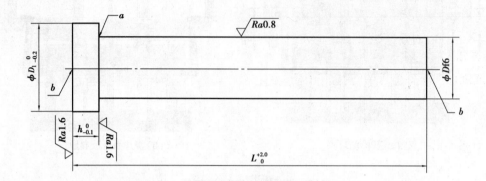

图 3.81　复位杆图

复位杆的材料、热处理及表面粗糙度要求与推杆相同。

复位杆复位的工作原理如图 3.82 所示。

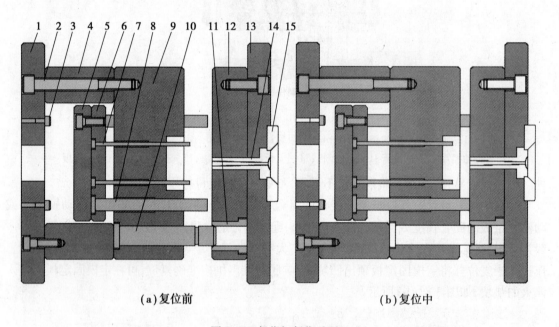

(a)复位前　　　　　　　　　　　　　(b)复位中

图 3.82　复位杆复位过程

1—动模座板;2—连接螺钉;3—限位钉;4—垫块;5—推板;6—推杆固定板;7—推杆;8—复位杆;
9—动模板;10—导柱;11—导套;12—定模板;13—定模座板;14—浇口套;15—定位圈

复位杆复位的工作原理:制件脱模后,动定模合模,在合模过程中定模板 12 压复位杆 8,复位杆推动推板 5,推板 5 和推杆固定板 6 又通过螺钉连接在一起,推杆 7 就固定在推杆固定板 6 内,所以推杆 7 一同随复位杆后退,直到动定模完全闭合,如图 3.82(b)所示。

③成型茶杯模具的复位杆设计。选用国家标准 GB/T 4169.13—2006,直径 D 为 25 mm,D_1 为 30 mm 的复位杆,h 为 5 mm。

【思考与练习】

简答题

1.简述注射模推出机构的零件组成。

2.简述推出机构的工作原理。

3.推出机构的设计要求是什么?

4.推出机构有哪些分类方法?

5.简述国家标准规定的推杆形式。

学习活动 8　标准模架的选择

【学习目标】

能为茶杯注射模正确选择模架。

1)注射模模架的国家标准规定的内容

《塑料注射模模架》(GB/T 12555—2006)的国家标准规定模架以其在模具中的应用方式,分为直浇口与点浇口两种形式。

直浇口模架基本型可分为:

(1)A 型:定模二模板,动模二模板。

(2)B 型:定模二模板,动模二模板,加装推件板。

(3)C 型:定模二模板,动模一模板。

(4)D 型:定模二模板,动模一模板,加装推件板。

点浇口模架(在直浇口模架上加装推料板和拉杆导柱)基本型分为 DA 型、DB 型、DC 型、

DD 型。

2）模架的标记方法

【例 3.5】模架　A 2025-50×40×70　GB/T 12555—2006

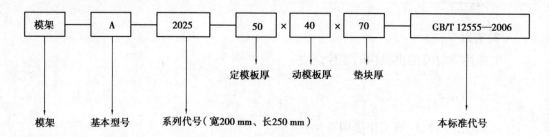

【例 3.6】模架　DB 3030-50×60×90-200　GB/T12555-2006

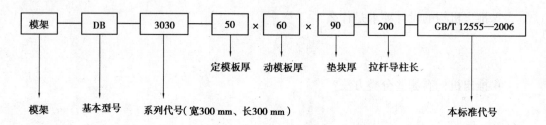

3）标准模架的选用

在设计模架时，尽可能地选用标准模架，标准模架的尺寸系列很多，应选用合适的尺寸，如果选择的尺寸过小，就有可能使模架强度、刚度不够，而且会引起螺钉、销钉、导柱、导套等零件的安放空间不够；选择模架的尺寸过大，则会使成本提高，还有可能使注射机的型号增大。

选择标准模架的关键是确定凹模模板的周界尺寸（长×宽）和厚度。要确定凹模模板的周界尺寸需确定型腔的大小、壁厚。在实际生产中也大量采用查设计手册或用经验公式来确定。

选择标准模架时要遵循最小原则，即在满足各种要求的情况下选用最小尺寸的模架，其选择步骤如下：

①根据制件特点来确定模架的品种。

②根据型腔的大小、壁厚来确定型腔模板的周界尺寸，如图 3.83 所示。确定出的型腔模板周界尺寸（长×宽）和标准模板的周界

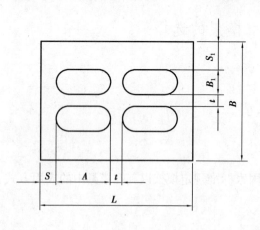

图 3.83　型腔的尺寸

尺寸（B×L）常不相符。应向较大的尺寸修正符合标准模板的尺寸，并留足够的空间安装其他零件。

③根据型腔、型芯的结构设计要求确定 A、B 板的厚度；根据顶出行程的要求确定垫板厚

度 C,即可确定模架的编号。

④根据对型芯的保护要求、脱模方便与否等情况,确定导柱的安装方式(正装或反装)。

⑤检验所选模架是否合适。对所选模架还需校核模架和注射机之间的关系,如闭合高度是否小于最大装模高度。如校核适合,则选择是成功的,否则应重新选择看能否减少模板厚度,如果不行则需更换注射机。

型腔模板的长度:

$$L = S + A + t + A + S$$

型腔模板的宽度:

$$B = S + B_1 + t + B_1 + S$$

式中,S 为凹模壁厚;A 为型腔长度;B_1 为型腔宽度;t 为型腔间的壁厚,一般取 S 的 1/4 或 1/3。

4)模架的选择步骤

①根据制件的特点来确定模架的品种。

②根据型腔的大小、壁厚来确定型腔模板的周界尺寸;根据型腔模板的周界尺寸来选择符合尺寸的标准模板。

③根据型腔、型芯的结构设计要求确定 A、B 板的厚度;根据顶出行程的要求确定垫板厚度 C。

④根据对型芯的保护要求、脱模是否方便等情况,确定导柱的安装方式(正装或反装)。

⑤检验所选模架是否合适。并对注射机进行校核。

5)为茶杯注射模选用模架

模具的周界尺寸为 450 mm×500 mm,模具采用的是双分型面、点浇口形式,对应的模架参考国标可以选择。模架　DA 4550−150×70×150−370(GB/T 12555—2006)。

【思考与练习】

简答题

1.标准模架有哪些结构形式?

2.简述标准模架各结构形式的特点及应用。

3.如何选用标准模架?

学习活动 9　模具图纸的绘制

【学习目标】

能为肥皂盒注射模具绘制装配图、零件图。

1）绘制模具图（绘制装配图和零件图）

模具的结构形式基本确定好了，模架也就选择好了，这时，就应着手绘制模具结构草图，为正式绘图作好准备。

要求按照国家制图标准绘制，但是也要求结合本厂标准和国家未规定的工厂习惯画法。在画模具总装图之前，应绘制工序图，并要符合制件图和工艺资料的要求。由下道工序保证的尺寸，应在图上标写注明"工艺尺寸"字样。如果成型后除了修理毛刺之外，再不进行其他机械加工，那么工序图就与制件图完全相同。

在工序图下面最好标出制件编号、名称、材料、材料收缩率、绘图比例等。通常就把工序图画在模具总装图上。

（1）绘制总装结构图

绘制总装图尽量采用1∶1的比例，先由型腔开始绘制，主视图与其他视图同时画出。模具总装图应包括以下内容：

①模具成型部分结构。

②浇注系统、排气系统的结构形式。

③分型面及分模取件方式。

④外形结构及所有连接件，定位、导向件的位置。

⑤标注型腔高度尺寸（不强求，根据需要）及模具总体尺寸。

⑥辅助工具（取件卸模工具，校正工具等）。

⑦按顺序将全部零件序号编出，并且填写明细表。

⑧标注技术要求和使用说明。

（2）模具总装图的技术要求内容

①对于模具某些系统的性能要求。例如，对顶出系统、滑块抽芯结构的装配要求。

②对模具装配工艺的要求。例如，模具装配后分型面的贴合面的贴合间隙应不大于0.05 mm；模具上、下面的平行度要求，并指出由装配决定的尺寸和对该尺寸的要求。

③模具使用，装拆方法。

④防氧化处理、模具编号、刻字、标记、油封、保管等要求。

⑤有关试模及检验方面的要求。

（3）绘制全部零件图（标准件不画）

由模具总装图拆画零件图的顺序应为：先内后外，先复杂后简单，先成型零件，后结构零件。

①图形要求：一定要按比例画，允许放大或缩小。视图选择合理，投影正确，布置得当。为

了使加工人员易看懂、便于装配,图形尽可能与总装图一致,图形要清晰。

②标注尺寸要求统一、集中、有序、完整。标注尺寸的顺序为:先标注主要零件尺寸和脱模斜度,再标注配合尺寸,然后标注整体尺寸。在非主要零件图上先标注配合尺寸,后标注整体尺寸。

③表面粗糙度。把应用最多的一种粗糙度标于图纸右上角,如标注"其余$\sqrt{Ra3.2}$"其他粗糙度符号在零件各表面分别标出。

④其他内容,例如,零件名称、模具图号、材料牌号、热处理和硬度要求,表面处理、图形比例、自由尺寸的加工精度、技术说明等都要正确填写。

(4)校对、审图、描图、送晒

自我校对的内容如下:

①模具及其零件与制件图纸的关系,模具及模具零件的材质、硬度、尺寸精度,结构等是否符合制件图纸的要求。

②制件方面。塑料料流的流动、缩孔、熔接痕、裂口、脱模斜度等是否影响制件的使用性能、尺寸精度、表面质量等方面的要求。图案设计有无不足,加工是否简单,成型材料的收缩率选用是否正确。

③成型设备方面。注射量、注射压力、锁模力够不够,模具的安装、制件的成型、脱模有无问题,注射机的喷嘴与浇口套是否正确地接触。

④模具结构方面

a.分型面位置及精加工精度是否满足需要,会不会发生溢料,开模后是否能保证制件留在有顶出装置的模具一边。

b.脱模方式是否正确,推杆、推管的大小、位置、数量是否合适,推板会不会被型芯卡住,会不会造成擦伤成型零件。

c.模具温度调节方面。加热器的功率、数量;冷却介质的流动线路位置、大小、数量是否合适。

d.处理制件侧凹的方法,侧抽芯机构是否恰当,例如,斜导柱侧抽芯机构中的滑块与推杆是否相互干涉。

e.浇注、排气系统的位置,大小是否恰当。

f.设计图纸是否完整。

g.装配图上各模具零件安置部位是否恰当,表示得是否清楚,有无遗漏。

h.零件图上的零件编号、名称,制作数量、零件内制还是外购的,是标准件还是非标准件,零件配合处精度、成型制件高精度尺寸处的修正、加工及余量,模具零件的材料、热处理、表面处理、表面精加工程度是否标记、叙述清楚。

⑤零件图上主要零件、成型零件工作尺寸及配合尺寸。尺寸数字应正确无误,不要使生产者换算。

⑥检查全部零件图及总装图的视图位置,投影是否正确,画法是否符合制图国标,有无遗漏尺寸。

⑦校核加工性能(所有零件的几何结构、视图画法、尺寸标标注等是否有利于加工)。

⑧复核主要工作尺寸。

专业校对原则上按设计者自我校对项目进行,但是要侧重于结构原理、工艺性能及操作安全方面。描图时要先消化图形,按国标要求描绘,填写全部尺寸及技术要求。描后自己校核并签字。把描好的底图交设计者校对签字,习惯做法是由工具制造单位有关技术人员审查,会签、检查制造工艺性,然后才可送晒。

⑨编写制造工艺卡片。由模具制造单位技术人员编写制造工艺卡片,并且为加工制造作好准备。在模具零件的制造过程中要加强检验,把检验的重点放在尺寸精度上。模具组装完成后,由检验员根据模具检验表进行检验,主要是检验模具零件的性能情况是否良好,只有这样才能保证模具的成型质量。

2)绘制模具装配图

茶杯模具装配图,根据设计的相关尺寸绘制好茶杯的装配图,然后再拆画零件图,如图3.84所示。特别说明:图示装配图省略了图框、明细栏和标题栏、技术要求、零部件的序号等。

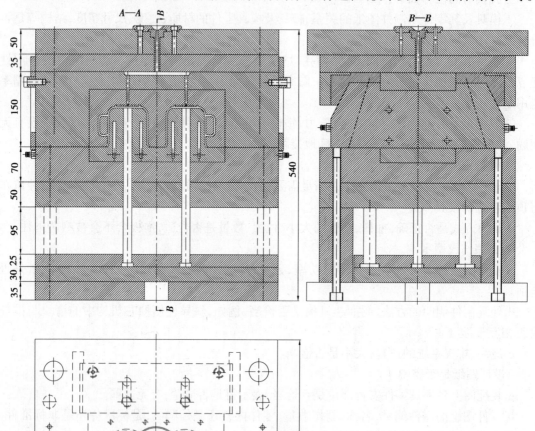

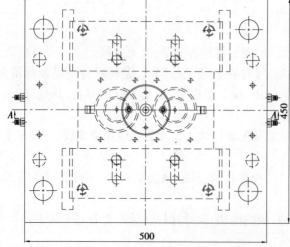

图 3.84 茶杯模具的装配图

3)绘制模具零件图
（1）型芯（见图 3.85）

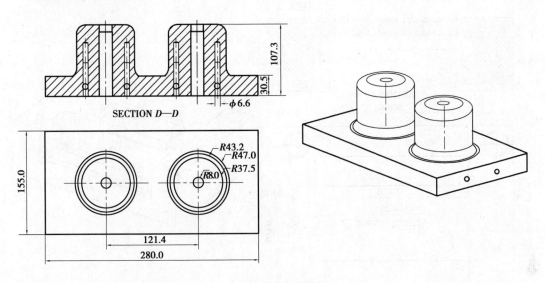

SECTION *D—D*

图 3.85　茶杯型芯

（2）滑块（见图 3.86）

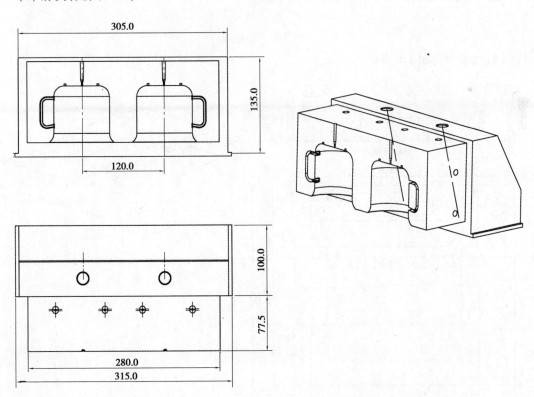

图 3.86　滑块

（3）定模板（见图3.87）

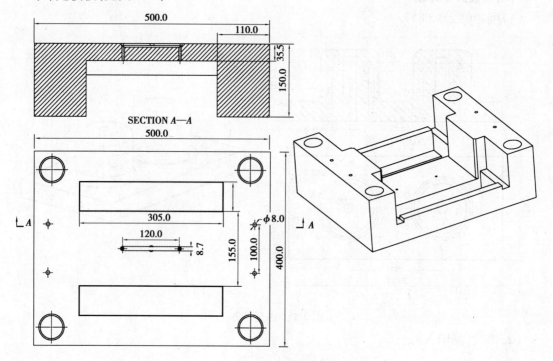

图 3.87　定模板

（4）动模板（见图3.88）

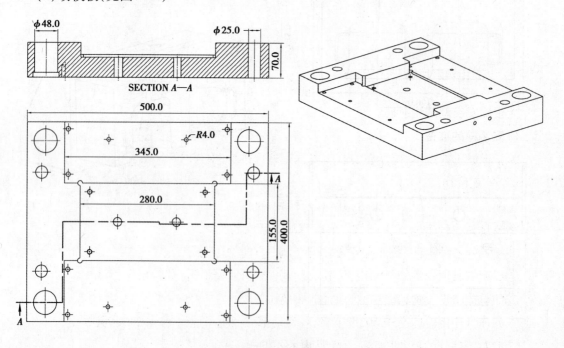

图 3.88　动模板

（5）支承板（见图 3.89）

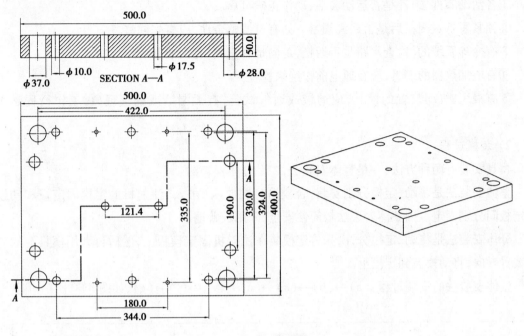

图 3.89 支承板

学习活动 10 模具的制作与调试

【学习目标】

能正确安装调试注射模。

1）安装前的准备

为了保证正常试模,模具在安装前要预先进行检查,检查内容如下:

（1）外观检查

①模具外露部分应无锐棱角,并应印有用该模具生产的制件图号或代号。

②模具总质量超过 30 kg 时,应有起重用吊环安装孔。

③模具的各种部件、备件应齐全。应有合模方向的标记。

④成型有腐蚀性的塑料的模具,其成型零件应有防腐措施（如镀铬等）。

⑤如可能出现飞边,其方向应保证能脱模。

⑥如模具使用温度高于 60°以上时,各运动部分间隙应能保证不因膨胀而卡死。

⑦型腔各部分的尺寸是否符合模具设计要求（以图样为依据）。

（2）空转检查

①各活动零件、组件是否运动灵活，动作正确可靠。

②锁紧零件在闭模后是否确实锁紧。如有可调整余地，应事先调整。

③有冷却系统的，检查水路是否通畅，走向是否正确，有无泄漏现象。

④有电加热器的模具，应在通电前作绝缘检查。

⑤有液压、气动装置的模具，应通液或通气试验，有无漏液或漏气现象，工作行程是否准确。

2）装模过程

模具安装有两种方法：一是整体安装法，二是分体安装法。

整体安装法是将动、定模分别安装，合模后一同放入（吊入）注射机的定模固定板和动模固定板间分别固定。因整体安装法较简便安全，采用较普遍。

分体安装法是将动、定模分开，先将定模装在注射机固定模板上，然后再利用模具上的导向装置导向，将动模装到定模上。

整体安装法的安装过程：（a）→（b）→（c）→（d）→（e）→（f）→（g），如图3.90所示。

（a）模具零件图　　　　（b）凹模安装　　　　（c）定模座板安装

（d）型芯安装　　（e）推杆固定板的安装　　（f）垫块和动模座板安装　　（g）动、定模合模

图3.90　模具安装过程（整体安装法）

3）装模要点

模具在组装前应仔细研究分析总装图和零件图，了解各零件的作用、特点及技术要求，确定装配基准。并且保证达到装配图中各项精度要求，保证模具动作的可靠性和使用过程中的

安全性等技术要求。

(1)确定装配基准

装配基准可大致分为:

①以塑料模中的主要工作零件(如型芯、型腔和镶块等)作为装配的基准件,模具的其他零件都有装配基准件进行配制和装配。

②以导柱导套或模具的模板侧基面为装配基准面进行修整和装配。

(2)保证模具装配精度

模具装配精度包括:

①各零、部件相互间的精度,如同轴度、平行度、垂直度等。

②相对运动精度,如传动精度、直线运动和回转运动精度等。

③配合精度和接触精度,如配合间隙、过盈量接触状况等。

④制件的壁厚尺寸精度,新制模具时,制件的壁厚应偏向于最小极限尺寸。

(3)正确进行修配

修配时应遵循以下原则:

①修配脱模斜度,原则上凹模应保证大端尺寸在制件尺寸公差范围内,型芯应保证小端尺寸在制件尺寸公差范围内,注意图纸上的尺寸标注。

②转角处的圆角半径,凹模应取小些,型芯应取大些。

③当模具既有水平分型面又有垂直分型面时,修正时应使垂直分型面接触时水平分型面稍稍留有间隙。间隙值视情况而定,小型模具只需涂上红丹粉后相互接触即可,大型模具间隙约为 0.02 mm。

④对于用斜面合模的模具,斜面密合后,分型面处应留有 0.02~0.03 mm 的间隙。

⑤修配表面的圆弧与直线连接要平滑,表面不允许有凹痕,锉削纹路应与开模方向一致。

4)试模过程

(1)试模前的准备

试模前,必须对模具和成型设备的水路、电路及油路进行检查,并按规定保养设备,为试模作好准备。

(2)试模时料筒和喷嘴温度的选择

根据原料的成型工艺特性(可参考学习任务二中的学习活动 1)来选择料筒和喷嘴的温度,一般参考资料上给定的是一个温度范围,通常选择中间值在试模时再进行调整。也可用较简单的办法来判断料筒和喷嘴的温度是否合适,即在喷嘴敞开的情况下,采用较低的注射压力,使塑料自喷嘴中缓慢流出,如果料流连续、光滑、明亮、无硬块、气泡、银丝、变色等现象说明料筒和喷嘴的温度较合适,可开始试模。

(3)试模时螺杆转速和背压的选择

对于黏度高和热稳定性差的塑料,应采用较低的螺杆转速和略低的背压或采取预先塑化,而黏度低和热稳定性好的塑料可采用较快的螺杆转速和略高的背压。在喷嘴温度适合的情况下,可采取喷嘴不再移动形式,当喷嘴温度太低或太高时,需采用加料预塑后喷嘴后退的方法或采用后加料预塑。

(4)试模时成型工艺参数的选择

开始试模时,应先选择低压、低温和较长时间条件下的成型,再按压力、时间、温度的顺序逐一变动。最好不要同时变动两个及以上参数。例如,发现充模不满,先增大注射压力,如果效果不明显,再考虑延长时间(是指塑料在料筒内加热的时间),经注射几次仍未充满,最后提高料筒温度。

充模的速度可选高速和低速。当制件壁薄而面积较大时,宜采用高速注射,反之宜低速,在高速和低速都能充满时(除玻璃纤维增强塑料外),都宜采用低速。

(5)试模记录

对试模的过程做好记录,并将结果填入试模记录卡,并注明模具是否合格,如需返修,则提出返修意见,最好能附上有缺陷的制件,以供参考。试模过程中制件易产生的缺陷及原因可参考学习任务二中学习活动10的相关内容。

5)模具的验收

(1)验收的内容

模具在验收时,主要包括模具的性能和成型制件的质量。

①模具性能。模具性能主要包括以下内容:

a.模具各机构连接可靠,活动部分灵活平稳,动作协调,定位准确,工作正常,满足制件成型质量及生产效率的要求。

b.脱模良好,制件留模方向符合设计要求。

c.嵌件安装方便,定位可靠,固定牢固。

d.对成型条件及操作要求不苛刻,便于生产。

e.成型零件有足够的强度和刚度。

f.模具安装平稳性好,调整方便,工作安全。

g.加料、取制件及凝料方便、安全,且消耗的塑料少。

h.结构零部件的使用性能良好。

②制件质量。制件质量主要包括以下内容:

a.制件的尺寸、精度、表面粗糙度等符合图纸要求。

b.形状完整无缺,表面光泽平滑,不得产生不允许的各种成型缺陷。

c.顶杆残留凹痕不得过深,一般不超过0.5 mm,不存在顶出不良和脱模不良等问题。

d.保证制件质量的稳定,飞边不得超过规定要求。

【思考与练习】

一、填空题

请完成表 3.26。

表 3.26 模具安装方法及应用

模具安装方法	要　点	应　用
整体安装法		
分体安装法		

二、简答题

1.简述注射模的安装要点。

2.简述试模的过程。

3.简述模具的验收内容。

三、分析题

分析制件在注射成型过程中常见的缺陷及解决方法。

四、总结与评价

1.学习活动总结

通过该学习活动的学习后,如果您能顺利地完成各学习任务的"思考与练习",你就可以继续往下学习。如果不能较好地完成,就再学习相应的学习任务,并对学习过程中遇到的重点、难点、解决办法等进行总结。

（空白框）

2.学习任务评价表

学习任务的评价是在该任务所有的学习活动完成后进行的,评价表的内容需如实填写,通过评价学生能发现自身的不足之处,教师能发现和认识到教学中存在的问题。

班级:＿＿＿＿＿＿＿＿ 学生姓名:＿＿＿＿＿＿＿＿＿ 学号:＿＿＿＿＿＿＿＿

项目	自我评价			小组评价			教师评价		
	10~9	8~6	5~1	10~9	8~6	5~1	10~9	8~6	5~1
学习活动1（完成情况）									
学习活动2（完成情况）									
学习活动3（完成情况）									
学习活动4（完成情况）									
学习活动5（完成情况）									
学习活动6（完成情况）									
学习活动7（完成情况）									
学习活动8（完成情况）									
学习活动9（完成情况）									
学习活动10（完成情况）									
参与学习活动的积极性									
信息检索能力									
协作精神									
纪律观念									
表达能力									
工作态度									
任务总体表现									
小　计									
总　评									

注:10表示最好,1表示最差。

任课教师:＿＿＿＿＿＿＿　　年　月　日

学习任务四
瓶盖热流道模具的设计

【学习任务】

本学习任务围绕热流道注射模设计的内容来学习,主要包括了注射模具类型的选择,确定分型面、型腔数,浇注系统的设计,成型零件的设计,推出机构的设计,冷却系统的设计等学习活动。

学习活动 1   注射模具类型的选择

【学习目标】

能正确为矿泉水瓶盖选择模具类型。

1)定义

无流道模具是指连续成型作业中,采用适当的温度控制,使流道内的塑料保持熔融状态,成型塑件的同时,几乎无流道凝料产生。

热流道模具是指连续成型作业中,借助加热,使流道内的热塑性塑料始终保持熔融状态的注射模。

绝热流道模具是指连续成型作业中,利用塑料与流道壁接触的固体层所起的绝热作用,使流道中心部位的热塑性塑料始终保持熔融状态的注射模。

温流道模是指连续成型作业中,采用适当的温度控制,使流道内的热固性塑料始终保持熔融状态的注射模。

2)内容

(1)无流道模具的特点

无流道模具在每一次成型周期中只得到所需的制件。无流道模具中成型热塑性塑料的模具根据浇注系统的特点又可分为热流道模具和绝热流道模具,成型热固性塑料的模具称为温流道模。

无流道模具有以下优点:

①避免了普通流道模具中产生的大量浇注系统凝料(生产小型精密制件时浇注系统凝料的质量可能超过制件质量)。

②制件无须修剪浇口,也就省去了热塑性塑料的凝料回收时的挑选、粉碎、染色和塑化造粒等工序,大大节省了人力和降低了成本(热固性塑料没有回收价值,只能作废料处理)。

③成型过程中不必加入反复成型已部分降解的回收料,从而提高了制件质量。

④流道内的塑料始终保持熔融状态,有利于压力传递,在一定程度上可克服制件因补料不足而产生的缩孔、凹陷等缺陷。

⑤制件脱模时无须取出流道凝料,可缩短成型周期,成型更大尺寸的制件。另外成型时只需考虑制件的脱出,易实现全自动操作。

综上所述,无流道模具的使用可以减轻劳动强度、提高生产率、提高产品质量、节约原材料、降低成本,为注射成型实现高速、高效、低耗和自动化创造了必要的条件。

(2)适用于无流道模具的原料

适用于无流道模具成型的塑料最好具有以下特征:

①熔融温度范围宽,黏度随温度的变化小,即在较低温度下仍具有好的流动性,在高温下具有优良的热稳定性,不易分解。

②塑料熔体的黏度对压力敏感,不加注射压力时不流动,而施加较小的压力就可流动。

③热变形温度高,制件在较高的温度下快速固化脱模,以缩短成型周期。

④比热容小、热导率高,塑料熔融和固化所吸收和放出的热量少且能被冷却系统迅速带走,可缩短成型周期。

热流道模具适用的塑料品种较多,热稳定性好的塑料均可适用,如 PE,PP,PS,ABS,PC,PA,POM(PA,POM 成型需精确控温)等。因此,热流道模具发展极快,应用很广。

无流道模具与普通模具的区别主要在浇注系统。国外已有热流道的标准件,国内在近些年热流道模具也得到了较广泛应用,特别是在一些薄壁盒、盖、罩壳类制件及一些精密、多腔成型模具较多采用。

(3)为瓶盖合理选择模具类型

高密度聚乙烯(PE-HD)的热稳定性好,流动性好,满足无流道模具对成型的塑料要求,由于瓶盖的质量小、尺寸不大、生产量大,且外表面质量较高,为节省材料和能源并提高生产率,因此考虑采用热流道模具。制件图如图4.1所示。

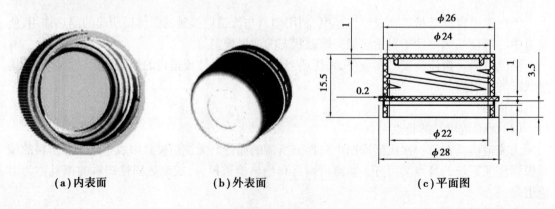

(a)内表面　　　　　　(b)外表面　　　　　　(c)平面图

图 4.1　制件图

学习活动 2　确定型腔数、分型面

【学习目标】

能正确为瓶盖选择合适的型腔数、型腔的布置及分型面。

1）模具型腔数量的确定

模具型腔数量的确定方法,可参考学习任务二和任务三的相关内容。

2）模具型腔的布置

型腔的布置方式可分为圆周式和行列式。

(1)单腔模具

根据制件的外形特点布置。如果制件的外形有一个足够大的开口,流道可抵达分型面,并与流道相连从内侧通到浇口。如框形制件、环形制件、U 形制件,如图 4.2 所示。可以在 U 形制件的一端开浇口或在封闭形状、开口形状的制件上开任意数量的浇口。而浇口的数量和位置取决于熔接痕的数量及强度的要求。

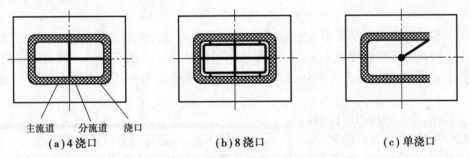

主流道　分流道　浇口

(a)4 浇口　　　　　　**(b)8 浇口**　　　　　　**(c)单浇口**

图 4.2　中心开口的单腔模具的侧浇口形式

如果制件的投影面是连续的,就可采用冷流道或热流道的中心浇口,中心浇口投影在模具中心。冷流道的中心浇口痕迹很难看,而热流道中心浇口痕迹较小。如果两种都可行,则热流道的直接浇口是常用的。例如,在塑料桶、盘、杯等制件上采用。如果直接浇口是不允许采用,则制件必须在边缘开浇口,这就需要将型腔偏置,如图 4.3 所示。当然这时模具会受偏载,而受力不平衡,往往要加垫块来平衡。如图 4.3(c)所示,这样模具的尺寸和两腔的一样大了。既然如此,再增加很少的成本来增加一个模腔是很合算的,同时生产率也可大大提高。必须考虑模腔的浇口从侧面开(见图 4.3(a))还是从端部开(见图 4.3(b))。侧面开流道短,端部开流道长但塑料的分子排列整齐,制件的强度大。

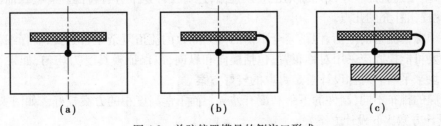

(a)　　　　　　　**(b)**　　　　　　　**(c)**

图 4.3　单腔偏置模具的侧浇口形式

（2）两腔模具

在不考虑制件形状的情况下，两腔模具的两种基本布置，如图4.4所示。两种布置都是可行且常用的。选择哪一种取决于制件形状，若图中的矩形表示了制件形状的特点即长边表示制件外形较长，短边表示表示制件外形较短。则$H_2>H_1$，$t_2>t_1$，制件离开模具的时间较长，因此需采用图4.4(a)的布置。

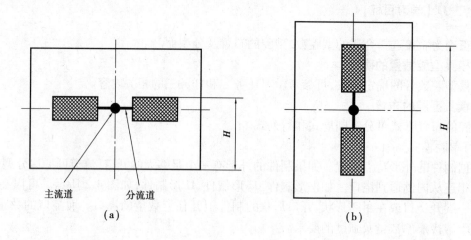

主流道　　　分流道

（a）　　　　　　　　　　　　　　（b）

图4.4　两腔模具的布置

多于两腔的模具可采用圆形或矩形排列，有时还可以结合使用。例如，一个20腔的模具，可将4个5腔圆形式样布置成正方形。圆形排列可以使分流道成辐射状布置且尽可能的短，但却使模腔数受限制。而矩形排列通常易于使用直角坐标系而不用极坐标系进行设计和加工。

以下情况，适合采用圆形排列。

①制件形状：小而细长的制件最适合呈辐射状布置，特别是型腔数较少的情况。

②模具大小：圆形排列的模具尺寸比矩形排列的小。由于注射机的尺寸限制了模具尺寸大小时，也可用圆形排列。

③流道平衡：对于奇数腔(3,5,7腔等)模具采用矩形排列无法达到平衡式的流道时采用。因为圆形排列就是平衡式的流道。

④浇口的位置：浇口应开在制件的端部最狭窄的部位时，模腔适合圆形排列，如量匙。

注：圆形排列也可以用热流道边缘浇口。

对于任意模腔数来说，要把模腔所有可能的排布都图示出来是不切实际的。排布方案的选择既取决于制件的形状、尺寸，也取决于浇口的位置，还取决于其他因素（导柱、推杆、复位杆、冷却管道、侧型芯的位置等），最后还要考虑注射机的尺寸。

但是，基于经验的一些设计原则也应该遵循，这对设计是十分有益的。有些在前面已经提及过，在此提出补充的几点。

①必须考虑流道的平衡，但是完全平衡的排列导致的流道复杂是否必要，需仔细权衡。

②只要可能模腔应采用对称布置，包括横向和纵向，以保证模具受力均匀，如果不可能也需采用垫块来平衡。对称设计总是可取的较好方案。

③模腔的排布不同，制件的下落高度有差异。而下落高度小的方案较好。如图4.5、图4.6所示，a设计方案比b设计方案好。

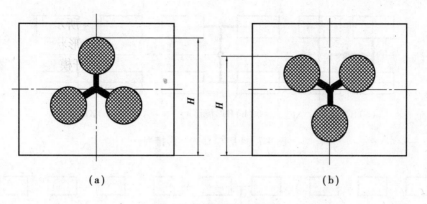

图 4.5　3 腔模具的布置

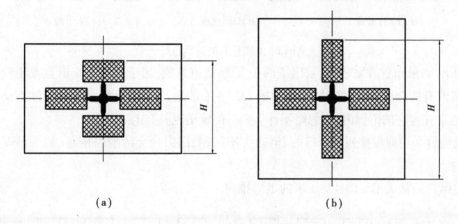

图 4.6　4 腔模具的圆形排列

（3）3 腔模具

3 腔模具没有矩形排列，只能采用圆形排列。如图 4.5 所示，模腔间隔 120°排列。虽然下落的高度不同可能只是小事，但对于高速成型，节约几分之一秒也是意义重大。例如，成型周期为 3 s，若高度减少 0.22 m，节约 0.15 s 则生产率可提高 5%。所以 3 腔模具应采用 b 布置方案。

（4）4 腔模具或更多腔

图 4.6 所示的是 4 腔模具的圆形排列。a 排列形式，浇口开在宽边；b 排列形式，浇口开在窄边。选择 a 还是 b 排列形式，取决于最适合于制件的浇口位置。但这两种方案距离 H 都比矩形排列的大。

图 4.7 所示的是 4 腔模具的矩形排列。a,b 采用的是 H 形流道，a 浇口开在宽边，b 浇口开在窄边，c 采用的是 X 形流道。在设计中都可采用。H 形流道对制造加工有优势，因为它只是在 x,y 坐标轴方向变化。而 X 形流道较短，流道凝料较轻。有时需要结合运用。

5 腔模具通常设计成圆形排列。可参考 3 腔模具的排列。

6 腔模具既可采用圆形排列，也可采用矩形排列。如图 4.8 所示的矩形排列得到广泛应用。

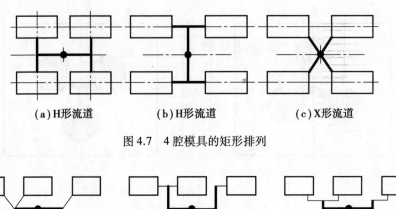

(a)H形流道　　　　　　　(b)H形流道　　　　　　　(c)X形流道

图4.7　4腔模具的矩形排列

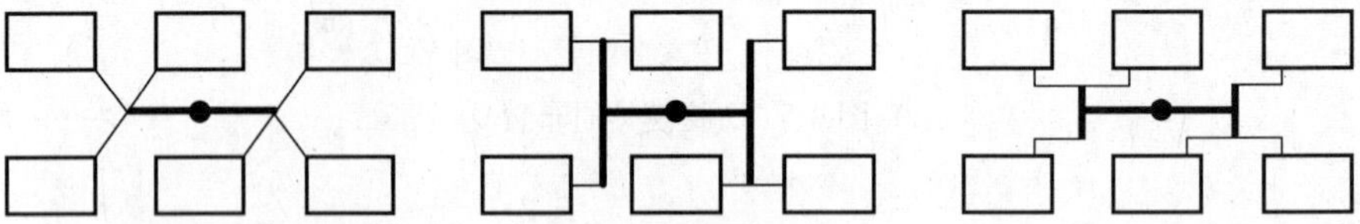

(a)Y形流道　　　　　　　(b)H形流道　　　　　　　(c)H形流道

图4.8　6腔模具的矩形排列

图4.8(a)的布置方案较好,采用了两个Y形流道系统,属于平衡式流道且流道较短。虽然在分流时有的会成45°左右的角,有的成135°左右的角,这在有些模具中对熔体流动有一定影响但通常在容许的范围内,可忽略不计。X形的流道也具有上述特点。

7腔模具采用圆形排列是可行的,但通常不采用,因为这会给型腔排布、加工及安装带来较大困难。

8腔模具通常采用如图4.9所示的矩形排列。

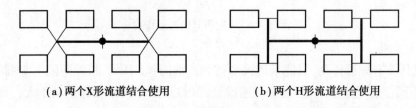

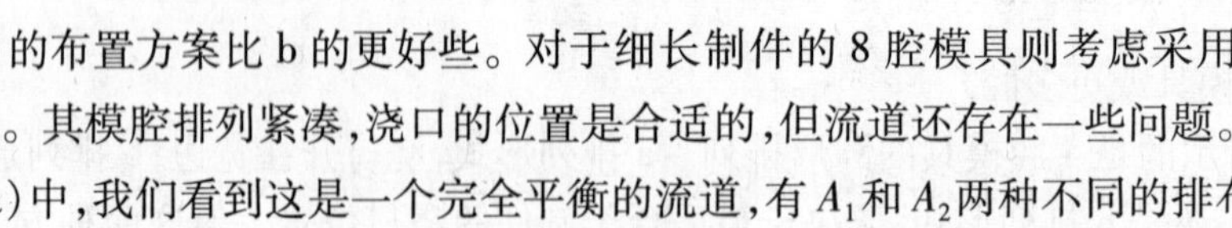

(a)两个X形流道结合使用　　　　　　　(b)两个H形流道结合使用

图4.9　8腔模具的矩形排列

图4.9(a)的布置方案比b的更好些。对于细长制件的8腔模具则考虑采用如图4.10所示的布置方案。其模腔排列紧凑,浇口的位置是合适的,但流道还存在一些问题。

图4.10(a)中,我们看到这是一个完全平衡的流道,有A_1和A_2两种不同的排布。主流道到浇口的距离都相同,但流道的距离长,浇注系统的投影面积很大。在图4.10(b)中,主流道到浇口的距离有所差别,但可认为这种差别足够小,影响不大。图中虚线为另一可选方案,模具受力平衡。图4.10(c)是非平衡式流道,其布置简洁、流道最短、浇注系统的投影面积最小,但从主流道到浇口的距离差别很大,在有些模具中需要对浇口尺寸作调整。但注射速度越快,这种流道距离差别的影响就越小。最简单的布置是发展的趋势,工厂或公司越来越多的采用图4.10(c)的设计方案。尤其是更多腔模具。例如,64腔模具(刀具模具),如图4.12所示。

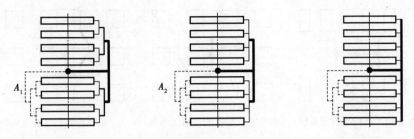

（a）流道完全平衡的设计方案　　（b）流道部分平衡的设计方案　　（c）流道不平衡的设计方案

图 4.10　细长制件的 8 腔模具的布置

　　如图 4.11 所示流道的布置是平衡式的但是流道太复杂,熔体流动时间较长、压力损失较大、流道凝料过多(冷流道),因此这种平衡式的流道实质并无好处。这种布置也被认为是"过时"的。应采用图 4.12 所示的非平衡式的流道的布置,这种布置是现在常用的设计方案,并对 2 的倍数腔模具都适用。

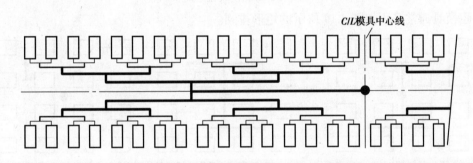

图 4.11　64 腔模具的平衡式流道的布置

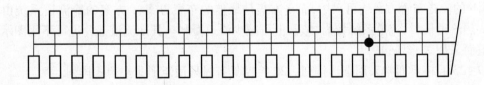

图 4.12　64 腔模具的非平衡式流道的布置

　　9~11 腔、13~15 腔模具采用圆形排列。其排布的角度应以 360°除以模腔数。例如,9 腔应间隔 40°,10 腔应间隔 36°等。这些奇数模腔只在成型成套制件时才采用。10 腔模具有时用矩形不平衡式排列。

　　12 腔模具通常采用完全平衡式的布置。图 4.13 是 12 腔模具的几种布置方案。

　　图 4.13(a)~(d)的流道布置方案是常用的,图 4.13(e)方案不可取,图 4.13(f)方案简洁、易于加工,快速充模时考虑采用。我们注意到(b),(c)方案的分流道需绕过中间的模腔而别扭地安置其间。如果是 3 板模或热流道模,由于流道在不同平面上则可从"正上方跨越"这两个模腔。d 方案 4 个冷流道系统由 4 个下沉式热流道供料(图中未画出)。

179

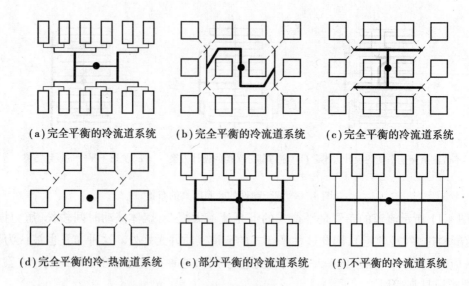

(a)完全平衡的冷流道系统　　(b)完全平衡的冷流道系统　　(c)完全平衡的冷流道系统

(d)完全平衡的冷-热流道系统　(e)部分平衡的冷流道系统　　(f)不平衡的冷流道系统

图4.13　二板式12腔模具流道的布置方案

16腔模具通常采用如图4.14所示的矩形排列。

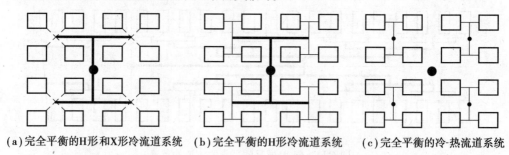

(a)完全平衡的H形和X形冷流道系统　(b)完全平衡的H形冷流道系统　(c)完全平衡的冷-热流道系统

图4.14　16腔模具的完全平衡式流道的布置方案

　　a,b的流道布置方案均可采用,而a方案是最佳的布置方案,c方案的冷流道系统由4个下沉式热流道供料,流道系统较为复杂,但可减少流道凝料。其冷流道部分也可不用图示的H形流道而采用X形流道。

　　17~23腔模具通常采用圆形排列。20腔模具有时采用矩形非平衡式排列。

　　24腔模具常采用矩形排列。图4.15是24腔模具的两种布置方案。其中a方案还给出了桥式流道系统。b方案中,冷流道系统由4个下沉式热流道供料。

　　图4.15(b)所示方案结合了热流道模具,虽然模具结构复杂但是模具结构紧凑、尺寸较小,流道系统简单、浇注系统的凝料也很少,且是完全平衡式的流道布置,所以也会采用。

　　32腔模具常采用矩形排列。图4.16是32腔冷流道模具的两种布置方案。图4.16(a)、(b)的流道布置方案都可采用。对于细长制件可在平衡式的矩形排列和直线型非平衡式的矩形排列(见图4.13)之间进行选择。

　　图4.17是32腔模具采用的冷流道结合热流道的两种流道布置方案。a,b方案均可采用。a方案采用的是4个下沉式热流道,每个热流道连接H形排列的冷流道并为8个腔供料,当然冷流道部分也可采用X形排列。如b方案所示。为了减少流道凝料b方案热流道部分采用的是8个下沉式热流道,当然a方案也可采用这种设计。

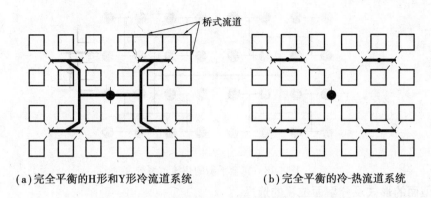

(a)完全平衡的H形和Y形冷流道系统　　　　(b)完全平衡的冷-热流道系统

图 4.15　24 腔模具的完全平衡式流道的布置方案

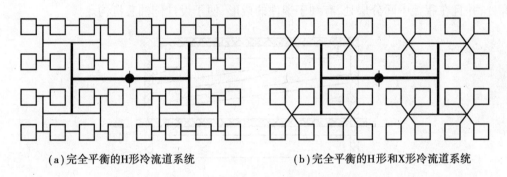

(a)完全平衡的H形冷流道系统　　　　　　(b)完全平衡的H形和X形冷流道系统

图 4.16　32 腔模具的完全平衡式冷流道的布置方案

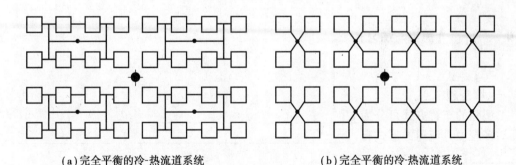

(a)完全平衡的冷-热流道系统　　　　　　(b)完全平衡的冷-热流道系统

图 4.17　32 腔模具的完全平衡式冷-热流道的布置方案

模具设计人员应始终尽量将模腔按合理均衡的矩形来布局,使长边不应超过短边的两倍。这会有助于使流道的长度和冷却管道的打孔最佳化,并且在模具制造过程中易于装卸。有时只需将制件旋转 90°就可符合这一要求。

对于更多腔模具,如果模腔数是 4 或 8 的倍数,这时通常采用一个 H 形流道连接两个长的直线型流道。这种布局可使模腔排列紧凑,流道的平衡一般就不考虑了。

3)瓶盖型腔数的选择及布置

为了提高生产效率,保证产品质量,便于型腔的合理布置及模具总体的尺寸大小,根据经验,确定采用 1 模 32 腔。布置方式如图 4.18 所示。

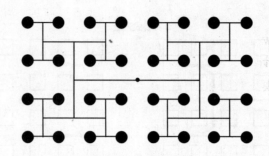

图 4.18　完全平衡的热流道系统

4) 分型面的形式及分型面位置的选择

根据模具分型面的选择原则,选择如图 4.19 所示的分型方式,分型面选择在塑件的最大轮廓处,并且在瓶盖中间分层处,有利于塑件的成形,便于设计侧抽芯机构。

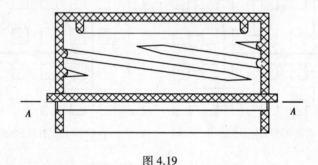

图 4.19

【思考与练习】

一、填空题

1. 型腔的布置方式可分为＿＿＿＿＿＿＿＿＿、＿＿＿＿＿＿＿＿＿＿。

2. 多腔模具流道的形式有＿＿＿＿＿＿＿＿＿、＿＿＿＿＿＿＿＿＿＿＿、＿＿＿＿＿＿＿、＿＿＿＿＿＿＿＿＿。

二、简答题

分组讨论,型腔适合采用圆形排列的哪些情况?

学习活动 3　浇注系统的设计

【学习目标】

能正确为瓶盖模具设计浇注系统。

根据浇注系统的特点,热流道模具可分为单浇口热流道模具、多浇口热流道模具、阀式浇口热流道模具和内加热热流道模具等。

1)热流道模具的设计

(1)单浇口热流道模具的设计

用于单腔的热流道最常见的是采用延伸式喷嘴,点浇口进料。为了避免喷嘴的热量过多地向低温模具传递,必须采取有效的绝热措施。常见的有塑料层绝热和空气绝热两种。

如图4.20所示为塑料层绝热的延伸式喷嘴。喷嘴与模具间有一环形承压面A,起承压和密封作用,为减少散热,面积宜小;起绝热作用的浇口直径为$0.75\sim1$ mm;浇口处的间隙最小约为0.5 mm;浇口外侧的绝热间隙应不超过1.5 mm,以免注射时产生的反推力太大而使喷嘴后退造成漏料。这种浇口不易堵塞,应用范围广,但由于绝热间隙的存在,不适合热稳定性差的塑料成型。

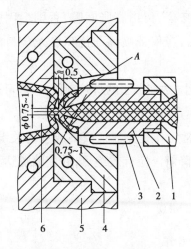

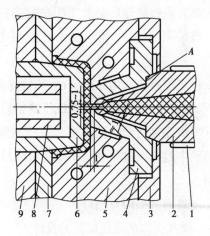

图4.20　塑料层绝热的延伸式喷嘴

1—注射机料筒;2—延伸式喷嘴;3—加热圈;

4—浇口套;5—凹模板;6—型芯

图4.21　空气绝热的延伸式喷嘴

1—加热圈;2—延伸式喷嘴;3—定模座板;

4—浇口套;5—凹模板;6—型芯;7—推件板;

8—型芯冷却管;9—型芯固定板

如图4.21所示为空气绝热的延伸式喷嘴。喷嘴通过直径为$0.75\sim1$ mm长约1 mm的点浇口与型腔相连;为减少热传递,喷嘴与模具、浇口套与型腔板之间除必要的定位接触外,都留有1 mm左右的间隙并被空气填充起到绝热作用。由于与喷嘴尖端接触的浇口附近型腔壁很薄,为防止被喷嘴顶坏或变形,因此在喷嘴和浇口套间设计了环形承压面A。

(2)多浇口热流道模具的设计

多浇口热流道常用于多腔模具或单腔模具的多点进料。这类模具的共同特点是模具内设有热流道板和热喷嘴,热流道板如图4.22所示,设计此类模具时应注意以下要点:

①主流道、分流道设在热流道板内,截面多为圆形,直径一般为$5\sim15$ mm。为了减少流动阻力避免滞料,分流道内表面应光滑,在转折处应圆滑过渡。

②热流道板用加热器加热,需保持流道内的塑料始终保持熔融状态。

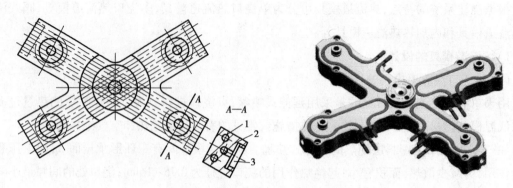

图 4.22 空气绝热的延伸式喷嘴

1—加热器孔；2—分流道；3—热流道喷嘴安装板

③热流道板利用绝热材料(石棉水泥板等)或空气间隙与模具的其他部分绝热。

④热流道板加热后会发生明显的热膨胀，设计时必须考虑，留出膨胀间隙，否则会因膨胀而导致模具变形、破坏或发生其他问题。考虑热膨胀后，应保证喷嘴与浇口套及浇口的对中。

⑤热流道板应选用比热容小、热传导率高、热膨胀系数小，热变形小的材料制作，一般可选中碳钢、镍铬钢、高强度合金钢或不锈钢(成型大型制件的模具可采用)。

⑥喷嘴连接的是高温的热流道板和低温的型腔，其正常工作是热流道模具成型的关键。应避免发生过冷而过早硬化堵塞浇口或过热而流涎甚至热降解。应有效绝热，并使喷嘴达到热平衡。

⑦浇口通常采用点浇口。

(3)阀式浇口热流道模具的设计

对于熔融黏度低的塑料，为了避免流涎，可采用阀式浇口。浇口的开闭可用机械、液压或压缩弹簧驱动阀门的开闭来实现。如图 4.23 所示为弹簧阀式浇口热流道模具。

阀式浇口热流道模具的特点如下：

①当树脂黏度很低时可避免流涎，温度偏高时可避免拉丝。

②由于针阀的往复运动使浇口不易凝固。

③针阀的前端伸入浇口与型腔平齐则在制件基本上不留浇口痕迹(普通的点浇口制件会在浇口处留有小型锥形物和拉断的毛糙面)。

④可准确控制补料时间，降低制件的内应力，减少应力开裂、翘曲变形，增加制件的尺寸稳定性。

(4)内加热热流道模具的设计

如图 4.24 所示，该内加热的热流道模具不仅浇口处有内加热器，而且整个流道都采用内加热而不用外加热，这种结构大大降低了热量损失，提高了加热效率可使流道板的温度大幅度下降。

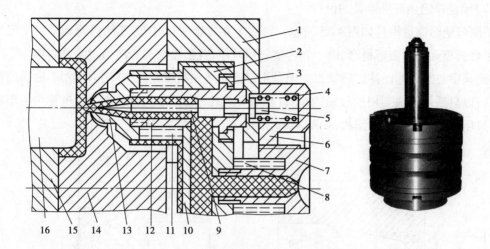

图 4.23　弹簧阀式浇口热流道模具

1—定模座板;2—热流道板;3—喷嘴盖;4—弹簧;5—活塞;6—定位圈;7—浇口套;8,11—加热器;
9—针形阀;10—隔热层;12—喷嘴芯;13—喷嘴头;13—定模板;15—推件板;16—型芯

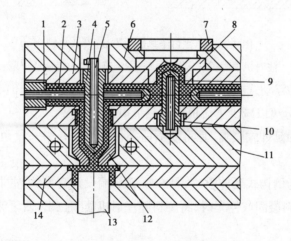

图 4.24　内加热管式多腔热流道模具

1,5,9—管式加热器;2—分流道鱼雷体;3—热流道板;
4—喷嘴鱼雷体;6—定模座板;7—定位圈;8—主流道衬套;
10—主流道鱼雷体;11—浇口板;12—喷嘴;
13—型芯;14—凹模板

2)绝热流道模具的设计

(1)绝热流道模具的定义及分类

绝热流道模具是利用塑料与流道壁接触的固化层所起的绝热作用,使流道中心部位的塑料始终保持熔融状态的模具。其特点是流道十分粗大。

绝热流道模具根据浇注系统的特点,可分为单浇口绝热流道模具、多浇口绝热流道模具等。

（2）单浇口绝热流道模具的设计

单浇口绝热流道模具如图 4.25 所示。常用于井式喷嘴注射机,其绝热原理是用主流道杯代替了普通模具的主流道衬套,由于杯内塑料层较厚,且被喷嘴和每次通过的塑料熔体不断加热,因此其中心部分能保持熔融状态。但是由于浇口离热喷嘴较远,井坑内的塑料冷凝的可能性大,所以只适用于成型周期较短的模具(成型周期小于 20 s)。为避免主流道杯中的塑料固化,可采用改进的井式喷嘴结构,如图 4.26 所示。

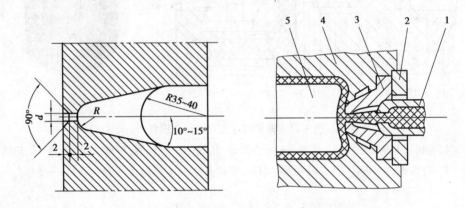

图 4.25　单浇口绝热流道模具(井式喷嘴)

1—注射机喷嘴;2—定位圈;3—主流道杯;4—定模;5—型芯

图 4.26(a)所示为浮动式主流道杯,在每次注射完毕后,主流道杯在弹簧作用下连同喷嘴一起与模具主体稍微分离以减少主流道杯的热量损失。

图 4.26(b)所示为延伸式喷嘴,是将喷嘴前端伸入流道杯中一段距离以利于对流道杯内塑料进行加热。

图 4.26(c)所示为倒钩式延伸喷嘴,是在喷嘴前端设计有倒钩,并将前端伸入流道杯中,该形式有利于杯内塑料凝固或停车时,将凝料随注射机喷嘴拉出,便于流道的清理。

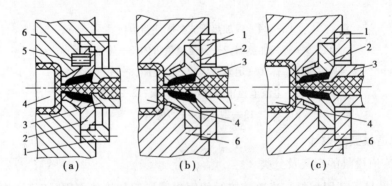

图 4.26　改进后的井式喷嘴

1—定位圈;2—主流道杯;3—注射机喷嘴;4—型芯;5—压缩弹簧;6—定模

（3）多浇口绝热流道模具的设计

多浇口绝热流道模具的特点是主流道和分流道都设计得特别粗大。其断面常为圆形，分流道直径一般为 16~30 mm，最大可达到 74 mm，根据制件大小及成型周期长短来选择，成型周期长宜取大值。分流道的中心线上应开设能快速开合的分型面，在停车后需打开此分型面，清除流道凝料。流道内的转折交叉处需圆滑过渡，减少流动阻力。

多浇口绝热流道模具常用的浇口有直接浇口和点浇口，分别如图 4.27 和图 4.28 所示。

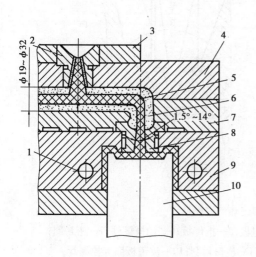

图 4.27　直接浇口绝热流道模具

1—冷却水道；2—主流道衬套；3—定位圈；
4—定模座板；5—熔体；6—固化层；7—流道板；
8—浇口衬套；9—定模板；10—型芯

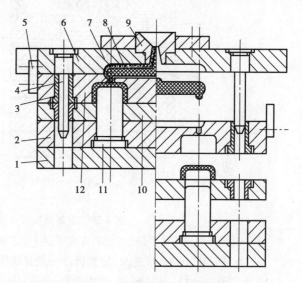

图 4.28　点浇口绝热流道模具

1—支承板；2—型芯固定板；3—导套；4—导柱；
5—锁板；6—定模座板；7—固化层；8—塑料熔体；
9—主流道衬套；10—推件板；11—型芯；12—定模板

图 4.27 所示的模具为直接浇口绝热流道模具。其主要尺寸如图所示，分流道尺寸较大，塑料熔体形成的固化层 6 起绝热保温作用，分流道和型腔的连接采用了浇口衬套 8，为减少热量损失，浇口衬套四周与定模板 9 之间留有环形间隙，由于流道板和型腔间的温差不大，设计时可不考虑热膨胀的问题。这种绝热流道模具在成型周期较短时是简便可行的，其缺点是制件上仍有一小段流道凝料，需切除。

图 4.28 所示模具为点浇口绝热流道模具。制件脱模时从浇口处断开，浇口痕迹小，不必再进行修整。缺点是浇口处易冻结失效。只能用于成型周期短且易成型的塑料品种。为了克服该缺点，常在浇口处安放带加热探针的加热器。

图 4.29(a)所示模具为带加热探针的点浇口绝热流道模具。在流道中插入带探针的加热棒，并使尖端伸入点浇口的附近，这就可以使浇口及其附近的熔体长时间不冻结，如果设计得好，成型周期可长达 2~3 min。由于分流道无加热器，因此应设计分型面。流道部分的温度（图中 M 段）应高于型腔部分的温度（图中 N 段）。设计时应注意加热探针不能与浇口侧壁接触，否则其尖端的温度迅速降低而失去作用，如图 4.30(b)所示，三角形的翼片（图中 A）可改善其对中性。多腔模中各加热器的温度应分别控制，防止浇口冻结、流涎或拉丝等现象。

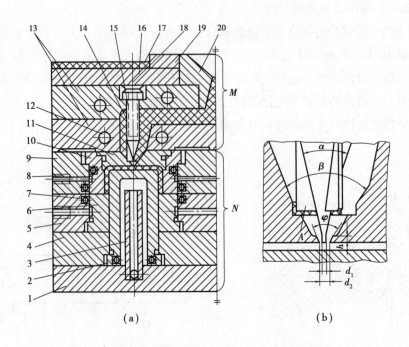

(a)   (b)

图 4.29　带加热探针点浇口绝热流道模具

1—动模垫板;2—型芯;3—型芯冷却水管;4—型芯固定板;5—推件板;6—动模镶件;7—密封圈;

8—凹模部分冷却水道;9—定模板;10—定模镶件;11—浇口衬套;12—流道板温度控制管;

13—流道板 14—加热探针;15—加热器;16—定模座板;17—绝热层;

18—蝶形弹簧;19—定位圈;20—主流道衬套

3）瓶盖模具浇注系统的设计

由于制件较小,为提高材料和能源的利用率,确定采用热流道浇注系统。根据确定的32腔模具,考虑加工的便利性,采用两级双层流道板,如图 4.30 所示,布置方式:一级流道板为 H 形;二级流道板分为 4 块,每块上安装 8 个热流道喷嘴,如图所示。因瓶盖体积小,采用点浇口,开式喷嘴。开式喷嘴能提供较好的保压压力、减少应力,并比阀式浇口的成本低。

图 4.30　二级双层流道板效果图

热流道板选用碳素工具钢 T10A 制造,使用可弯曲电热管外加热方式。为减少流道内的压力损失,并防止熔料滞留在流道内过热分解而影响产品品质,流道表面应有较好的表面粗糙度,因而在流道板上钻出深孔,采用流体抛光机进行抛光。为保证密封,在流道板中流道孔端面采用金属 O 形密封圈密封、流道板与喷嘴间采用螺纹连接。流道板的横向膨胀将会引起流道板与喷嘴的相对滑动,因而喷嘴与定模在横向留有一定间隙。

一级流道板和二级流道板分别如图 4.31 和图 4.32 所示。

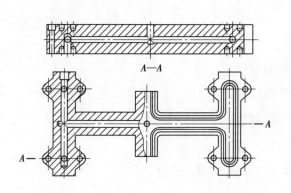

图 4.31　一级热流道板　　　　　　　图 4.32　二级热流道板

其他典型的分流道板见表 4.1,可供设计时参考。

表 4.1　典型的分流道板

单点偏心分流板	两点分流板	三点分流板	四点分流板(H 形)
四点分流板(X 形)	六点分流板	八点分流板	十二点分流板
十六点分流板	三十二点分流板	双层四点分流板	双层二十四点分流板

塑料成型工艺与模具设计

【思考与练习】

一、判断题

1.单腔的热流道常采用延伸式喷嘴。　　　　　　　　　　　　（　　）

2.多腔的热流道模具一般采用热流道板。　　　　　　　　　　（　　）

3.对于熔融黏度高的塑料可采用阀式浇口。　　　　　　　　　（　　）

4.热流道模具的喷嘴与定模在横向留有一定间隙。　　　　　　（　　）

5.点浇口绝热流道模具加热探针需与浇口侧壁接触。　　　　　（　　）

6.多腔热流道模具中各加热器的温度应分别控制。　　　　　　（　　）

学习活动 4　顺序推出机构的设计

【学习目标】

能正确设计瓶盖模具的推出机构。

由于矿泉水瓶盖结构复杂,顺利脱模是其模具设计中的关键。为成型连接桥,并保证防盗圈的顺利脱模,采用斜导柱侧向分型机构,如图4.33所示。鉴于制件小而型腔数多,在充分利用塑件特性的基础上,制品的内螺纹采用直接推出强制脱模。动模型芯设计成镶嵌式分成3个型芯(螺纹型芯、防水圈型芯、顶杆型芯)。螺纹型芯成型内螺纹;防水圈型芯成型防水圈;顶杆型芯主要起顶出作用。开模时,塑件1随型芯从凹模中脱出,滑块在斜导柱的作用下横向抽离,完成一次推出;动模继续后移,推板碰到注塑机顶杆后,由推板、推杆固定板带动顶杆5、弹性卡圈4和挡水圈型芯3一起运动,使得制件内螺纹与螺纹型芯2强制分离,实现第二次推出;当弹性卡圈4碰到螺纹型芯2之后,弹性卡圈4和挡水圈型芯3停止运动,而顶杆5继续推出,使得挡水圈与挡水圈型芯分离,实现第三次分模。至此,整个推出过程完成。闭模时,动模前移,滑块复位,复位杆复位,推板带动顶杆5,顶杆5推动挡水圈型芯回到初始位置,运动终止,实现合模。顺序推出机构如图4.34所示。

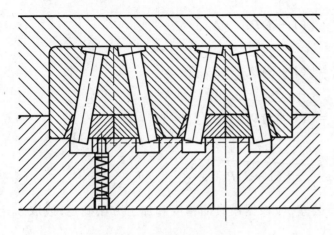

图 4.33　斜导柱侧向分型机构

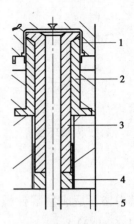

图 4.34　顺序推出机构

1—塑件;2—螺纹型芯;

3—挡水圈型芯;

4—弹性卡圈;

5—顶杆

学习活动 5　螺纹型芯的设计

【学习目标】

能正确设计瓶盖的螺纹型芯。

1)螺纹型芯和螺纹型环的尺寸计算

螺纹型芯和螺纹型环按用途可分为固定金属嵌件和成型制件螺纹两种,前者的尺寸计算可依据有关金属螺纹标准进行;后者的尺寸计算方法与一般型芯和凹模的径向尺寸计算方法相似,但又不完全相同。在塑料螺纹成型时,收缩使其牙型和尺寸又较大的偏差,使螺纹的可旋入性降低,为此需采用增加中径配合间隙的办法来补偿(增大成型零件螺母中径或减小成型零件螺栓中径)。具体做法是用制件螺纹中径公差 $\Delta_{中}$ 替代型芯、型环中相应的 $x\Delta$。

①螺纹型芯中径

$$d_{M中-\delta_{中}} = \left[(1 + S)d_{S中} + \Delta_{中} \right]_{-\delta_{中}} \tag{4.1}$$

②螺纹型芯大径

$$d_{M大-\delta_{中}} = \left[(1 + S)d_{S大} + \Delta_{中} \right]_{-\delta_{中}} \tag{4.2}$$

③螺纹型芯小径

$$d_{M小-\delta_{中}} = \left[(1 + S)d_{S小} + \Delta_{中} \right]_{-\delta_{中}} \tag{4.3}$$

191

④螺纹型环中径

$$D_{M中}^{+\delta_中} = \left[(1 + S)D_{S中} - \Delta_中 \right]^{+\delta_中} \tag{4.4}$$

⑤螺纹型芯大径

$$D_{M大}^{+\delta_中} = \left[(1 + S)D_{S大} - \Delta_中 \right]^{+\delta_中} \tag{4.5}$$

⑥螺纹型芯小径

$$D_{M小}^{+\delta_中} = \left[(1 + S)D_{S小} - \Delta_中 \right]^{+\delta_中} \tag{4.6}$$

⑦型芯型环螺距

$$P_M \pm \frac{\delta_中}{2} = \left[(1 + S)P_S \right] \pm \frac{\delta_中}{2} \tag{4.7}$$

其中,$\delta_中$ 是成型零件螺纹中径制造公差,应根据模具的精度和加工方法确定,或取 $\delta_中 = (1/6 \sim 1/3)\Delta_中$。

当用塑料螺纹与金属螺纹配合时,如配合长度不超过 7~8 个螺纹牙,可不考虑计算塑料螺距的收缩率;内外螺纹材料收缩率相同或相近,均不考虑收缩。另外,由于我国目前尚无专门的制件螺纹公差标准,故只能参照金属螺纹公差标准中低的精度选用,一般螺纹型芯和螺纹型环的精度等级比制件螺纹的高 1~2 级(公差值最大)。

2)瓶盖螺纹型芯的设计

瓶盖螺纹型芯的尺寸计算,根据制件图(见图 4.1),塑件螺纹大径为 $\phi24$,螺纹小径为 $\phi22$。制件采用 MT5 精度,查相关的设计手册,PE-HD 的收缩率为 1.5%~3%,可取平均收缩率 $S = 2.3\%$,参考 $\Delta_中 = 0.33$ mm,根据计算公式可得螺纹型芯的尺寸,见表 4.2。

表 4.2　瓶盖螺纹型芯尺寸的计算　　　　　　　　　　　单位:mm

制件尺寸	计算公式	模具零件对应尺寸
塑件螺纹大径 $\phi24_0^{+0.11}$	$d_{M大-\delta_中} = \left[(1+S)d_{S大} + \Delta_中 \right]_{-\delta_中}$	螺纹型芯大径:$24.88_{-0.11}^{0}$
塑件螺纹小径 $\phi22_0^{+0.11}$	$d_{M小-\delta_中} = \left[(1+S)d_{S小} + \Delta_中 \right]_{-\delta_中}$	螺纹型芯小径:$22.84_{-0.11}^{0}$

3)瓶盖螺纹型芯的选材

瓶盖属于螺纹型芯可以大批量生产的制作,成型零件所选的材料需耐磨和抗疲劳性能良好,具有良好的机械加工性能和抛光性能。参考学习任务二的内容,可选择材料 SM1,40Cr,45Cr 等,这里选用材料 45Cr。

【思考与练习】

简答题

塑料模钢材有哪些性能要求？

学习活动 6　模架的选择

【学习目标】

能为瓶盖注射模正确选择模架。

1）注射模模架的国家标准规定的内容

《塑料注射模模架》（GB/T 12555—2006）的国家标准规定塑料注射模模架按结构特征分为 36 种主要结构，模架以其在模具中的应用方式，分为直浇口与点浇口两种形式。其中直浇口模架为 12 种，点浇口模架为 16 种，简化点浇口模架为 8 种。

①直浇口模架。直浇口模架为 12 种，其中直浇口基本型为 4 种，直身基本型为 4 种，直身无定模座板型为 4 种。直浇口基本型分为 A 型、B 型、C 型、D 型 4 种。直身基本型分为 ZA 型、ZB 型、ZC 型、ZD 型 4 种。直身无定模座板型分为 ZAZ 型、ZBZ 型、ZCZ 型和 ZDZ 型 4 种。

②点浇口模架。点浇口模架为 16 种，点浇口基本型分为 DA 型、DB 型、DC 型和 DD 型 4 种。直身点浇口基本型分为 ZDA 型、ZDB 型、ZDC 型和 ZDD 型 4 种。点浇口无推料板型分为 DAT 型、DBT 型、DCT 型和 DDT 型 4 种。直身点浇口无推料板型分为 ZDAT 型、ZDBT 型、ZDCT 型和 ZDDT 型 4 种。

③简化点浇口模架。简化点浇口模架为 8 种，简化点浇口基本型为 JA，JC 两种。直身简化点浇口型为 ZJA，ZJC 两种。简化点浇口无推料板型为 JAT，JCT 两种。直身简化点浇口无推料板型分为 ZJAT 型和 ZJCT 型 2 种。模架的图形可参考《塑料注射模模架》（GB/T 12555—2006）的国家标准。

2）为瓶盖热流道注射模选用模架

模具周界尺寸为 420 mm×550 mm，模具采用的是热流道板形式，对应的模架参考国标可以选择。模架　B 5560-100×40×120　GB/T 12555—2006。根据模架大小，结合产品的体积、质量、数量等，选择螺杆式注射机 SZ-500/200。模具的总体结构如图 4.35 所示。

选好模架后还需对注射机及模具的相关参数进行校核，校核过程略。

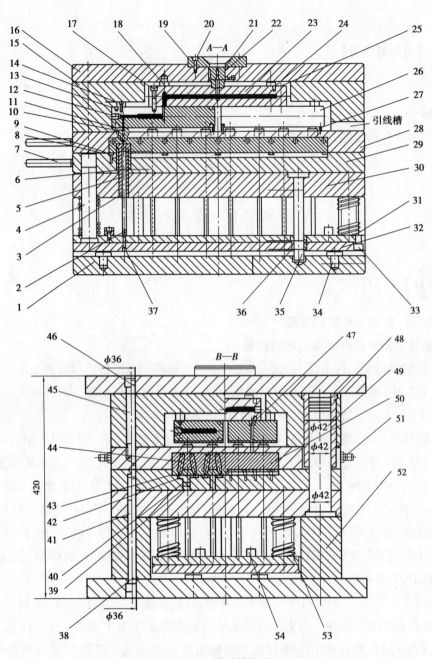

图 4.35　模具结构图

1—动模顶板;2—顶杆;3—弹性卡圈;4—复位杆;5—挡水圈型芯;6—螺纹型芯;7—起吊螺钉;
8,14,17,20,33,37,39,41,45,47—螺钉;9—压块;10—喷嘴;11—反射箔片;12—堵头;
13,22,24—加热器;15—支架;16—定模座板;18—承压圈;19—定位圈;21—主流道衬套;
23——级流道板;25—反射箔片;26—二级流道板;27—止转销;28—定模型腔板;
29—动模板;30—动模支撑板;31—推板固定板;32—推板;34—垃圾钉;35—导柱;
36—导套;38—销钉;40—弹簧;42—圆头销;43—滑块;44—斜导柱;46—销钉;
48—导套;49—导柱;50—型腔嵌件;51—水嘴;52—垫块;53—弹簧;54—限位块

【思考与练习】

一、填空题

请完成表 4.3。

表 4.3   模具安装方法及应用

模具安装方法	要　点	应　用
整体安装法		
分体安装法		

二、简答题

1.简述注射模的安装要点。

2.简述试模的过程。

3.简述模具的验收内容。

三、分析题

分析制件在注射成型过程中常见的缺陷及解决方法。

【总结与评价】

1.学习活动总结

通过该学习活动的学习后,如果您能顺利地完成各学习任务的"思考与练习",您就可以继续往下学习。如果不能较好地完成,就再学习相应的学习任务,并对学习过程中遇到的重点、难点、解决办法等进行总结。

2.学习任务评价表

学习任务的评价,是在该任务所有的学习活动完成后进行的,评价表的内容需如实填写,通过评价学生能发现自己的不足之处,教师能发现和认识到教学中存在的问题。

班级:＿＿＿＿＿＿＿＿　　　学生姓名:＿＿＿＿＿＿＿＿＿＿　　　学号:＿＿＿＿＿＿＿＿＿＿

项　目	自我评价			小组评价			教师评价		
	10~9	8~6	5~1	10~9	8~6	5~1	10~9	8~6	5~1
学习活动1(完成情况)									
学习活动2(完成情况)									
学习活动3(完成情况)									
学习活动4(完成情况)									
学习活动5(完成情况)									
学习活动6(完成情况)									
学习活动7(完成情况)									
学习活动8(完成情况)									
学习活动9(完成情况)									
学习活动10(完成情况)									
参与学习活动的积极性									
信息检索能力									
协作精神									
纪律观念									
表达能力									
工作态度									
任务总体表现									
小　计									
总　评									

注:10表示最好,1表示最差。

任课教师:＿＿＿＿＿＿　　　年　月　日

学习任务五
排水管挤出模的设计

【学习任务】

本学习任务围绕排水管挤出模的设计内容来学习,主要包括排水管的结构工艺性、模具的结构设计、模具材料的选择等。

学习活动1　管材挤出成型工艺的设计

【学习目标】

1.熟悉挤出成型原理及设备。

2.能正确为塑料管编制挤出成型工艺。

学习目标1　熟悉挤出成型原理及设备

1)挤出成型原理

挤出成型原理如图5.1所示,将塑料原料(粉末状、颗粒状)加入料斗中,在旋转的挤出机螺杆的作用下,塑料沿螺杆的螺旋槽向前方输送,在此过程中,不断地受热熔融并在压力作用下,熔体通过具有一定形状的挤出模具(机头)口模以及一系列辅助装置(定形、冷却、牵引、切割等),从而获得一定截面形状的塑料型材。

挤出成型特点如下:

①能连续成型,生产量大,生产率高,成本低。

②制件的几何形状简单,截面形状不变,所以模具结构也较简单,制造维修方便。

③制件的内部组织均衡紧密、尺寸比较稳定。

④适应性强,除氟塑料外,几乎所有的热塑性塑料都采用挤出成型,部分热固性塑料也可采用挤出成型。

⑤挤出成型所用设备结构简单、操作方便、应用广泛。

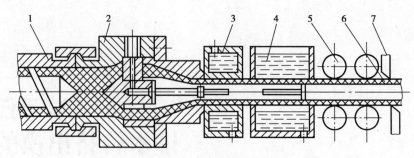

图 5.1　挤出成型原理

1—挤出机料筒；2—机头；3—定径装置；4—冷却装置；
5—牵引装置；6—塑料管；7—切割装置

2）挤出成型设备

塑料挤出成型设备称为挤出机，卧式单螺杆和卧式双螺杆挤出机，如图 5.2 所示。塑料挤出机经过 100 多年的发展，已由原来的单螺杆发展出双螺杆、多螺杆，甚至无螺杆等多种机型。

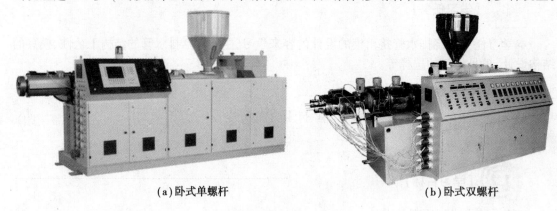

（a）卧式单螺杆　　　　　　　　　　　（b）卧式双螺杆

图 5.2　卧式挤出机

（1）挤出机的分类

①按照螺杆数目的多少分为：单螺杆挤出机和多螺杆（包括双螺杆）挤出机。

②根据螺杆的有无分为：螺杆挤出机和无螺杆挤出机。

③按螺杆的空间位置可分为：卧式挤出机和立式挤出机。

④按可否排气可分为：排气挤出机和非排气挤出机。

⑤按螺杆转速可分为：普通、高速和超高速挤出机。

最常用的是普通卧式单螺杆挤出机。

（2）挤出机的应用

塑料挤出机通常称之为主机，与其配套的后续挤出成型设备称为辅机。主机和辅机如图 5.3 所示。主机可与管材、棒材、薄膜、单丝、板（片）材、异型材、造粒、电缆包覆等各种塑料成型辅机匹配，组成各种塑料挤出成型生产线，生产各种塑料制品。因此，塑料挤出成型设备无论现在或将来，都是塑料加工行业中得到广泛应用的机种之一。

硬聚氯乙烯（PVC-U）管材成型选用的挤出设备为卧式单螺杆挤出机，型号为 SJ-45。SJ 含义：塑料（S）、挤出机（J）、45 表示螺杆直径为 45 mm。

（a）辅机　　　　　　　　　　　　　　（b）主机

图 5.3　挤出成型的主机和辅机

【思考与练习】

一、填空题

1.塑料挤出机与其配套的后续挤出成型设备分别称为_____和_____。

2.塑料挤出成型设备通常用来成型_____、_____、_____、_____、_____、_____等。

二、问答题

简述挤出成型的原理及特点。（通过观看挤出成型视频,学生分组讨论好派代表回答问题）

学习目标2　能正确为塑料管编制挤出成型工艺

1）挤出成型工艺过程

热塑性塑料的挤出成型工艺过程如图 5.4 所示,可分为 3 个阶段:

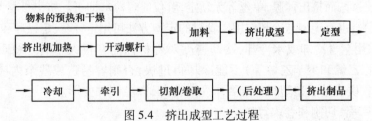

图 5.4　挤出成型工艺过程

（1）塑化阶段

塑料原料在挤出机内的机筒内受热和螺杆的旋转压实及混合作用下,由粉末状或颗粒状转变成黏流态的熔体(常称干法塑化),或固体塑料在机外溶解于有机溶剂中而成为黏流态的物质(常称湿法塑化),然后加入挤出机的料筒中。通常采用干法塑化方式。

（2）成型阶段

黏流态的熔体在挤出机螺杆的推动下,以一定的压力和速度连续通过具有一定形状的口模,而获得一定截面形状的制件。口模的截面形状与制件的截面形状不完全一样,可参考本任务学习活动 4 中的相关内容。

（3）定形阶段

通过适当的处理方法，如定径处理、冷却处理等，使已挤出的塑料连续型材固化为塑料制件。

2）管材（干法塑化）挤出成型工艺过程

硬聚氯乙烯（PVC-U）管耐化学腐蚀、绝缘性能好，主要用作各种输送管道，以及电线套管等。硬聚氯乙烯管易切割、焊接、粘接、加热可以弯曲，因此安装、使用非常方便。

（1）原料的准备

挤出成型用的大部分是粒状塑料，粉料用得很少，因为粉状塑料含有较多的水分且粉状物料的压缩比大，不利于输送。原料的水分应控制在0.5%以下，否则成型之前应进行干燥处理。

聚氯乙烯（PVC）树脂为白色或浅黄色粉末，造粒后为透明粒状。生产管材的硬聚氯乙烯（PVC-U）为混配料，是将聚氯乙烯树脂干燥后与稳定剂、润滑剂等添加剂配混。硬聚氯乙烯管选用聚合度较低的GS-4型聚氯乙烯树脂成型，其物理、机械性能及耐热性能较好，但是树脂流动性一般，加工具有一定的难度。采用硬脂酸铅、硬脂酸钡复合稳定剂。为使制品具有较高的冲击强度及良好的表面光洁度，加入少量的二碱式硬脂酸铅和硬脂酸，按1∶1（质量比）配，不宜过量，否则会使塑化困难。因加增塑剂后管材耐热性及耐腐蚀性会降低，所以一般不加增塑剂。

（2）挤出成型

首先检查各种电器、仪表是否正常，加料口有无异物，然后对挤出机料筒进行预热，将挤出机预热到规定温度后，启动电动机带动螺杆旋转输送物料，同时向料筒中加入混配好的聚氯乙烯粒料。料筒中的塑料在外加热和剪切摩擦热作用下熔融塑化，由于螺杆旋转时对塑料不断推挤，迫使塑料经过滤板上的过滤网，通过机头和口模、芯棒组成的管材截面形状，得到一致的连续管材。初期的挤出质量较差，外观也欠佳，要调整工艺条件及设备装备，直到正常状态后才能投入正式生产。在挤出成型过程中，要特别注意温度和剪切摩擦热两个因素对制件质量的影响。

（3）制件的定型与冷却

硬管在离开机头口模以后，应立即进行定型和冷却，否则，硬管在自重力的作用下就会出现变形、凹陷或扭曲现象。大多数情况下，定型和冷却是同时进行的，在管材和棒料挤出时，可设计一个独立的定径过程，而挤出薄膜、单丝等无须定型，仅通过冷却即可。挤出板材与片材，有时还通过一对压辊压平，也有定型与冷却作用。管材的定型方法可用定径套、定径环和定径板等。

冷却一般采用空气冷却或水冷却，冷却速度对管材性能有很大影响。硬质制件（如硬聚氯乙烯、低密度聚乙烯和聚苯乙烯等）不能冷却得过快，否则容易造成残余内应力，并影响制件的外观质量；软质或结晶型塑料件则要求及时冷却，以免制件变形。

（4）制件的牵引、切割和卷取等

硬管自口模挤出后，一般都会因压力突然解除而发生离模膨胀现象，而冷却后又会发生收缩现象，从而使制件的尺寸和形状发生变化。此外，由于制件被连续不断地挤出，自重越来越大，如果不加以引导，会造成硬管停滞，不能顺利地挤出。因此，在冷却的同时，要连续均匀地将制件引出，这就是牵引。牵引由辅机的牵引装置来完成。牵引速度要与挤出速度相适应，牵引速度与挤出速度的比值称为牵引比，其值要等于或大于1。以便消除塑件尺寸的变化值，同时对塑件进行适当的拉伸可提高质量。不同的制件牵引速度不同，通常薄膜和单丝可以快些；对硬管的牵引速度控制在一定的范围内（参考表5.1），并且要十分均匀，不然就会影响其尺寸均匀性和力学性能。

表5.1　管材外径对应的牵引速度

管材外径/mm	10~63	40~90	63~125	110~180	125~250	200~400
螺杆直径/mm	45	65	90	120	150	200
牵引速度/(m·min⁻¹)	0.4~2	0.3~1.5	0.3~1.5	0.2~1	0.2~1	0.2~1

通过牵引的制件(如棒、管、板、片材等)可根据使用要求在切割装置上剪切,管材、棒材可均匀切成每根4 m或6 m长。或在卷取装置(卷取辊)上绕制成卷(如薄膜、单丝、电线电缆等),此外,某些制件(如薄膜等)有时还需进行后处理,以提高尺寸稳定性。图5.5所示为常见的硬管挤出工艺过程示意图。

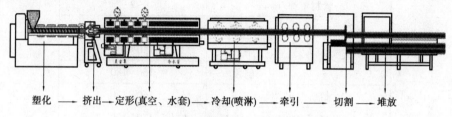

塑化 ⟶ 挤出 ⟶ 定形(真空、水套) ⟶ 冷却(喷淋) ⟶ 牵引 ⟶ 切割 ⟶ 堆放

图5.5　常见的硬管挤出工艺过程示意图

3)挤出成型工艺参数

挤出成型工艺参数包括温度、压力、挤出速度、牵引速度等。

(1)温度

温度是挤出过程得以顺利进行的重要条件之一。挤出成型温度应指塑料熔体的温度,但是该温度取决于料筒和螺杆的温度。因此,在实际生产中为了检测的方便,经常用料筒的温度近似表示为成型温度。由于成型过程中温度的波动和温差都会给制件的质量带来不良的影响,如使制件产生残余应力,各点的强度不均匀,表面灰暗无光等。产生温度的波动和温差的因素很多,如加热系统的不稳定、螺杆的转速变化等,但以螺杆的设计和选用的影响最大。表5.2是几种热塑性塑料挤出成型时的温度参数。加料段的温度不宜过高,压缩段和均化段的温度可取高一些,机头的温度控制在塑料热分解温度以下。

表5.2　热塑性塑料挤出成型时的温度参数

塑料名称	挤出温度/℃				
	加料区	压缩区	均化区	机头	口模区
硬聚氯乙烯(HPVC)	室温~60	120~170	≈180	160~170	170~190
软聚氯乙烯及氯乙烯共聚物	室温	80~120	≈140	140~160	160~180
聚酰胺(PA1010)	室温~90	210~250	≈270	220~240	200~210
聚乙烯(LDPE)	室温	90~140	≈170	140~160	140~160
聚乙烯(HDPE)	室温	100~140	≈190	160~180	160~180
ABS	室温	165~170	≈190	175~185	190~195

(2)压力

在挤出成型过程中,由于料流的阻力,螺杆槽深度的变化,且过滤网和口模等产生阻碍,使得沿料筒的轴线方向在塑料内部建立起一定的压力。这种压力的建立是塑料得以经历物理状态的变化,得以均匀密实并得到成型制件的重要条件之一。与温度一样,压力随时间的变化也会产生周期性波动,这种波动对制件的质量同样有不利影响,如局部疏松、表面不平、弯曲等。螺杆、料筒的设计,螺杆转速的变化,加热冷却系统的不稳定都是产生压力波动的原因。为了减少压力波动,应合理控制螺杆转速,确保加热和冷却系统的温控精度。SJ-45 挤出机螺杆转速范围为 10~72 r/min。管材的公称直径 $d_n=32$,壁厚 2 mm,根据经验值螺杆转速一般取 20~30 r/min。

表 5.3　硬管挤出成型工艺条件

工艺参数　　　　塑料管材		硬聚氯乙烯(HPVC)
管材外径/mm		32
管材内径/mm		28
管材壁厚/mm		2
料筒温度/℃	后段	80~120
	中段	130~150
	前段	160~180
机头温度/℃		160~170
口模温度/℃		170~190
螺杆转速/(r·min⁻¹)		20
螺杆类型		突变型
牵引速度/(m·min⁻¹)		0.4~2

（3）挤出速度

挤出速度是指单位时间内由挤出机口模中挤出的塑化好的物料质量(kg/h),其大小表征挤出生产能力的高低。影响挤出速度的因素很多,如机头、螺杆和料筒的结构、螺杆转速、加热冷却系统结构和塑料的性能等。在挤出机的结构和塑料品种及制件类型已确定的情况下,挤出速度仅与螺杆的转速有关,因此,调整螺杆转速是控制挤出速度的主要措施。提高螺杆转速可以提高产量,但如果转速过快,则塑化质量不高,管材内壁粗糙度增加。挤出速度在生产过程中也存在波动现象,对产品的形状和尺寸精度有显著的不良影响。要严格控制螺杆转速,保证挤出速度均匀,这里螺杆转速应控制在 20 r/min。

（4）牵引速度

挤出成型主要生产长度连续的制件,因此必须设置牵引装置。从机头口模中挤出的制件,在牵引力的作用下将会产生拉伸取向。拉伸取向的程度越高,制件沿取向方向的拉伸强度越大,但冷却后长度的收缩也大。参考表 5.1 硬管的牵引速度取 0.4~2 m/min,表 5.3 为硬管挤出成型工艺条件。表 5.4 为几种塑料管材的挤出成型工艺参数,可供设计时参考。

表 5.4　几种塑料管材的挤出成型工艺条件

工艺参数　　　　塑料管材	硬聚氯乙烯(HPVC)	软聚氯乙烯(SPVC)	低密度聚乙烯(LDPE)	ABS	聚酰胺1010(PA1010)	聚碳酸酯(PC)
管材外径/mm	95	31	24	32.5	31.3	32.8
管材内径/mm	85	25	19	25.5	25	25.5
管材壁厚/mm	5±1	3	2±1	3±1	—	—

续表

工艺参数	塑料管材	硬聚氯乙烯（HPVC）	软聚氯乙烯（SPVC）	低密度聚乙烯（LDPE）	ABS	聚酰胺1010（PA1010）	聚碳酸酯（PC）
料筒温度/℃	后段	80~100	90~100	90~100	160~165	250~200	200~240
	中段	140~150	120~130	110~120	170~175	260~270	240~250
	前段	160~170	130~140	120~130	175~180	260~280	230~255
机头温度/℃		160~170	150~160	130~135	175~180	220~240	200~220
口模温度/℃		160~180	170~180	130~140	190~195	200~210	200~210
螺杆转速/(r·min^{-1})		12	20	16	10.5	15	10.5
螺杆类型		突变型	渐变型	渐变型	渐变型	渐变型	渐变型
口模内径/mm		94.7	32	24.5	33	31.8	33
芯棒外径/mm		84.7	25	19.1	26	25.5	26
稳流定型段长度①/mm		120	60	60	50	45	87
拉伸比		1.04	1.2	1.1	1.02	1.5	0.97
真空定径套内径/mm		96.5	—	25	33	31.7	33
定径套长度/mm		300	—	160	250	—	250
定径套与口模间距/mm		—	—	—	25	20	20

注：①稳流定型段由口模和芯棒的平直部分组成。

　　②渐变型螺杆是指螺槽深度变化在较长距离逐渐变浅。用于无定型、热敏性、结晶型等塑料的加工。

　　③突变型螺杆是指螺槽深度突然变化，主要用于 PE，PP 等黏度低的塑料。不适用于 PVC 等热敏性塑料。

学习活动 2　挤出模的结构与分类

【学习目标】

1.能正确说出挤出模的作用及类型。

2.能正确说出挤出模的结构。

学习目标 1　说出挤出模的作用及类型

1)挤出模的作用

　　一般塑料型材的挤出成型模具应包括两个部分，即机头和定型模（定径套）。其中机头是挤出成型的关键部件。

　　(1)机头的作用

　　①使来自挤出机的熔体由螺旋运动变为直线运动。

　　②对机筒内熔体产生必要的压力，保证制件密实。

　　③使熔体进一步塑化。

　　④能获得截面与口模形状相似的连续型材。

（2）定型模（定径套）的作用

将从口模中挤出的塑件的形状稳定下来，并对其进行精整，从而获得满足要求的截面尺寸、几何形状及表面质量的制件。通常采用冷却、加压或抽真空等方法。

2）挤出模的分类

因为根据不同的制件截面形状的要求，生产中需要设计出不同的挤出机头，所以挤出模的分类是根据挤出机的机头进行分类的，挤出机头的分类一般有以下几种方法。

（1）按挤出塑件的种类分类

通常挤出成型制件有管材、棒材、板材、片材（厚度 0.25 mm 以上）、薄膜（0.25 mm 以下）、异型材、单丝、电线电缆包覆层等。它们所用的机头分别称为管机头、棒机头等。

（2）按挤出制件的出口方向分类

按照制件从机头中的挤出方向不同，也可将机头分为直通机头（或称直向机头）和角式机头（或称横向机头）。直通机头的特点是制件的出口方向与挤出机螺杆轴线方向一致；角式机头的特点是制件的出口方向与挤出机螺杆轴线方向呈一定的角度，当该角度为 90°时，也可称为直角机头。

（3）按塑料熔体在机头内所受的压力大小分类

挤出成型不同种类的塑料或不同外形的制件时，熔体在机头内所受压力的大小不同，对于塑料熔体所受压力小于 4 MPa 的机头，称为低压机头；而当熔体受压大于 10 MPa 时，称为高压机头；在二者之间的称为中压机头。

 学习目标 2　说出挤出模的结构

1）挤出模的结构

以典型的直通式管材挤出模为例，如图 5.6 所示，挤出模主要有以下几个组成部分。

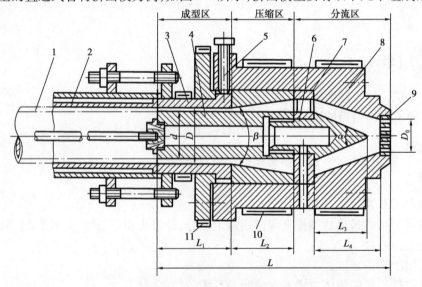

图 5.6　管材挤出成型模

1—管材；2—定径套；3—口模；4—芯棒；5—调节螺钉；6—分流器；
7—分流器支架；8—机头体；9—过滤网；10，11—电加热圈（加热器）

（1）口模和芯棒

口模和芯棒如图 5.6 所示中的零件 3 和零件 4。口模成型制件的外表面,芯棒成型制件的内表面。口模和芯棒的定型部分决定了制件的截面形状。

（2）过滤网

过滤网如图 5.6 所示中的零件 9。过滤网的作用是将塑料熔体由螺旋运动转变为直线运动,同时还能防止未塑化塑料及杂质进入机头,设置了过滤网增加了阻力使料流更密实。

（3）分流器和分流器支架

分流器和分流器支架如图 5.6 所示的零件 6 和零件 7。分流器又称鱼雷头,塑料熔体通过分流器分流变成薄环状,以便于进一步加热和塑化。分流器支架用来支承分流器及芯棒,同时也能对分流后的塑料熔体加强剪切混合作用(有时会产生溶接痕)。小型机头的分流器与支架可设计成一整体。

（4）机头体

机头体如图 5.6 所示中的零件 8。机头体相当于注射模的模架,用于固定、支承机头内的各零部件,并与挤出机筒连接,连接处应密封以防塑料熔体泄露。

（5）温度调节系统

为了保证塑料熔体在机头内的正常流动及挤出成型的质量,机头上一般设有电加热的温度调节系统,如图 5.6 所示的零件 10,11 电加热圈。

（6）调节螺钉

如图 5.6 所示的零件 5。调节螺钉用来调节控制成型区内口模与芯棒间的环形间隙及同轴度,以保证挤出的制件壁厚均匀。通常调节螺钉的数量为 4~8 个。

（7）定径套

如图 5.6 所示的零件 2。离开成型区后的塑料熔体虽具有给定的截面形状,但因其温度较高不能抵抗自重而变形,为此需要用定径套对其进行冷却定型,使制件获得良好的表面质量、准确的尺寸和几何形状。

通常挤出成型机头可分为分流区、压缩区和成型区 3 段,如图 5.6 所示。

2）管材挤出机头的典型结构

管材挤出成型机头(简称管机头)是挤出机头的主要类型之一。管机头主要用于成型圆形塑料管件。管机头适用于聚乙烯(PE)、聚丙烯(PP)、聚氯乙烯(PVC)、聚酰胺(PA)、聚碳酸酯(PC)等塑料的挤出成型。挤出机螺杆长径比(螺杆长度与其直径之比)$i = 15 \sim 25$,螺杆转速 $n = 10 \sim 35$ r/min。通常要在挤出机与机头之间安装过滤网,过滤网可设计 1~5 层,过滤网上的流道孔直径通常为 3~6 mm。对于聚乙烯管材,一般采用 4 层×80 目过滤网;对于软质塑料管可取 40 目左右的过滤网。

常用的管机头结构有:直通式、直角式、旁侧式、微孔流道。

（1）直通式挤管机头

如图 5.7 所示,其主要特点为结构简单,制造容易;但熔体经过分流器支架所产生的熔接痕不易消除,且有芯棒加热困难,定型长度要求较长,机头的长度较大等缺点。直通式管机头主要适用于成型软硬聚氯乙烯、聚乙烯、聚酰胺、聚碳酸酯等塑料管材。

（2）直角式挤管机头

如图 5.8 所示,其主要特点结构复杂,制造困难;但熔体包围芯棒向前流动时只会产生一

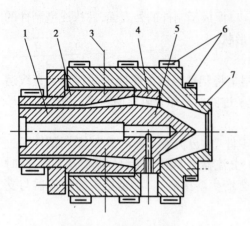

图 5.7 直通式挤管机头
1—芯棒;2—口模;3—调节螺钉;4—分流器支架;
5—分流器;6—加热器;7—机头体

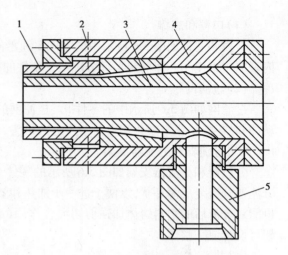

图 5.8 直角式挤管机头
1—口模;2—调节螺钉;3—芯棒;
4—机头体;5—连接体

条熔接痕,且芯棒加热方便;所需定型段长度较短,熔体流动阻力小,料流稳定,出料均匀,生产率高,管材的质量较好。此外与其配用的冷却装置可同时对管材的内外径进行冷却定型,定径精度高。直角式管机头特别适用于成型聚乙烯、聚丙烯、聚酰胺等内、外径尺寸精度要求较高的塑料管材。

（3）旁侧式挤管机头

适用于如图 5.9 所示,其特点和直角式相似,但机颈比直角式机头多一个 90° 拐弯,熔体流动阻力较大,塑件的出口方向与挤出机螺杆轴线方向平行但不一致,占地面积相对较小。适用于直径大,管壁较厚的管材。

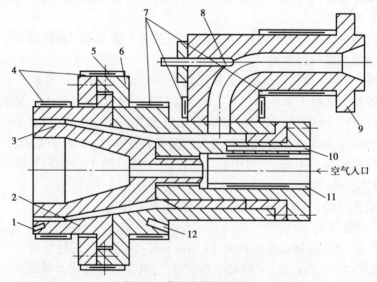

图 5.9 旁侧式挤管机头
1,12—温度计插孔;2—口模;3—芯棒;4,7—电加热器棒;5—调节螺钉;
6—机头体;8,10—熔料测温孔;9—连接体过滤网;11—芯棒加热器

（4）微孔流道挤管机头

如图 5.10 所示，其特点为塑件的出口方向与挤出机螺杆轴线方向一致，但机头内既无分流器支架也无芯棒，塑料熔体通过微孔管上的众多微孔进入口模的定型段。因此，挤出的管材没有分流痕迹，强度较高，尤其适用于生产大口径的聚烯烃类（如聚乙烯、聚丙烯等）。机头体积较小，结构紧凑，压力损失小，料流稳定且流速可控。设计这类机头时应考虑大管材因厚壁的自重作用而引起壁厚不均的影响，一般应调整口模偏心，口模与芯棒的下面间隙比上面间隙小 10%～18% 为宜。微孔直径一般为 1.5～2 mm，孔间距一般为 1.8～4.5 mm。

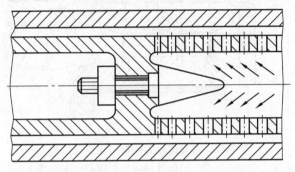

图 5.10　微孔流道挤管机头

3）棒材挤出机头的典型结构

棒材挤出成型机头（简称棒机头）主要用来成型塑料实心圆棒。用于棒材生产的塑料品种主要有聚酰胺、聚甲醛、聚碳酸酯、ABS、聚砜、聚苯醚等工程塑料，聚氯乙烯、聚乙烯、聚丙烯、聚苯乙烯等通用塑料。棒材也是挤出成型生产的主要产品之一。棒机头适用的挤出机螺杆长径比 $i=20～25$，压缩比 $\varepsilon=2.5～3.5$。除生产玻璃纤维增强塑料外，可以设置 50～80 目过滤网。

常用的棒机头结构通常分为有分流器和无分流器两种。

（1）有分流器的棒机头

如图 5.11 所示，其主要特点为机头中设有分流器，其结构与管机头基本相似。分流器的作用是增大机头压力，减少机头内部的容积；增大塑料的受热面积，改善料流状态。

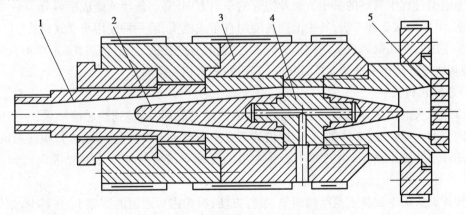

图 5.11　有分流器的棒材挤出成型机头

1—口模；2—分流器；3—机头体；4—分流器支架；5—过滤网

（2）无分流器的棒机头

如图 5.12 所示，其主要特点为机头中既没有芯棒，又没有分流器，但有一段直径较小的平直段，平直段有止流阀的作用，可以提高机头压力，使机头中的塑料熔体能形成足够的压力，以便向冷却定型模内塑料棒中心熔融区进行补料，从而可以获得致密的实心棒材。

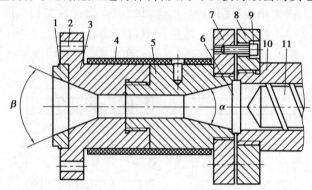

图 5.12　无分流器的棒材挤出成型机头

1—锥形环；2—螺栓孔；3—口模体；4—加热圈；5—连接器；6—过滤网；
7—连接法兰；8—机筒法兰；9—连接螺钉；10—机筒；11—螺杆

机头平直部分直径一般为 16~25 mm，棒材直径越大，取值可越大。平直段的长度一般为直径的 4~10 倍，直径小时取大值。机头进口处的收缩角 α 取 30°~60°，收缩区长度 L 为 50~100 mm。机头出口处的扩张角 β 通常取 45°左右。机头口模内径应等于冷却定径套的内径。

4）吹塑薄膜挤出成型机头的典型结构

塑料薄膜可以用压延、流延拉伸、吹塑以及扁平机头直接挤出成型等生产方法。挤出吹塑法的设备投资少，工艺简单，操作方便，原料的适应性广，可以生产软硬聚氯乙烯、高低密度聚乙烯、聚丙烯、聚苯乙烯、聚酰胺等各种塑料薄膜，而且薄膜的力学性能良好，因此在塑料薄膜的生产中广泛采用。

根据成型过程中管坯的挤出方向及泡管的牵引方向不同，薄膜吹塑成型可分为平挤上吹、平挤下吹、平挤平吹 3 种方法，其中前两种使用直角式机头，后一种使用水平式机头。

目前使用的吹塑薄膜机头结构形式较多，常见的有芯棒式、中心进料式（十字形）、螺旋芯棒式、旋转式等。这里只介绍芯棒式机头，其他的参考相关资料。

（1）芯棒式机头

芯棒式机头的结构如图 5.13 所示。塑料熔体经过滤网、机颈到达芯棒轴后，一边向机头出口方向流动，一边绕过芯棒轴、在芯棒尖处汇合后向机头出口方向流动，在口模区形成管坯，从机头的环形缝隙中挤出，由芯棒中心孔吹出的压缩空气将管坯吹胀并经纵向拉伸牵引成薄膜。

芯棒式机头的主要特点是结构简单，装拆方便；机头内部通道的空隙小，存料少，熔体不易过热分解；塑料熔体只在芯棒尖处形成一条熔合线。但芯棒轴受侧向压力，造成口模间隙偏移，出料不均，薄膜的厚度不易控制均匀。

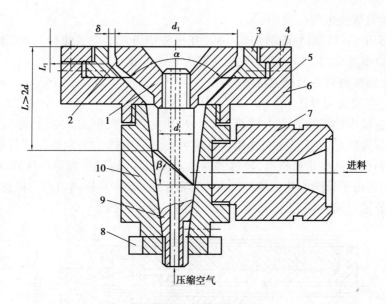

图 5.13 芯棒式机头

1—芯棒;2—缓冲槽;3—口模;4—压环;5—调节螺钉;6—上机头体;

7—机颈;8—紧固螺母;9—芯棒轴;10—下机头体

（2）口模与芯棒的单边间隙

口模与芯棒的单边间隙 $\delta = 0.5 \sim 1.3$ mm，也可按 $18 \sim 30$ 倍薄膜厚度选取。间隙太小，机头内反压力大；间隙太大，影响薄膜厚度的均匀性。一般薄膜厚度为 $0.01 \sim 0.03$ mm。

（3）口模与芯棒定型段长度

为了使物料压力稳定，挤出均匀，口模与芯棒在出口处的平直定型段 $L_1 \geqslant 15\delta$，一般常取 $(20 \sim 40)\delta$，对于不同的原料可参考表 5.5 的取值。

表 5.5 定型段长度 L_1 与间隙 δ 的关系

塑料种类	聚氯乙烯（PVC）	聚乙烯（PE）	聚丙烯（PP）	聚酰胺（PA）
平直定型段 L_1	$(16 \sim 30)\delta$	$(25 \sim 40)\delta$	$(25 \sim 40)\delta$	$(15 \sim 20)\delta$

（4）缓冲槽尺寸

为消除管坯上的分流痕迹，常在芯棒定型区开设 $1 \sim 2$ 个缓冲槽，深度取 $h = (3.5 \sim 8)\delta$，宽度取 $b = (15 \sim 30)\delta$。

（5）芯棒扩张角与分流线斜角

芯棒扩张角 α 一般为 $80° \sim 100°$，必要时可取 $100° \sim 120°$。对流动性差的塑料应取较小值，流动性好的塑料应取较大值。芯棒分流线斜角 β 的取值与塑料流动性有关，不可取得太小，否则会使芯棒尖处出料慢，形成滞料过热分解，一般取 $\beta = 40° \sim 60°$。

（6）吹胀比、牵引比和压缩比

吹胀比是吹胀后的泡管状膜的直径与未吹胀前的管坯直径（即机头口模内径）之比。一般取 $1.5 \sim 4$，超薄薄膜可取 6。牵引比是指泡管状膜牵引速度与管坯挤出速度之比值，一般取 $4 \sim 6$；压缩比是指机颈内流道截面积与口模定型区环形流道的截面积之比。一般要求不小于 2。

（7）调节螺钉数及进气孔径

为保证机头出料口环形间隙的均匀一致，在机头中设置了调节螺钉。调节螺钉不少于6个，数量太少，口模易变形。进气孔的孔径一般为6~8 mm。

5）电线、电缆挤出机头的典型结构

（1）挤压式包覆机头设计

挤压式包覆机头的结构如图5.14所示。该机头为直角式机头，主要由导向棒、口模以及机头体组成。导向棒对芯线起导向作用。口模可通过调节螺钉的调整保证与导向棒的同轴度。生产时塑料熔体从挤出机挤出，经过滤网进入机头体，遇到导向棒后转向90°，并沿着导向棒、芯线流动。由于导向棒的一端与机头体紧密配合，熔体只能向口模方向流动，两股料流在导向棒上汇合成封闭料环后，经口模定型区最终包覆在芯线上。

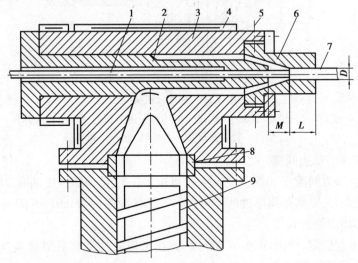

图5.14　挤压式包覆机头

1—芯线；2—导向棒；3—机头体；4—电热器；5—调节螺钉；

6—口模；7—包覆塑件；8—过滤网；9—挤出机螺杆

这种机头对芯线的包覆是在机头内部完成的，因而它具有对芯线包覆紧密的特点。但由于角式机头本身的结构问题，一方面机头不容易均匀地加热，机头内部的温度分布不均匀，容易引起塑料不均匀流动；另一方面塑料熔体从机头的侧面经导向棒分流后，流程的长短不同，也会引起塑料不均匀流动。所以用这种机头生产电线时容易出现包覆层厚薄不均的现象，使得芯线和包覆层的同轴度不高。这种挤压式包覆机头结构简单，操作方便，因此目前仍广泛应用于电线的挤出生产。

（2）套管式包覆机头设计

套管式包覆机头的结构如图5.15所示。这种机头与挤压式包覆机头相似，不同之处在于套管式包覆机头是将塑料挤成管状，然后在口模外冷却收缩而包覆在芯线上。由于这种机头的包覆在口模外进行，因此它对芯线包覆的紧密程度不如挤压式包覆机头。但这种机头能对已经包覆有绝缘层的芯线起保护作用，不至于在芯线通过机头时其外层直接受高温塑料熔体的挤压而受到损伤，因此常用于电缆的挤出生产。有时为了使包覆更紧密，可采取在塑料管和芯线之间抽真空的办法。

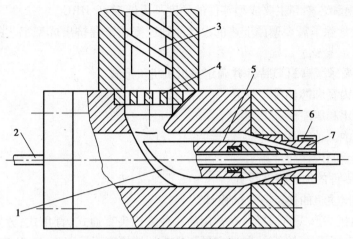

图 5.15　套管式包覆机头
1—螺旋面;2—芯线;3—挤出机螺杆;4—过滤网;
5—导向棒;6—电热器;7—口模

包覆层的厚度随口模尺寸、导向棒头部尺寸、挤出速度和芯线牵引速度的变化而变化。口模定型段长度值宜取小些,一般为口模内径的 0.5 倍以下,否则不仅流动阻力增大,产量下降,而且会使电缆表面出现流痕而影响表面质量。

学习活动3　管材挤出模的设计

【学习目标】

能正确为塑料管设计挤出模。

1)定义

拉伸比是口模和芯棒在成型区形成的环形间隙截面积与管材截面积之比。

压缩比是指机头和过滤网相接处的流道截面积与口模和芯棒在成型区的环形间隙截面积之比。

2)内容

(1)管材挤出机头的设计

在设计挤出成型机头时要遵循以下原则:

a.机头进口处应设置过滤网。

b.机头内应有分流装置和适当的压缩区。

c.机头内流道应作成光滑的流线型。

d.机头成型区有正确的截面形状。成型区的断面形状和制品相应的断面形状有差异。

e.机头内应设适当的调节装置。如调节螺钉、电热圈等。

f.机头结构紧凑,便于操作。其形状应尽量规则对称,以便于均匀加热。

g.机头选材要合理。应选择耐热、耐磨、耐腐蚀、硬度高、热处理变形小及加工性能好的碳钢或合金钢,口模和芯棒等主要成型零件的硬度不得低于 40 HRC。

挤出模的设计除了需要遵循上述的设计原则还需在掌握挤出成型工艺的基础上,按以下步骤进行设计:

　　a.根据设计要求了解材质特性并确定挤出机机头形式。

　　b.计算口模内径和芯棒外径尺寸。

　　c.确定拉伸比和压缩比。

　　d.确定机头内其他零件尺寸。

　　e.冷却定型套的设计与计算。

　　f.机头主要零件的加工工艺设计。

　　g.机头和挤出主机的连接方式的设计。

　　①管材挤出机头形式的选择。在常用的 4 种管机头直通式、直角式、旁侧式、微孔流道中进行比较选择,直通式结构简单,制造容易但产生的熔接痕不易消除,适用于成型软、硬聚氯乙烯、聚乙烯、聚酰胺、聚碳酸酯等塑料管材,直角式结构复杂,制造困难但料流稳定,出料均匀,生产率高,管材的质量较好,适用于成型聚乙烯、聚丙烯、聚酰胺等内、外径尺寸精度要求较高的塑料管材,旁侧式熔体流动阻力较大,占地面积相对较小。适用于直径大,管壁较厚的管材,微孔流道挤出的管材没有分流痕迹,强度较高适用于生产大口径的聚烯烃类(如聚乙烯、聚丙烯等)。

　　该管材为硬聚氯乙烯(PVC-U),外径为 ϕ32 mm,壁厚为 2 mm,经比较,优先选择直通式挤管机头。

　　②机头内主要零件的尺寸及其工艺参数设计。

　　A.口模。口模主要设计的尺寸为口模内径 D 和定型段长度 L_1,如图 5.16 所示。

　　a.口模内径。管材的外径由口模内径决定,受离模膨胀效应及冷却收缩的影响,口模内径只能根据经验而定,通过调节螺钉(图 5.5 所示的零件 5)调节口模与芯棒间的环形间隙使其达到合理值。口模内径可按下面经验公式确定:

$$D = \frac{d_\mathrm{s}}{K} \tag{5.1}$$

式中　D——口模的内径,mm;

　　　　d_s——管材的外径,mm;

　　　　K——补偿系数,参考表 5.6 选取。

表 5.6　补偿系数 K 值

塑料种类	定径套定管材内径/mm	定径套定管材外径/mm
聚氯乙烯(PVC)	—	0.95~1.05
聚乙烯(PE)	1.05~1.00	—
聚烯烃	1.20~1.30	0.90~1.05

　　b.定型段长度。口模的平直部分与芯棒的平直部分组成管材的成型部分,称定型段或成型区,如图 5.15 中所示。定型段的长度 L_1 对管材质量影响很大,塑料熔体从机头的压缩区进入成型区料流阻力增大,不仅起到提高熔体密度、消除熔接痕的作用,同时使料流稳定均匀。但 L_1 过长,造成料流阻力过大,需要的牵引力也大,并使管材外观质量变差。L_1 过短,起不到

稳流定型作用,因此,确定定型段长度 L_1 时,除了要考虑机头结构的形式外,还应考虑塑料品种、管材壁厚、直径大小以及牵引速度等因素。通常按如下两种经验公式确定。

按管材外径计算

$$L_1 = (0.5 \sim 3.0)d_s \tag{5.2}$$

按管材壁厚计算

$$L_1 = ct \tag{5.3}$$

式中　L_1——定型段长度,mm;

　　　d_s——管材外径,mm,系数为 0.5~3.0,d_s 较大时,取小值,反之取大值;

　　　t——管材壁厚,mm;

　　　c——系数,与塑料品种有关,挤软管时取大值,挤硬管时取小值,参考表 5.7 选取。

表 5.7　定型段长度 L_1 的计算系数

塑料种类	硬聚氯乙烯 (HPVC)	软聚氯乙烯 (SPVC)	聚乙烯 (PE)	聚丙烯 (PP)	聚酰胺 (PA)
系数 c	18~33	15~25	14~22	14~22	13~22

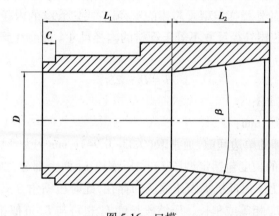

图 5.16　口模

D—口模内径;α—压缩角;C—与定径套配合长度;
L_2—压缩段长度;L_1—定型段长度

c.压缩段长度。口模压缩段的长度可按下面的经验公式确定。

$$L_2 = (1.5 \sim 2.5)D_0 \tag{5.4}$$

式中　L_2——芯棒压缩段长度,mm;

　　　D_0——过滤网出口处流道直径,mm(见图 5.5),D_0 应与挤出机机筒出口处直径一致,机筒出口处直径根据螺杆直径确定,可近似相等。

硬管挤出机头的口模设计如下:

a.内径尺寸 D,根据表 5.5,补偿系数 $K = 0.95 \sim 1.05$,取 $K = 0.98$,代入公式(5.1),$D = D_s/K = 32.65$ mm。

b.定型段长度 L_1,采用经验公式(5.3)来计算。根据表 5.6,可知系数 $c = 18 \sim 33$,这里取 25,则 $L_1 = ct = 25 \times 2 = 50$ mm。

c.压缩段长度 L_2,根据公式(5.4),取系数 2,参考螺杆直径 45 mm,取 $D_0 = 45$ mm,则 $L_2 =$

$2D_0 = 2 \times 45 = 90$ mm。

B.芯棒。芯棒通过螺纹与分流器连接,其中心孔用来通入压缩空气,使管材产生内压,实现外径定径,其主要的设计尺寸为芯棒外径 d、定型段 L_3、压缩段长度 L_4 和压缩角 β。如图5.17 所示。重要的工艺参数是拉伸比和压缩比。

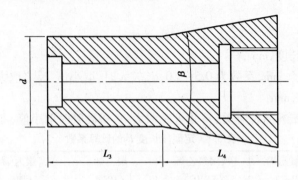

图5.17　芯棒

d—芯棒外径;β—压缩角;L_3—定型段长度;L_4—压缩段长度

a.芯棒外径。芯棒的外径指定型段芯棒的直径,它决定管材的内径,但由于受离模膨胀效应及冷却收缩的影响,芯棒外径尺寸不等于管材的内径尺寸。根据生产经验,芯棒外径可按下面公式确定:

$$d = D - 2\delta \tag{5.5}$$

式中　d——芯棒外径,mm;

　　　D——口模的内径,mm;

　　　δ——口模与芯棒的单边间隙,通常取 $(0.83 \sim 0.94)t$,mm,t 为管材壁厚。

b.芯棒长度。芯棒的长度包括定型段 L_3 和压缩段 L_4 两个部分,如图5.17 所示。有时芯棒上不设压缩段 L_4,但为了保证机头内压缩区的存在,此时压缩角 β 必须设在口模上,芯棒定型段 L_3 和口模定型段 L_1 相等或稍长。压缩段长度 L_4 也可与 L_2 近似相等。

c.压缩角 β。压缩区的锥角 β 称为压缩角,为了消除熔接痕,并适应塑料的流动特性,压缩角取值要合理,通常为 $20° \sim 60°$(见图5.17)。压缩应小于扩张角,黏度大的塑料压缩角应取小一些。低黏度塑料取 $30° \sim 60°$,高黏度塑料取 $15° \sim 45°$。硬聚氯乙烯 β 取 $10° \sim 30°$,β 过大时制件表面较粗糙。

d.拉伸比。拉伸比反映了在牵引力或牵引速度作用下管材从高温型坯到冷却定型后的截面变形状况,以及纵向取向程度和拉伸强度,影响拉伸比的因素很多,大小常由经验确定,取值可参考表5.8。

表5.8　常用塑料挤出所允许的拉伸比

塑料种类	硬聚氯乙烯（HPVC）	软聚氯乙烯（SPVC）	高压聚乙烯（LDPE）	低压聚乙烯（HDPE）	聚酰胺（PA）	聚碳酸酯（PC）	ABS
拉伸比	$1.00 \sim 1.08$	$1.10 \sim 1.35$	$1.20 \sim 1.50$	$1.10 \sim 1.20$	$0.90 \sim 1.05$	$0.90 \sim 1.05$	$1.00 \sim 1.10$

拉伸比的定义表示如下:

214

$$I = \frac{D^2 - d^2}{D_s^2 - d_s^2} \tag{5.6}$$

式中　I——拉伸比；

　　　　D,d——口模内径和芯棒的外径,mm；

　　　　D_s,d_s——管材的外径和内径,mm。

由式(5.6)可知,在 D 确定以后,利用允许的拉伸比 I 及 D_s、d_s 尺寸也可以确定 d。

e.压缩比。它反映了熔体的压实程度。对于低黏度塑料,压缩比 ε 通常取 4~10;对于高黏度塑料,压缩比 ε 通常取 2.5~6.0。

硬管挤出机头的芯棒设计如下:

a.芯棒外径 d,根据公式(5.4),δ 取 0.89,$d = 32 - 2 \times 0.88 \times 2 = 28.48$ mm。

b.芯棒定型段 L_3,与口模定型段相等,$L_3 = L_1 = 50$ mm。

c.压缩角 β,根据经验值取 20°。

d.拉伸比,口模内径 $D = 32.65$ mm,芯棒的外径 $d = 28.48$ mm,管材的外径 $D_s = 32$ mm,管材的内径 $d_s = 28$ mm。将数值代入式(5.6)中,拉伸比 $I = 1.06$。

e.压缩比,硬质 PVC 为高黏度材料,确定压缩比 $\varepsilon = 5$。

③分流器和分流器支架。对于大中型机头,为了加工方便往往将分流器和分流器支架设计成组合式结构(见图 5.5),对于小型机头则设计成整体式结构。如图 5.18 所示,其主要的结构参数有分流器扩张角、分流器锥面长度、分流器头部圆角及头部至过滤网的距离和分流器支架形状及数量。

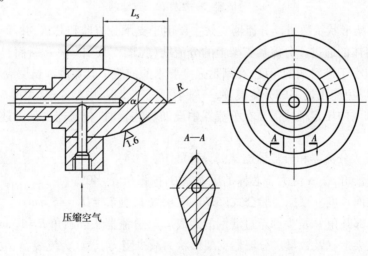

图 5.18　分流器和分流器支架结构示例

a.分流器扩张角。扩张角 α 的大小与塑料黏度及热稳定性有关,通常取 30°~90°,对于黏度大、热稳定性差的硬聚氯乙烯等塑料,α 应控制在 60° 以下。α 过大时,塑料流动阻力大,剪切热增多,熔体易过热分解;α 过小时,不利于机头对其内部塑料熔体均匀加热,且分流器锥面长度 L_3 增大,机头的体积也会增大。α 应大于芯棒的压缩角 β。

b.分流器锥面长度。为了取得良好的分流效果,分流器锥面长度 L_5 通常根据经验按下式确定。

$$L_5 = (0.6 \sim 1.5)D_0 \tag{5.7}$$

式中　D_0——过滤网出口处流道直径,mm。

c.分流器头部圆角及头部至过滤网的距离。分流器头部必须设计圆角 R，但不宜过大，否则熔体易在此处发生滞留。一般 R 为 $0.5\sim2.0$ mm。

分流器表面粗糙度 Ra 应小于 0.4 μm。分流器头部至过滤网的距离 L_6（见图 5.19），它们形成的这段空腔起汇集料流、补充塑化的作用。L_6 通常取 $10\sim20$ mm，过小料流不均匀，过大则滞料时间长，易分解。

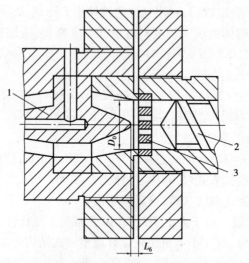

图 5.19　分流器与过滤网的相对位置
1—分流器；2—螺杆；3—过滤网

d.分流器支架形状及数量。分流器支架主要用于支承分流器和芯棒，并承受熔体压力，但不得阻止塑料熔体的通过。分流器支架上的分流肋（见图 5.18 中 $A—A$ 断面）应作成流线形。出料端的角度应小于进料端的角度，在满足强度要求的前提下其宽度和长度应尽可能的小，数量也尽可能少，以免产生过多的分流痕迹，一般小型机头 3 根，中型 4 根，大型 $6\sim8$ 根。

如果管材采取内压定径或需要在分流器中设加热装置时，分流器支架上还应设有进气孔和导线孔。

硬管挤出机头分流器和分流器支架的设计如下：

a.分流器扩张角 α。α 应大于芯棒的压缩角 β，扩张角 $\alpha=40°$。

b.分流器锥面长度。根据经验公式（5.7），取系数 1，则 $L_5=D_0=45$ mm。

c.分流器头部圆角 R 及头部至过滤网的距离 L_6。分流器头部圆角 $R=1$ mm，$L_6=10$ mm。

d.分流器支架形状及数量。分流器支架形状为减少阻力，设计为流线型，数量为 3 根。

④定径套的设计。

制件被挤出口模时，还具有相当高的温度，如硬聚氯乙烯可达 180 ℃左右，没有足够的强度和刚度来承受自重变形，同时还受离模膨胀和长度收缩效应的影响，因此，必须采取一定的冷却定型措施，保证挤出管材准确的形状及尺寸和良好的表面质量。管材的冷却定型主要有内径定径和外径定径两种方法。我国塑料管材标准中规定外径为公称直径，所以国内常用外径定径法。

a.外径定径。外径定径是使管坯的外表面和定径套的内壁相接触，常采用内部通压缩空气（内压法）或在管材的外壁抽真空（真空吸附法）来实现。

图 5.20(a)所示为外径定径的内压法。在管材内通入的压缩空气一般为 0.02~0.28 MPa，为保持管内压力，采用堵塞防止漏气。压缩空气最好经过预热，因为冷空气会使芯棒温度降低，造成管材内壁不光滑。

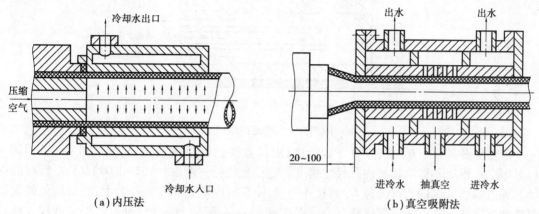

图 5.20　外径定径原理图

定径套设计的主要技术参数有：定径套内径、定径套长度、定径套锥度。

定径套的内径和长度一般根据经验来确定，见表 5.9。通常定径套内径应比管材外径放大 0.8%~1.2%，定径套长度的取值，当管材直径大于 35 mm 时，其长度应小于 10 倍的管材外径；如果管材直径大于 100 mm 时，其长度可采用 3~5 倍的管材外径。注意，定径套内径尺寸不得小于口模内径。

表 5.9　内压定径套尺寸

塑料种类	定径套内径/mm	定径套长度/mm
聚烯烃	$(1.02 \sim 1.04)d_s$	$\approx 10d_s$
聚氯乙烯(PVC)	$(1.00 \sim 1.02)d_s$	$\approx 10d_s$

注：d_s 为管材外径，mm，应用此表时 d_s 应小于 35 mm。

图 5.20(b)所示为外径定径的抽真空法。真空定径套可不直接与机头口模联结，相距 20~100 mm，使管坯离开口模后可先离模膨胀并进行一定程度的空冷收缩后，在进入定径套中冷却定型。定径套内的真空度通常为 0.053~0.067 MPa，抽真空孔径可取 0.6~1.2 mm（塑料黏度大或管材壁厚时取大值，反之取小值）。

真空定径套内径可按以下经验公式确定。

$$d_0 = (1 + C_z)d_s \tag{5.8}$$

式中　d_0——真空定径套内径，mm；

　　　C_z——计算系数，参考表 5.8 选取；

　　　d_s——管材外径，mm。

真空定径套的冷却效率比内压法要低，其长度应适当长些，一般比内径相同的内压法定径套长 $1d_s$（管材外径）以上，这样有助于更好地改善或控制离模膨胀和长度收缩效应的影响。

b.内径定径。管材的内径定径如图 5.21 所示。内径定径是使管坯的内表面和定径套的内壁相接触，常通过定径套内的循环水冷却定型挤出的管材，保证管材的内径尺寸和圆度，同时管材外壁可自然空气冷却或喷淋水冷却，所以冷却效率高，操作方便。目前多用于挤出成型聚乙烯、聚丙烯和聚酰胺等塑料管材，尤其适用于内径公差要求比较严格的聚乙烯、聚丙烯管材。

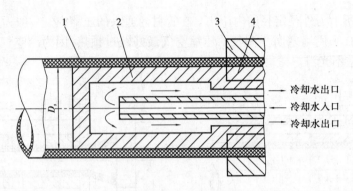

图 5.21　内径定径原理图

　　定径套沿其长度方向应带有一定锥度,出口直径比进口直径稍小,锥度可在 0.6∶100 ~ 1∶100 选取,但应不影响管材内孔尺寸精度。定径套外径一般取 $(1.02 ~ 1.04)D_s$(D_s 管材的内径),通过修磨来保证管材内径 D_s 的尺寸公差,使管材内壁紧贴在定径套上,获得较低的表面粗糙度。定径套的长度与管材壁厚及牵引速度有关,一般取 80 ~ 300 mm,牵引速度较大或管材壁厚较大时取大值;反之,则取较小值。

　　硬管挤出模定径套的设计如下:

　　因管材的外径要求较为严格,管材的成型温度较高,所以采用内压法外径定径,并配合水冷定形。

　　a.定径套内径 d_0。参考表 5.8,取系数 1.02,d_0 = 1.02×32 = 32.64 mm,口模内径尺寸为 32.65 mm。根据定径套内径尺寸不得小于口模内径,因此,定径套内径 d_0 取 32.65 mm。

　　b.定径套长度 L_7。取管材的直径 6 倍,L_7 = 32×6 = 198 mm,为便于加工测量,取 200 mm。

　　c.定径套锥度。根据锥度的取值范围,取 1∶100。

学习活动 4　异型材挤出模的设计

【学习目标】

能正确为异型材设计挤出模。

1)**定义**

塑料异型材是指除管材、棒材、板(片)材以及薄膜等制件外,具有其他截面形状的薄壁或实心结构的塑料挤出制件。

2)**内容**

由于异型材的截面形状不规则,其挤出成型工艺和机头的设计都比较复杂,其几何形状、尺寸精度、外观及强度难以保证,成型效率较低。塑料异型材发展迅速,应用领域不断扩大。广泛用作塑料门框、门板、窗框、护墙板、窗帘盒、挂镜线、屏风、楼梯扶手、配线槽板、地板条、镶边条、集成电路套、家具配件等。图 5.22 为塑料异型材及挤出模实体图。

图 5.22　塑料异型材及挤出模

（1）流线型挤出机头结构

常用的异型材挤出机头有流线型机头。流线型机头的结构如图5.23所示，它的特点是从进料口开始至口模的出口，流道截面由圆形光滑过渡为异型材所要求的截面形状和尺寸，即流道（包括口模成型区）表壁呈光滑的流线型曲面，不出现急剧变化，不形成料流死角。流线型机头克服了板式机头滞料的缺点，能用于热稳定性差的塑料成型，既可保证复杂截面异型材及热敏性塑料的成型质量，又可适合大批量生产。这种机头制造困难，成本较高，但由于操作费用低，制件质量好，所以在生产中得到广泛应用。

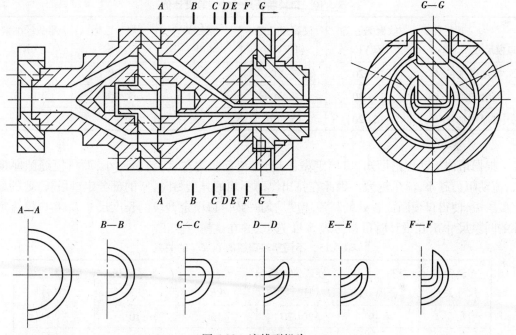

图5.23　流线型机头

（2）流线型挤出机头设计

①口模断面与制件断面形状的关系。理论上异型材口模的断面形状应与制件的断面形状一致，但实际上由于塑料性能、成型压力、成型温度、流速分布以及离模膨胀和冷却收缩等因素影响，导致制件的断面形状与口模断面形状的不同，需要修正口模形状，如图5.24所示。

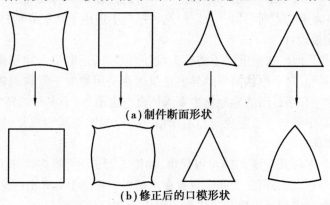

（a）制件断面形状

（b）修正后的口模形状

图5.24　口模断面形状与制件断面形状的关系

②机头的结构参数。机头内分流器的扩张角 $\alpha < 70°$,对于成型条件要求严格的塑料,如硬聚氯乙烯(HPVC)等,应尽量控制在 $60°$ 左右;机头压缩比 $\varepsilon = 3 \sim 13$;压缩角 $\beta = 25° \sim 50°$。

③机头口模的尺寸。异型材口模的断面尺寸在只考虑离模膨胀时,应按膨胀比设计得比制件的断面尺寸小,但为了便于牵引速度的调节,同时补偿因冷却收缩导致的断面尺寸变小,通常将口模的断面尺寸设计得稍大些。由于口模的断面尺寸与制件的断面尺寸关系随物料种类、成型温度、成型速度等条件的变化而改变,口模的断面尺寸很难确定,设计时可参考表5.10选取,并在试模时修正。

表 5.10　口模断面尺寸的经验设计值

塑料种类 口模尺寸	软聚氯乙烯 (SPVC)	硬聚氯乙烯 (HPVC)	聚乙烯 (PE)	聚苯乙烯 (PS)	醋酸纤维素 (CA)
宽度增加量/%	10~20	7~20	10	20	5~15
高度增加量/%	15~30	3~10	15	20	10~25
壁厚增加量/%	12~20	5~10	—	—	—

根据熔体流动理论可知,口模定型段越长,流动阻力越大,流量越小;而口模缝隙厚度越大,流动阻力越小,流量越大。因此在挤出厚薄不均的异型材时,厚的部分定型段长,薄的部分定型段短,使得口模断面各处的料流速度均匀一致。口模定型段的长度尺寸 L_1 和口模流道缝隙的间隙尺寸 δ,在设计时可参考表5.11选取,并在试模时修正。

表 5.11　不同塑料口模的 L_1, δ, t 的关系

塑料种类 尺寸关系	软聚氯乙烯 (SPVC)	硬聚氯乙烯 (HPVC)	聚乙烯 (PE)	聚苯乙烯 (PS)	醋酸纤维素 (CA)
L_1/δ	6~9	20~70	16	20	20
t/δ	0.85~0.90	1.0~1.1	0.85~0.90	1.0~1.1	0.75~0.90

④流量调节装置的设计。为了使得机头口模出料均匀,除了修正口模定型段的长度和口模缝隙的厚度之外,还可增设流量控制装置。在口模定型段的入口端设置阻流器(阻尼板),使该处断面尺寸比口模尺寸小(一般为30%~60%),这样在试模时仅通过调节阻流器就可调节流量,使得各处料流速度达到均匀一致。但这种结构不适用于薄壁异型材的成型。

(3)异型材定型模设计

异型材的尺寸和几何形状精度除了需机头设计合理外,还取决于定型模的设计。异型材的冷却定型方式有多种,对于形状简单的异型管材通常采用类似于管材的内径定径和外径定径的定型方式;对封闭和半封闭的异型材主要采用真空定型;对于实心的异型材一般采用类似于棒材的水冷定径套定型。为了避免与前面介绍过的冷却定型装置重复,这里主要介绍多板式定型、加压定型和真空定型。

①多板式定型。多板式定型的结构很简单,如图5.25所示,将多块厚度为 3~5 mm 的黄铜板或铝板称为定型板,以逐渐加大间隔放置在水槽中。板的中央开出逐渐减小的成型型孔。从口模挤出的型材穿过定型板边冷却边定型。因为冷却后的异型材还会收缩,最后一块定型板的型孔要比型材成型后的尺寸大2%~3%。

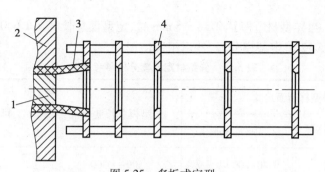

图 5.25　多板式定型
1—芯棒;2—口模;3—型材;4—定型板

②加压定型。加压定型也称为压缩空气外定型,仅适用于直径大于 25 mm 以上的中空异型材,如图 5.26 所示,压缩空气由机头芯棒 1 导入型材 7 内,并用浮塞 9 封闭,依靠压缩空气压力(0.02~0.1 MPa),定型模 5 的内壁与挤出型材相接触。这种定型方法,由于定型模与管材的接触面长,而且管内有一定的压力,因此成型的型材外表面尺寸精度较高,而且表面粗糙度值较低。

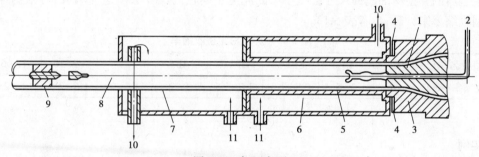

图 5.26　加压定型
1—芯棒;2—压缩空气入口;3—机头体;4—绝热垫;5—定型模;6—冷却水腔;
7—型材;8—链锁;9—浮塞;10—出水口;11—进水口

③真空定型。真空定型也称为真空外定型,是一种应用广泛的定型方式,可适用于各种中空异型材的冷却定型。如图 5.27 所示。型材与定型模间设置抽真空段,真空室内沿异型材四周均匀开设抽气孔或缝隙,孔径或缝隙宽度为 0.5~1.0 mm,间距一般为 1.5~2.0 mm。型材内的大气压力使得型材与定型模紧密接触,同时在定型模内通入冷却水,对异型材进行冷却定型。当定型长度要求较长时,为了加工和操作方便,可将定型模设计成多段(一般 2~4 段),每段长 300~500 mm,串联起来使用。

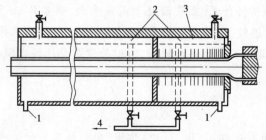

图 5.27　真空定型
1—冷却水入口;2—冷却水出口;3—真空;4—真空泵

在生产实践中,当异型材壁厚达 2.5~3.5 mm 时,定型模总长度在 1 600~2 600 mm 时很难加工,因此,可按表 5.12 将定型模分段,然后组装使用。

表 5.12　异型材定型模分段参考数据

异型材断面尺寸		定型模总长度/mm	可分段数
壁厚/mm	高×宽/mm		
1.50 以下	40×200 以下	500~1 300	1~2
1.50~3.0	80×300 以下	1 200~2 200	2~3
3.0 以上	80×300 以下	2 000 以上	3 以上

在定型模型腔尺寸设计时还要考虑异型材在定型过程中要冷却收缩和牵引拉长的变化,导致定型后的异型材的断面尺寸会变小。因此定型模径向尺寸必须适当增大,可根据异型材的定型收缩率来计算,参考表 5.13。

表 5.13　异型材定型收缩率

塑料名称	PE	PP	SPVC	HPVC	ABS	CA	PA610	PA66
收缩率/%	4~6	3~5	0.8~1.3	3.5~5.5	1~2	1.5~2	1.5~2.5	1.5~2.5

实例

异型材挤出模设计

如图 5.28 所示,装饰板材的横断面。材料为 PVC,外形尺寸宽度为(275±0.5)mm,高度为(10±0.3)mm,上层壁厚 0.7 mm,下层壁厚 0.6 mm,加强肋 0.5 mm。生产设备为 SJ-65×25 型单螺杆挤出机。

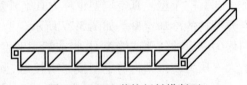

(1)产品结构及工艺性能分析

为增加立体感,在制件外表侧面分布有两条沟槽,制件外表面光滑平整,无缺陷。内腔加强肋

图 5.28　PVC 装饰板材横断面

要求无断裂,安装方式采用拼合式,上表面处于同一平面,误差为±0.2 mm。根据装饰板材的横断面形状简单、对称且连续,壁厚也较均匀,中空部分也不小,采用异型材挤出成型可满足产品结构工艺性要求。但其平面度的要求较高,所以关键是设计挤出模机头口模流道,确定冷却定型方式及各部分尺寸。

(2)确定模具结构

①挤出机头设计。

a.结构设计。机头包括机颈、机体、口模、芯模、阻尼块等。机头流道呈流线型圆滑过渡,采用上下组合装配结构。机颈采用球形入口,便于和挤出机机筒连接配合,使熔体流出机筒、多孔板后能逐渐过渡为机颈内流道形状。采用扁机头,机颈内流道纵向呈压缩状趋于减小,横向呈扇形趋于增大,从而扩展为产品形状,如图 5.29 所示。

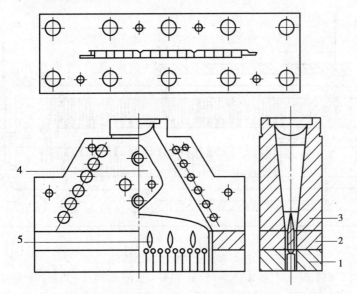

图 5.29　PVC 制件异型材挤出模机头
1—口模;2—机头体;3—机颈;4—阻尼块;5—芯棒

b.机头结构参数设计。机颈入口采用与挤出机机筒直径相同的球形结构,直径为 65 mm,机颈内扇形横向扩张角取 60°,纵向两边之间夹角取 8°。在芯模前加一菱形阻尼块,前端两边之夹角为 60°,后端两边之夹角为 90°,各角部呈圆弧状。

熔体出口模后会发生离模膨胀,但由于冷却收缩和牵引机的牵引作用,使口模间隙 t、宽度 B,高度 H,不同于异型材壁厚 $t_s(mm)$、宽度 $B_s(mm)$、高度 $H_s(mm)$,根据经验:$t_s/t=1.10\sim1.20$ $(t=0.6)$;$B_s/B=0.8\sim0.93(B=297)$;$H_s/H=0.90\sim0.97(H=10.8)$。

口模成型段将熔融物料的运动形式调整为制件横断面形状,并提高熔体密度,消除各种熔接痕,其长度 L 与塑料品种、制件厚度、挤出条件等因素有关。经验表明,其长度 L 与口模间隙 t 之比一般为 $20\sim50$ 比较适宜,现取 $L/t=28/0.6=46.7$。

在机头内总的压缩比,即多孔板的最大料流断面积与口模间隙面积之比为:

$$\varepsilon=\frac{S_{\text{入}}}{S_{\text{出}}}=\frac{3.14\times\left(\frac{65}{2}\right)^2}{297\times(0.7+0.6)+20\times10.8\times0.5}\approx7$$

②定型模设计。

a.结构设计。熔体定型采用真空冷却定型结构,由上、下盖板,上、下定型板等部件装配而成,上、下两部分可开启,内腔冷却水流道与真空槽交错排列。为使型材冷却均匀,内应力最小,在上、下定型板设置的冷却回路采取对称排列。定型模横断面如图 5.30 所示。

b.定型模结构参数设计。定型模长度越长,对产品质量、型材内应力的消除越有利,但过长会增加成本,不便于搬运开启。由于装饰板材壁厚较薄,定型模长度取 600 mm 即可。定型模径向尺寸通常比模口尺寸小,比型材尺寸大,具体尺寸可按经验公式 $D=1.02d$ 确定,其中 D 是定型模径向尺寸,d 是型材径向尺寸。

真空吸附采用沟槽形式,为避免黏流状物料被吸进真空槽内阻塞真空槽,沟槽宽 1 mm。

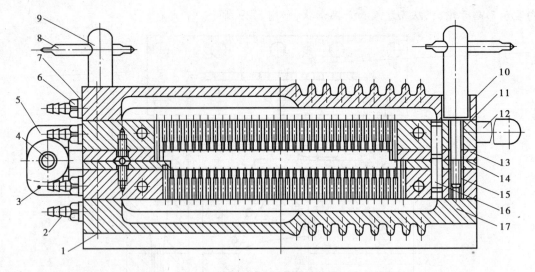

图 5.30　定型模横断面结构

1—内六角螺钉;2—水气接头;3,5—铰链片;4—轴;6—螺栓;7—螺钉;8—锁紧螺钉;
9,12—手柄;10,17—上、下盖板;11,15—上、下定型板;13,14—侧型板;16—圆柱销

前部 6 道沟槽宽度取 0.8 mm。沟槽间距为 40 mm。真空槽背面细孔直径为 ϕ5 mm,冷却水流道互相贯通,为减少内应力,循环水从定型模后端流入,前端流出,水孔直径为 ϕ10 mm。

(3)材料选择与加工要求

机头长期工作在高温高压下,磨损较大,PVC(聚氯乙烯)塑料熔体在加工过程中易过热分解,释放出腐蚀性气体,因此选用耐磨、耐腐蚀模具钢材料 2Cr13。定型模材料也选用不锈钢 2Cr13,盖板选用铸铝材料。

　【总结与评价】

1.学习活动总结

通过该学习活动的学习后,如果您能顺利地完成各学习任务的"思考与练习",您就可以继续往下学习。如果不能较好地完成,就再学习相应的学习任务,并对学习过程中遇到的重点、难点、解决办法等进行总结。

2.学习任务评价表

学习任务的评价,是在该任务所有的学习活动完成后进行的,评价表的内容需如实填写,通过评价学生能发现自己的不足之处,教师能发现和认识到教学中存在的问题。

班级:＿＿＿＿＿＿＿＿　学生姓名:＿＿＿＿＿＿＿＿＿＿　学号:＿＿＿＿＿＿＿＿＿

项　目	自我评价			小组评价			教师评价		
	10~9	8~6	5~1	10~9	8~6	5~1	10~9	8~6	5~1
学习活动1(完成情况)									
学习活动2(完成情况)									
学习活动3(完成情况)									
学习活动4(完成情况)									
参与学习活动的积极性									
信息检索能力									
协作精神									
纪律观念									
表达能力									
工作态度									
任务总体表现									
小　计									
总　评									

注:10表示最好,1表示最差。

任课教师:＿＿＿＿＿＿＿＿　　年　月　日

学习任务六
矿泉水瓶吹塑模具的设计

【学习任务】

本学习任务围绕矿泉水瓶吹塑模具设计内容来学习,主要包括矿泉水瓶吹塑成型工艺的设计、吹塑件的设计、吹塑模的设计等。

学习活动 1　吹塑成型工艺的设计

【学习目标】

1.能正确说出 3 种主要的吹塑成型方法。
2.能正确编制矿泉水瓶吹塑成型工艺。

　学习目标 1　说出 3 种主要的吹塑成型方法

1)中空吹塑成型方法

中空吹塑成型原理是将注射机或挤出机挤出的处于塑性状态的塑料型坯置于模具型腔内,将压缩空气注入型坯中,将其吹胀,使之紧贴于模腔壁上,冷却定型得到一定形状的中空制件的加工方法。根据成型方法不同,中空吹塑成型可分为挤出吹塑成型、注射吹塑成型、注射拉伸吹塑成型等。

(1)挤出吹塑成型

挤出吹塑是成型中空制件的主要方法,如图 6.1 所示是挤出吹塑成型工艺过程示意图。

首先,挤出机挤出管状型坯,如图 6.1(a)所示;截取一段管坯趁热将其放于模具中,闭合对开式模具同时夹紧型坯上下两端,如图 6.1(b)所示;然后用吹管通入压缩空气,使型坯吹胀并贴于型腔表壁成型,如图 6.1(c)所示;最后经保压和冷却定型,便可排出压缩空气并开模取出塑件,如图 6.1(d)所示。挤出吹塑成型模具结构简单,投资少,操作容易,适于多种塑料的

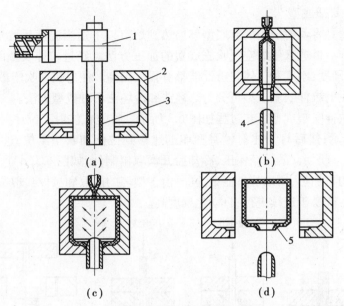

图 6.1　挤出吹塑成型工艺过程

1—挤出机头;2—吹塑模;3—管状型坯;4—压缩空气吹管;5—制件

中空吹塑成型。缺点是壁厚不易均匀,制件需后处理去除飞边。

(2)注射吹塑成型

注射吹塑成型的工艺过程如图 6.2 所示。首先注射机将熔融塑料注入注射模内形成管坯,管坯成型在周壁带有微孔的空心凸模上,如图 6.2(a)所示;接着趁热移至吹塑模内,如图 6.2(b)所示,然后从芯棒的管道内通入压缩空气,使型坯吹胀并贴于模具的型腔壁上,如图 6.2(c)所示,最后经保压、冷却定型后放出压缩空气,且开模取出塑件,如图 6.2(d)所示。这种成型方法的优点是壁厚均匀无飞边,不需后处理。由于注射型坯有底,故塑件底部没有拼合缝,强度高,生产率高,但设备与模具的投资较大,多用于小型塑件的大批量生产。

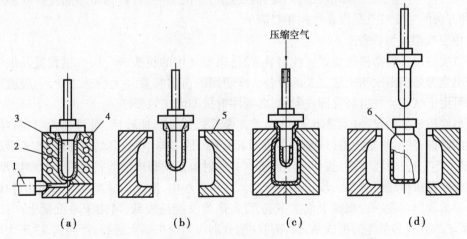

图 6.2　注射吹塑成型

1—注射机喷嘴;2—注射型坯;3—空心凸模;4—加热器;5—吹塑模;6—制件

（3）注射拉伸吹塑成型

注射拉伸吹塑是将注射成型的有底型坯加热到熔点以下适当温度后置于模具内,先用拉伸杆进行轴向拉伸后再通入压缩空气吹胀成型的加工方法。经过拉伸吹塑的制件其透明度、抗冲击强度、表面硬度、刚度和气体阻透性能都有很大提高。注射拉伸吹塑最典型的产品是线性聚酯饮料瓶。注射拉伸吹塑成型可分为热坯法和冷坯法两种成型方法。

热坯法注射拉伸吹塑成型工艺过程如图6.3所示。首先在注射工位注射成一空心带底型坯,如图6.3(a)所示;然后打开注射模将型坯迅速移到拉伸和吹塑工位,进行拉伸和吹塑成型,如图6.3(b)、(c)所示;最后经保压、冷却后开模取出制件,如图6.3(d)所示。这种成型方法省去了冷型坯的再加热,所以节省能量,同时由于型坯的制取和拉伸吹塑在同一台设备上进行,占地面积小,生产易于连续进行,自动化程度高。

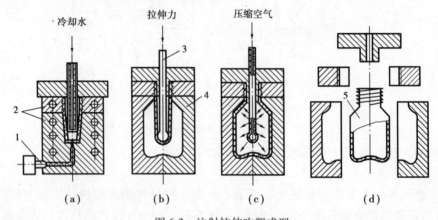

图6.3　注射拉伸吹塑成型
1—注射机喷嘴;2—注射模;3—拉伸芯棒(吹管);4—吹塑模;5—制件

冷坯法是将注射好的型坯加热到合适的温度后再将其置于吹塑模中进行拉伸吹塑的成型方法。采用冷坯成型法时,型坯的注射和制件的拉伸吹塑成型分别在不同设备上进行,在拉伸吹塑之前,为了补偿型坯冷却散发的热量,需要进行二次加热,以确保型坯的拉伸吹塑成型温度,这种方法的主要特点是设备结构相对简单。

2）中空吹塑成型设备

中空吹塑设备包括挤出装置或注射装置、挤出型坯用的机头、模具、合模装置及供气装置等。挤出装置是挤出吹塑中最主要的设备。吹塑用的挤出装置并无特殊之处,一般通用型挤出机均可用于吹塑。注射装置即注射机,普通注射机即可注射型坯。

挤出吹塑成型的设备(见图6.4(a)),尤其模具造价及能耗较低,可成型大容积容器与形状复杂的制件;注射吹塑成型(成型设备见图6.4(b))的容器,有较高的尺寸精度,不形成接合缝,一般不产生边角料。注射拉伸吹塑成型则有注射拉伸吹塑成型与挤出拉伸吹塑成型两种。注射拉伸吹塑成型还可分为一步法和两步法。在一步法中,型坯的成型、冷却、加热、拉伸与吹塑及容器的取出均在一台机械上依次完成,设备造价及能耗较低,可用于小批量生产;在两步法中,型坯的成型和型坯的再加热、拉伸与吹塑分别在两台机械上进行,产量高,适于大批量生产。塑料吹塑成型机械是塑料加工行业中发展最快、得到广泛应用的机种之一。

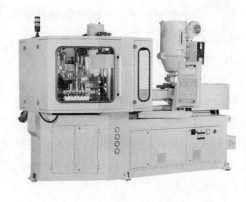

（a）挤出吹塑成型机　　　　　　　　　（b）注射吹塑成型机

图6.4 中空吹塑成型设备

【思考与练习】

一、判断题

1.通用的挤出机和注射机不能用于中空吹塑成型。（　　）

2.中空吹塑成型中需使用压缩空气。（　　）

3.一个20 L的塑料桶,适宜采用挤出吹塑成型。（　　）

4.采用注射拉伸吹塑与注射吹塑成型同一产品,注射吹塑的性能会更好一些。（　　）

二、简答题

1.中空吹塑成型原理(小组抢答)？

2.分组学习中空吹塑成型的3种主要方法,并派组员叙述。

学习目标 2　正确编制矿泉水瓶吹塑成型工艺

1) 中空吹塑成型工艺条件

(1) 型坯温度

挤出吹塑、注射吹塑成型时型坯温度应在 $T_g \sim T_f(T_m)$ 范围内尽量偏向 $T_f(T_m)$；注射拉伸吹塑成型时，只要保证吹塑能顺利进行，型坯温度可在 $T_g \sim T_f(T_m)$ 区间取较低值，例如，对于线型聚酯和聚氯乙烯等无定形塑料，型坯温度比 T_g 高 10～40 ℃，通常线型聚酯可取 90～110 ℃，聚氯乙烯可取 100～140 ℃，对于聚丙烯等结晶型塑料，型坯温度比 T_m 低 5～40 ℃较合适，聚丙烯一般取 150 ℃左右。

(2) 模具温度

材料的熔融温度较高，允许的模具温度高；反之取较低的模具温度；吹塑模具温度通常可在 20～50 ℃内选取。

(3) 吹塑压力

吹塑压力是指吹塑成型所用的压缩空气压力，压缩空气必须过滤干净。其压力数值通常为：挤出吹塑成型时取 0.2～0.6 MPa；注射吹塑时取 0.2～0.7 MPa；注射拉伸吹塑成型时吹塑压力要比普通吹塑压力大一些，常取 0.3～1.0 MPa。对于薄壁、大容积中空制件或表面带有花纹、图案、螺纹的中空制件，黏度和弹性模量较大的塑料，吹塑压力应尽量取大值。

(4) 模具冷却时间

为防止塑件变形，中空吹塑件的冷却定型时间一般较长，占制品成型周期的 1/3～2/3。一般厚度 1～2 mm 的塑件，模具冷却的时间在 20s 以内。表 6.1 为几种塑件的中空吹塑成型工艺条件，可供设计时参考。

表 6.1　几种塑件的中空吹塑成型工艺条件

工艺条件		醋酸纤维 (CA) 塑料电筒	硬聚氯乙烯 (HPVC) 500 mL 塑料瓶	尼龙 1010 100 mL 瓶	聚乙烯 (PE) 塑料球	聚碳酸酯 (PC) 塑料圆筒
料筒温度 /℃	后	110～115	145～150	140～170	140～150	220～240
	中	130～135	150～155	215～225	—	240～260
	前	150～155	165～168	210～215	155～160	240～260
机头温度/℃		160～162	165～170	210～215	160	190～210
模口温度/℃		160	180	180～190	160	190～200
螺杆形式		渐变压缩	渐变压缩	突变压缩	渐变压缩	渐变压缩
型坯挤出时间/s		22	30	20	15	60
充气时间/s		12	15	10	15	20～30
冷却时间/s		3	3	5	5	10～15

工艺条件	醋酸纤维(CA)塑料电筒	硬聚氯乙烯(HPVC)500 mL 塑料瓶	尼龙 1010 100 mL 瓶	聚乙烯(PE)塑料球	聚碳酸酯(PC)塑料圆筒
成型周期/s	45	55	40	40	120
充气压力/MPa	0.3~0.34	0.4	0.2~0.3	0.3~0.4	0.69
充气方式	顶吹	顶吹	顶吹	顶吹	顶吹
吹胀比	1.5:1	2:1	2:1	2.5:1	1.6:1
产品质量/g	50~55	75~80	7	80	300
螺杆转速/$(r \cdot min^{-1})$	16.5	16.5	12	22	11.5
挤出机类型	立式(ϕ45 mm)	立式(ϕ45 mm)	卧式(ϕ30 mm)	卧式(ϕ89 mm)	立式(ϕ50 mm)

2)编制矿泉水瓶吹塑成型工艺

(1)PP 树脂的干燥条件

恒温烘箱热风温度:120 ℃,干燥时间:3~4 h。

(2)挤出吹塑成型条件

①挤出机加热温度:250~260 ℃;机头温度:250 ℃;机头口模温度:250 ℃。

②模具温度:瓶底 65~80 ℃,瓶体 65~80 ℃,瓶颈 55~65 ℃。

③型坯吹胀压力:0.6~1 MPa;吹气时间:25~30 s;成型周期时间:45~60 s。

④后处理条件:热风温度 120 ℃,时间 30 min。

(3)挤出成型设备

①挤出成型机:带储料缸直角机头的挤出机。

②螺杆直径选用 60 mm,螺杆形式:选用等距渐变压缩圆头螺杆。

③螺杆长径比(L/D):20:1;螺杆压缩比:2.5:1。

(4)工艺流程

矿泉水瓶中空吹塑成型过程,如图 6.5 所示。

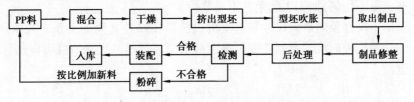

图 6.5　中空吹塑成型过程

【思考与练习】

简答题

1.小组抢答,中空吹塑成型工艺条件主要包括哪些内容?

2.分组学习吹塑压力的取值方法,并派组员叙述。

学习活动 2　中空吹塑件的设计

【学习目标】

能正确完成中空吹塑件的设计。

1)中空吹塑成型塑件的设计

根据中空制件成型的特点,对制件的要求主要有吹胀比、延伸比、螺纹、圆角、支承面、脱模斜度、分型面等。

(1)吹胀比

吹胀比是指制件最大直径与型坯直径之比,这个比值要选择适当,通常取 2~4,但多用 2,过大会使制件壁厚不均匀,加工工艺条件不易掌握。

吹胀比表示了制件径向最大尺寸和挤出机机头口模尺寸之间的关系。当吹胀比确定后,便可根据制件的最大径向尺寸及制件壁厚确定机头型坯口模的尺寸。机头口模与芯轴的间隙可用下式确定:

$$Z = \delta B_{\mathrm{R}} \alpha$$

式中　Z——口模与芯轴的单边间隙;

　　　δ——制件壁厚;

　　　B_{R}——吹胀比,一般取 2~4;

　　　α——修正系数,一般取 1~1.5,它与加工塑料黏度有关,黏度大取下限。

型坯截面形状一般要求与制件轮廓大体一致,如吹塑圆形截面的瓶子,型坯截面应是圆形的;若吹塑方桶,则型坯应制成方形截面,或用壁厚不均的圆柱料坯,以使吹制件的壁厚均匀。

如图6.6所示,图(a)吹制矩形截面容器时,则短边壁厚小于长边壁厚,而用图(b)所示截面的型坯可得以改善;图(c)所示料坯吹制方形截面容器可使四角变薄的状况得到改善;图(d)适用于吹制矩形截面容器。

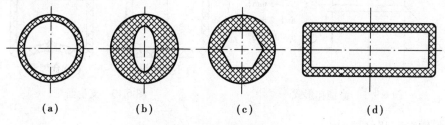

图6.6　型坯截面形状

（2）延伸比

在注射拉伸吹塑成型中,制件的长度与型坯的长度之比称为延伸比,如图6.7所示的c与b之比即为延伸比。延伸比确定后,型坯的长度就能确定。实验证明延伸比大的制件,即壁厚越薄的制件,其纵向和横向的强度越高。也就是延伸比越大,得到的制件强度越高。为保证制件的刚度和壁厚,生产中一般取延伸比$B_R=(4~6)/B_R$。

（3）螺纹

吹塑成型的螺纹通常采用梯形或半圆形的截面,而不采用细牙或粗牙螺纹,这是因为后者难以成型。为了便于制件上飞边的处理,在不影响使用的前提下,螺纹可制成断续状的,即在分型面附近的一段制件上不带螺纹,如图6.8所示,图(b)比图(a)易清理飞边余料。吹塑成型的瓶盖和瓶口也可采用凸缘扣合,如图6.9所示。

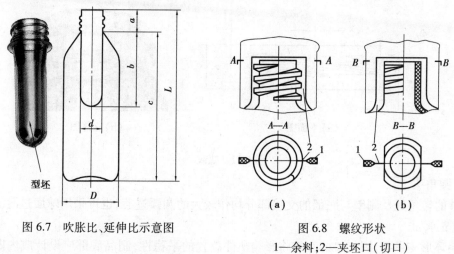

图6.7　吹胀比、延伸比示意图

图6.8　螺纹形状
1—余料;2—夹坯口(切口)

（4）圆角

吹塑制件的侧壁与底部的交接及壁与把手交接等处,不宜设计成尖角,尖角难以成型,这种交接处应采用圆弧过渡。在不影响造型及使用的前提下,圆角以大为好,圆角大壁厚则均匀,对于有造型要求的产品,圆角可以减小。

（5）制件的支承面

在设计塑料容器时,应减少容器底部的支承表面,特别要减少结合缝与支承面的重合部分,因为切口的存在将影响制件放置平稳,如图6.10(a)为不合理设计,图(b)为合理设计。

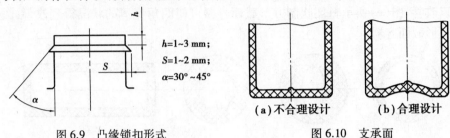

图6.9 凸缘锁扣形式

图6.10 支承面

（6）脱模斜度和分型面

由于吹塑成型不需凸模,且收缩大,故脱模斜度即使为零也能脱模。但表面带有皮革纹的制件脱模斜度必须在3°以上。

吹塑成型模具的分型面一般设在制件的侧面,对矩形截面的容器,为避免壁厚不均,有时将分型面设在对角线上。

2）中空吹塑成型塑件的设计

（1）吹胀比和延伸比

吹胀比的比值要选择适当,通常取2~4,但多用2,根据PP材料的流动性好,易成型等特点吹胀比取3。同理延伸比也取3。

（2）螺纹

螺纹采用半圆形的截面,分3段。相关设计尺寸如图6.11(a)所示。

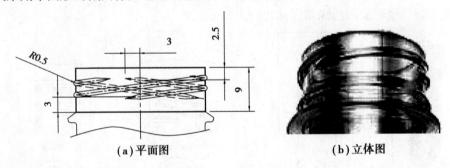

（a）平面图

（b）立体图

图6.11 螺纹

（3）圆角

塑件的转角处及侧壁与底部的交接部分均作较大的圆弧过渡,也可采用球面过渡。

（4）支承面

采用环形支承面,因切口的存在将影响塑件放置的平稳性,制品底部应设计成内凹形,并减少结合缝与支承面的重合部分。

（5）脱模斜度和分型面

瓶底设计有5°的脱模斜度。该瓶为圆形容器,其分型面为过圆形直径的平面。

学习活动 3　吹塑模的设计

【学习目标】

能正确设计矿泉水瓶吹塑模具。

1)吹塑模具的结构设计

吹塑模具通常由两瓣合成(即对开式),对于大型吹塑模可以设冷却水通道。模口部分做成较窄的切口,以便切断型坯。由于吹塑过程中模腔压力不大,一般压缩空气的压力为 0.2~0.7 MPa,故可供选择作模具的材料较多,最常用的材料有铝合金、锌合金等。由于锌合金易于铸造和机械加工,多用它来制造形状不规则的容器。对于大批量生产硬质塑料制件的模具,可选用钢材制造,淬火硬度为 40~44 HRC,模腔可抛光镀铬,使容器具有光泽表面。

从模具结构和工艺方法上看,吹塑模可分为上吹口和下吹口两类。如图 6.12 所示是典型的上吹口模具结构,压缩空气由模具上端吹入模腔。如图 6.13 所示是典型的下吹口模具,使用时料坯套在底部芯轴上,压缩空气自芯轴吹入。

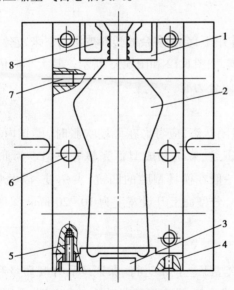

图 6.12　上吹口模具结构图

1—口部镶块;2—型腔;3,8—余料槽;4—底部镶块;

5—紧固螺栓;6—导柱(孔);7—冷却水道

吹塑模具设计要点如下:

(1)夹坯口

夹坯口也称切口。挤出吹塑成型过程中,模具在闭合的同时需将型坯封口并将余料切除。因此,在模具的相应部位要设置夹坯口,如图 6.14(a)所示。夹料区的深度 h 可选择型坯厚度的 2~3 倍。切口的倾斜角 α 选择 15°~45°,切口宽度 L 对于小型吹塑件取 1~2 mm,对于大型吹制件取 2~4 mm。如果夹坯口角度太大,宽度太小,会造成制件的接缝质量不高,甚至会出现裂缝,如图 6.14(b)所示。

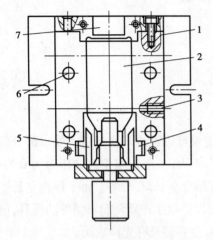
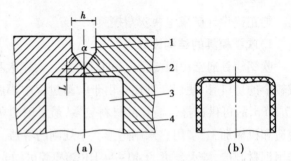

图 6.13　下吹口模具结构图
1—螺钉;2—型腔;3—冷却水道;
4—底部镶块 5、7—余料槽;6—导柱(孔)

图 6.14　中空吹塑模具夹料区
1—夹料区;2—夹坯口(切口);
3—型腔;4—模具

(2)余料槽

型坯在夹坯口的切断作用下,会有多余的塑料被切除下来,它们将容纳在余料槽内。余料槽通常设置在夹坯口的两侧,如图 6.12 和图 6.13 所示。其大小应依型坯夹持后余料的宽度和厚度来确定,以模具能严密闭合为准。

(3)排气孔槽

模具闭合后,型腔呈封闭状态,应考虑在型坯吹胀时,模具内原有空气的排除问题。排气不良会使制件表面出现斑纹、麻坑和成型不完整等缺陷。为此,吹塑模还要考虑设置一定数量的排气孔。排气孔一般在模具型腔的凹坑、尖角处,以及最后贴模的地方。排气孔直径常取0.5~1 mm。此外,分型面上开设宽度为 10~20 mm、深度为 0.03~0.05 mm 的排气槽也是排气的主要方法。

(4)模具的冷却

模具冷却是保证中空吹塑工艺正常进行、保证产品外观质量和提高生产率的重要因素。对于大型模具,可以采用箱式冷却,即在型腔背后铣一个空槽,再用一块板盖上,中间加上密封件。对于小型模具可以开设冷却水道,通水冷却。

2)矿泉水瓶吹塑模具的设计

(1)模具结构分析

平行移动式模具该种结构由两个相同的半个模腔构成,通过合模机构使之闭合。模具(见图6.15)的安装采用直接安装法,即在模具上作出螺纹孔,用螺钉穿过合模机安装板直接紧固。目前生产几乎都采用该种结构形式。

此次采用平行移动式模具,其基本结构包括两半部分,其中一半作为定模,另一半作为动

图 6.15　平行移动式模具图

模。它是由模具型腔、模具主体、冷却系统、切口部分、排气孔槽和导向部分等组成。

（2）模具的结构设计

吹塑模具主要由两半凹模构成。因模颈圈与各夹料块较易磨损，故一般做成单独的嵌块，以便于修复或更换。

（3）型腔结构设计

容器类的制件一般要求不严格，成型收缩率的影响不大，但对有刻度的部分或螺纹处，收缩率就有相当的影响，体积越大影响也越显著。

型腔结构设计如图 6.16 所示。

（4）螺纹镶块及底部嵌块设计

矿泉水瓶螺纹镶块设计采用锥形结构，如图 6.17 所示；模具底部一般设置单独的嵌块，以挤压、封接型坯的一端，并切去尾料。设计模底块时主要考虑夹料口刃与尾料槽，它们对吹塑制品的成型与性能有重要影响。矿泉水瓶底部嵌块设计结构及尺寸如图 6.18 所示。

（5）冷却系统设计

为了缩短制品在模具内的冷却时间并保证制品的各个部位都能均匀冷却，模具冷却管道应根据制品各部位的壁厚进行布置。例如，塑料瓶口部位一般比较厚，在设计冷却管道时就应加强瓶口部位的冷却。一般塑件的壁厚越厚，应加强冷却，水管孔径越大，如瓶口部位的冷却。冷却水孔孔径的大小可参考表 6.2 选取。

表 6.2　根据塑件的壁厚选冷却管道孔径的大小

吹塑件壁厚/mm	冷却回路（管路）直径/mm
2	8~10
4	10~12
6	12~15

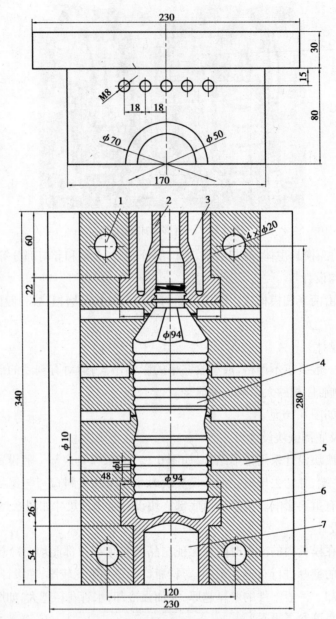

图 6.16　矿泉水瓶吹塑模具型腔结构

1—导柱(孔);2—口部镶块;3,7—余料槽;4—型腔;5—排气孔;6—底部镶块

本塑件壁厚为 1 mm,参考表 6.2,选取回路直径为 8 mm。

(6)排气系统设计

吹塑模排气不良会使塑件表面产生斑纹、麻坑及成型不完整等缺陷,影响塑件质量。由于吹塑模两半模合模面的平面度较高和表面粗糙度值低,而且没有推杆,因此不能像注射模那样利用推杆配合间隙排气,必须另外设排气槽或排气孔,或利用模具嵌件间隙排气。排气的部位应选在空气最易储留及型坯最后吹胀贴膜的部位,如模具型腔的角部、凹坑处。有时也可开设

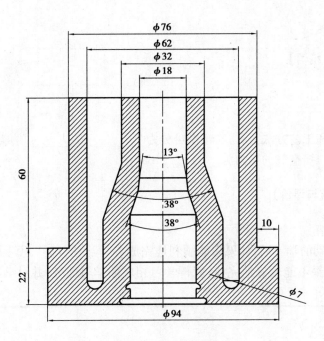

图 6.17 螺纹镶块

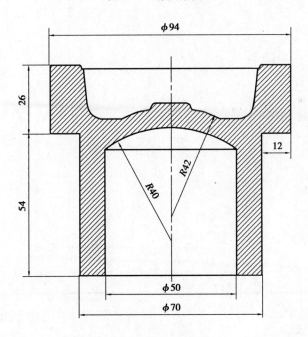

图 6.18 底部嵌块

在分型面上,排气孔小径通常为 0.5~1.0 mm。大径通常为 1~5 mm,该模具排气孔小径取 1 mm,大径取 10 mm,如图 6.16 所示。

【思考与练习】

填空题

1.从模具结构和工艺方法上看,吹塑模可分为_____和_____两类。

2.吹塑模一般压缩空气的压力为_____MPa。

【总结与评价】

1.学习活动总结

通过该学习活动的学习后,如果您能顺利地完成各学习任务的"思考与练习",您就可以继续往下学习。如果不能较好地完成,就再学习相应的学习任务,并对学习过程中遇到的重点、难点、解决办法等进行总结。

2.学习任务评价表

学习任务的评价,是在该任务所有的学习活动完成后进行的,评价表的内容需如实填写,通过评价学生能发现自己的不足之处,教师能发现和认识到教学中存在的问题。

班级：_____ 学生姓名：_____ 学号：_____

项　目	自我评价			小组评价			教师评价		
	10~9	8~6	5~1	10~9	8~6	5~1	10~9	8~6	5~1
学习活动1(完成情况)									
学习活动2(完成情况)									
学习活动3(完成情况)									
参与学习活动的积极性									
信息检索能力									
协作精神									
纪律观念									
表达能力									
工作态度									
任务总体表现									
小　计									
总　评									

注：10表示最好，1表示最差。

任课教师：_____ 　年　月　日

附 录

附录 1 模塑件尺寸公差表

公差等级	公差种类	>0~3	>3~6	>6~10	>10~14	>14~18	>18~24	>24~30	>30~40	>40~50	>50~65	>65~80	>80~100	>100~120	>120~140	>140~160	>160~180	>180~200	>200~225	>225~250	>250~280	>280~315	>315~355	>355~400	>400~450	>450~500	>500~630	>630~800	>800~1000
		基本尺寸 标注公差的尺寸公差值																											
MT1	a	0.07	0.08	0.09	0.10	0.11	0.12	0.14	0.16	0.18	0.20	0.23	0.26	0.29	0.32	0.36	0.40	0.44	0.48	0.52	0.56	0.60	0.64	0.70	0.78	0.86	0.97	1.16	1.39
	b	0.14	0.16	0.18	0.20	0.21	0.22	0.24	0.26	0.28	0.30	0.33	0.36	0.39	0.42	0.46	0.50	0.54	0.58	0.62	0.66	0.70	0.74	0.80	0.88	0.96	1.07	1.26	1.49
MT2	a	0.10	0.12	0.14	0.15	0.18	0.20	0.22	0.24	0.26	0.30	0.34	0.38	0.42	0.46	0.50	0.54	0.60	0.66	0.72	0.76	0.84	0.92	1.00	1.10	1.20	1.40	1.70	2.10
	b	0.20	0.22	0.24	0.26	0.28	0.30	0.32	0.34	0.36	0.40	0.44	0.48	0.52	0.56	0.60	0.64	0.70	0.76	0.82	0.86	0.94	1.02	1.10	1.20	1.30	1.50	1.80	2.20
MT3	a	0.12	0.14	0.16	0.18	0.20	0.22	0.26	0.30	0.34	0.40	0.46	0.52	0.58	0.64	0.70	0.78	0.86	0.92	1.00	1.10	1.20	1.30	1.44	1.60	1.74	2.00	2.40	3.00
	b	0.32	0.34	0.36	0.38	0.40	0.42	0.46	0.50	0.54	0.60	0.66	0.72	0.78	0.84	0.90	0.98	1.06	1.12	1.20	1.30	1.40	1.50	1.64	1.80	1.94	2.20	2.60	3.20
MT4	a	0.16	0.18	0.20	0.24	0.28	0.32	0.36	0.42	0.48	0.56	0.64	0.72	0.82	0.92	1.02	1.12	1.24	1.36	1.48	1.62	1.80	2.00	2.20	2.40	2.60	3.10	3.80	4.60
	b	0.36	0.38	0.40	0.44	0.48	0.52	0.56	0.62	0.68	0.76	0.84	0.92	1.02	1.12	1.22	1.32	1.44	1.56	1.68	1.82	2.00	2.20	2.40	2.60	2.80	3.30	4.00	4.80

标注公差的尺寸公差值

级别		尺寸公差值
MT5	a	0.20　0.24　0.28　0.32　0.38　0.44　0.50　0.56　0.64　0.74　0.86　1.00　1.14　1.28　1.44　1.60　1.76　1.92　2.10　2.30　2.50　2.80　3.10　3.50　3.90　4.50　5.60　6.90
MT5	b	0.40　0.44　0.48　0.52　0.58　0.64　0.70　0.76　0.84　0.94　1.06　1.20　1.34　1.48　1.64　1.80　1.96　2.12　2.30　2.50　2.70　3.00　3.30　3.70　4.10　4.70　5.80　7.10
MT6	a	0.26　0.32　0.36　0.46　0.52　0.60　0.70　0.80　0.94　1.10　1.26　1.48　1.72　2.00　2.20　2.40　2.60　2.90　3.20　3.50　3.90　4.30　4.80　5.30　5.90　6.80　8.50　10.60
MT6	b	0.46　0.52　0.66　0.72　0.80　0.90　1.00　1.14　1.32　1.48　1.68　1.92　2.20　2.40　2.60　2.80　3.10　3.40　3.70　4.10　4.50　5.00　5.50　6.10　7.10　8.70　10.80
MT7	a	0.38　0.46　0.56　0.66　0.76　0.86　0.96　1.12　1.32　1.54　1.80　2.10　2.40　2.70　3.00　3.30　3.70　4.10　4.50　4.90　5.40　6.00　6.70　7.40　8.20　9.60　11.90　14.80
MT7	b	0.58　0.66　0.76　0.86　0.96　1.06　1.18　1.32　1.52　1.74　2.00　2.30　2.60　2.90　3.20　3.50　3.90　4.30　4.70　5.10　5.60　6.20　6.90　7.60　8.40　9.80　12.10　15.00

未注公差的尺寸允许偏差

级别		尺寸允许偏差
MT5	a	±0.10　±0.12　±0.14　±0.16　±0.19　±0.22　±0.25　±0.28　±0.32　±0.37　±0.43　±0.50　±0.57　±0.64　±0.72　±0.80　±0.88　±0.96　±1.05　±1.15　±1.25　±1.40　±1.55　±1.75　±1.95　±2.25　±2.80　±3.45
MT5	b	±0.20　±0.22　±0.24　±0.26　±0.29　±0.32　±0.35　±0.38　±0.42　±0.47　±0.53　±0.60　±0.67　±0.74　±0.82　±0.90　±0.98　±1.06　±1.15　±1.25　±1.35　±1.50　±1.65　±1.85　±2.05　±2.35　±2.90　±3.55
MT6	a	±0.13　±0.16　±0.19　±0.23　±0.26　±0.30　±0.35　±0.40　±0.47　±0.55　±0.64　±0.74　±0.86　±1.00　±1.10　±1.20　±1.30　±1.45　±1.60　±1.75　±1.95　±2.15　±2.40　±2.55　±2.95　±3.45　±4.25　±5.30
MT6	b	±0.23　±0.26　±0.29　±0.33　±0.36　±0.40　±0.45　±0.50　±0.57　±0.65　±0.74　±0.84　±0.96　±1.10　±1.20　±1.30　±1.40　±1.55　±1.70　±1.85　±2.05　±2.25　±2.50　±2.75　±3.05　±3.55　±4.35　±5.40
MT7	a	±0.19　±0.23　±0.28　±0.33　±0.38　±0.43　±0.49　±0.56　±0.66　±0.77　±0.90　±1.05　±1.20　±1.35　±1.50　±1.65　±1.85　±2.05　±2.25　±2.45　±2.70　±3.00　±3.35　±3.70　±4.10　±4.80　±5.93　±7.40
MT7	b	±0.29　±0.33　±0.38　±0.43　±0.48　±0.53　±0.59　±0.66　±0.76　±0.87　±1.00　±1.15　±1.30　±1.45　±1.60　±1.75　±1.95　±2.15　±2.35　±2.55　±2.80　±3.10　±3.45　±3.80　±4.20　±4.90　±6.05　±7.50

注1：a 为不受模具活动部分影响的尺寸公差值；b 为收缩率受控制措施和高精密的模具、设备，原料时才有可能选用。

注2：MT1 级为精密级。

附录2　常用材料模塑件尺寸公差等级的选用

材料代号	模塑材料		公差等级		
			标注公差尺寸		未注公差尺寸
			高精度	一般精度	
ABS	（丙烯腈-丁二烯-苯乙烯）共聚物		MT2	MT3	MT5
CA	乙酸纤维素		MT3	MT4	MT6
EP	环氧树脂		MT2	MT3	MT5
PA	聚酰胺	无填料填充	MT3	MT4	MT6
		30%玻璃纤维填充	MT2	MT3	MT5
PBT	聚对苯二甲酸丁二酯	无填料填充	MT3	MT4	MT6
		30%玻璃纤维填充	MT2	MT3	MT5
PC	聚碳酸酯		MT2	MT3	MT5
PDAP	聚邻苯二甲酸二烯丙酯		MT2	MT3	MT5
PEEK	聚醚醚酮		MT2	MT3	MT5
PE-HD	高密度聚乙烯		MT4	MT5	MT7
PE-LD	低密度聚乙烯		MT5	MT6	MT7
PESU	聚醚砜		MT2	MT3	MT5
PET	聚对苯二甲酸乙二酯	无填料填充	MT3	MT4	MT6
		30%玻璃纤维填充	MT2	MT3	MT5
PF	苯酚-甲醛树脂	无机填料填充	MT2	MT3	MT5
		有机填料填充	MT3	MT4	MT6
PMMA	聚甲基丙烯酸甲酯		MT2	MT3	MT5
POM	聚甲醛	≤150 mm	MT3	MT4	MT6
		>150 mm	MT4	MT5	MT7
PP	聚丙烯	无机填料填充	MT4	MT5	MT7
		30%无机填料填充	MT2	MT3	MT5

材料代号	模塑材料	公差等级		
		标注公差尺寸		未注公差尺寸
		高精度	一般精度	
PPE	聚苯醚;聚亚苯醚	MT2	MT3	MT5
PPS	聚苯硫醚	MT2	MT3	MT5
PS	聚苯乙烯	MT2	MT3	MT5
PSU	聚砜	MT2	MT3	MT5
PUR-P	热塑性聚氨酯	MT4	MT5	MT7
PVC-P	软质聚氯乙烯	MT5	MT6	MT7
PVC-U	未增塑聚氯乙烯	MT2	MT3	MT5
SAN	(丙烯腈-苯乙烯)共聚物	MT2	MT3	MT5

附录3 常用塑料的收缩率

塑料名称	收缩率/%	塑料名称	收缩率/%
聚乙烯(低密度)	1.5~5	尼龙610(40%玻璃纤维增强)	0.2~0.6
聚乙烯(高密度)	1.5~3.0	尼龙1010	0.7~2.3
聚丙烯(纯)	1.0~3.0	尼龙1010(20%玻璃纤维增强)	0.3~0.6
聚丙烯(玻璃纤维增强)	0.4~0.8	乙基纤维素	0.3~0.6
硬聚氯乙烯	0.6~1.5	醋酸纤维素	1.0~1.5
软聚氯乙烯	1.5~3.0	醋酸丁酸纤维素	0.2~0.5
聚苯乙烯(通用)	0.5~0.6	丙酸纤维素	0.2~0.5
聚苯乙烯(抗冲)	0.2~0.8	聚对苯二甲酸乙二醇酯(纯)	1.8
聚苯乙烯(玻璃纤维增强)	0.3~0.6	聚对苯二甲酸乙二醇酯(玻纤增强)	0.2~1.0
ABS(通用)	0.4~0.7	聚丙烯酸酯类(通用)	0.2~0.9

续表

塑料名称	收缩率/%	塑料名称	收缩率/%
ABS(抗冲)	0.5~0.7	聚丙烯酸酯(改性)	0.5~0.7
ABS(耐热)	0.4~0.5	聚乙烯醋酸乙烯	1.0~3.0
ABS(玻璃纤维增强)	0.1~0.14	聚四氟乙烯	2.1~2.2
聚甲醛	2.0~3.5	酚醛塑料(无填料)	1.0~1.2
聚碳酸酯	0.5~0.8	酚醛塑料(木粉填料)	0.6~1.0
聚碳酸酯(20%~30%玻璃纤维)	0.5~0.7	酚醛塑料(石棉填料)	0.2~0.9
有机玻璃	0.2~0.8	酚醛塑料(玻璃纤维填料)	0.05~0.4
聚砜	0.4~0.8	环氧塑料(无机物填料)	0.4~1.0
聚砜(玻璃纤维增强)	0.3~0.5	环氧塑料(玻璃纤维填料)	0.4~0.8
聚苯醚(纯)	0.4~0.7	脲醛塑料(木粉填料)	0.7~1.2
聚苯醚(与 PS 共混改性)	0.5~0.7	脲醛塑料(纸浆填料)	0.6~1.3
氯化聚醚	0.4~0.8	脲醛塑料(α-纤维素填料)	0.6~1.4
尼龙 6(纯)	0.6~1.4	三聚氰胺甲醛(纸浆填料)	0.5~0.7
尼龙 6(30%玻璃纤维增强)	0.3~0.7	三聚氰胺甲醛(矿物填料)	0.4~0.7
尼龙 66	0.8~1.4	不饱和聚酯塑料(玻璃纤维丝填料)	0.0~0.2
尼龙 66(30%玻璃纤维增强)	0.4~0.55	有机硅塑料	0.0~0.6
尼龙 610	1.0~2.0	有机硅塑料(玻璃纤维填料)	0.0~0.5

附录4　SZ系列注射机主要技术参数

型号	SZ-25/20	SZ-40/25	SZ-60/40	SZ-100/60	SZ-100/80	SZ-160/100	SZ-200/120	SZ-250/120	SZ-300/160	SZ-500/200	SZ-630/200	SZ-1000/300	SZ-2500/500	SZ-4000/800
螺杆直径/mm	25	30	30	35	35	40	42	45	45	55	60	70	90	110
螺杆转速/(r·min⁻¹)	0~220	0~220	0~200	20~200	0~200	0~220	0~220	76~170	0~180	0~180	0~150	0~150	0~120	0~80
理论注射量(最大)*/cm³	25	40	60	100	100	160	200	250	300	500	630	1 000	2 500	4 000
注射压力/MPa	200	200	180	150	170	150	150	150	150	150	147	150	150	150
注射速率/(g·s⁻¹)	35	50	70	85	95	105	120	135	145	173	245	325	570	770
锁模力/kN	200	250	400	600	800	1 000	1 200	1 200	1 600	2 000	2 200	3 000	5 000	8 000
拉杆间距 a×b (mm×mm)	242×187	250×250	220×300	320×320	320×320	345×345	355×385	400×400	450×450	570×570	540×440	760×700	900×830	1 120×1 200
模板行程/mm	210	230	250	300	305	325	305	320	380	500	500	650	850	1 200
模具最小厚度/mm	110	130	150	170	170	200	230	220	250	280	200	340	400	600
模具最大厚度/mm	220	220	250	300	300	300	400	380	450	500	500	650	750	1 100
定位孔直径/mm	55	55	80	125	100	100	125	110	160	160	160	250	250	250
定位孔深度/mm	10	10	10	10	10	10	15	15	20	25	30	40	50	50
喷嘴伸出量/mm	20	20	20	20	20	20	20	20	20	30	30	30	50	50
喷嘴球半径/mm	10	10	10	10	15	15	15	15	20	20	15	20	35	35
顶出行程/mm	55	55	70	80	80	100	90	90	90	90	128	140	165	200
顶出力/kN	6.7	6.7	12	15	15	15	22	28	33	53	60	70	110	280

注：* 表示注射机对空注射的最大注射量。

参考文献

[1] 朱朝光.塑料成型工艺与模具设计[M].重庆:重庆大学出版社,2011.

[2] 庞祖高.模具成型基础与模具设计[M].重庆:重庆大学出版社,2007.

[3] 杨占尧.模具设计与制造[M].北京:人民邮电出版社,2009.

[4] 李奇.塑料成型工艺与模具设计[M].北京:中国劳动社会保障出版社,2006.

[5] 王鹏驹.塑料模具技术手册[M].北京:机械工业出版社,1999.

[6] 贾润礼,程志远.实用注塑模设计手册[M].北京:中国轻工业出版社,2000.

[7] 国家标准(GB/T 1800.2—2008, GB/T 1844.1—2008, GB/T 2035—2008,GB/T 17037.4—2003).

[8] 屈华昌.塑料成型工艺与模具设计[M].北京:机械工业出版社,2008.

[9] 卜建新.塑料模具设计[M].北京:中国轻工业出版社,2008.

[10] 中国机械工程学会.中国模具设计大典[M].南昌:江西科学技术出版社,2003.

[11] 康俊远.模具工程材料[M].北京:北京理工大学出版社,2006.

[12] 李长云.塑料成型工艺与模具设计[M].北京:清华大学出版社,2009.

[13] 谢昱北.模具设计与制造[M].北京:北京大学出版社,2005.

[14] 哈伯特·瑞斯.模具工程[M].王兰君,译.北京:金盾出版社,2006.

[15] 孙玲.塑料成型工艺与模具设计学习指导[M].北京:北京理工大学出版社,2008.